"十二五"普通高等教育本科国家级规划教材

普通高等教育"十一五"国家级规划教材

国家大学生文化素质教育基地教材

U0738250

化学与人类文明（第三版）

Chemistry and Human Civilization

王彦广 吕 萍 编著

ZHEJIANG UNIVERSITY PRESS

浙江大学出版社

序　言

　　浙江大学理学历史悠久,是浙江大学最早创立的学科之一,有着辉煌的发展历史,涌现过一批国内外著名的大师级学者,也培养了一批在理学领域成就卓著的科学家。新中国成立初期,随着全国院系大调整,一些知名教授调离浙江大学,理学的综合实力受到一定的影响。

　　1998年9月,院系调整时拆分的四所学校重新合并,成立新的浙江大学,学校步入了建校历史上最好的发展时期。浙江大学理学抓住创建世界一流大学的发展机遇,以创建世界一流的学科为发展目标,主动服务国家战略需求中的重大基础科学问题,加快推动内涵发展。理学各学科励精图治,重整老浙大的理学雄风,在学科建设方面取得了长足的进步。

　　培养人才尤其是高层次创新人才是"985"高等院校的基本任务,而教学工作是人才培养的重要环节,教材又是教学工作的基本工具。所以,教材建设直接关系到教学质量的高低,关系到人才培养这一高校的基本任务。此外,优秀教材对于兄弟院校相关学科的教学也是一个贡献。

　　为了反映浙江大学理学的教学、科研水准,打造富有"浙大"特色的理学文化品牌,理学部组织策划了"浙江大学理学丛书"。该丛书涵盖了数学、物理、化学、地球科学、心理学、力学、生物科学等学科,旨在总结和展示浙江大学理学学科教学实践与教学改革的优秀成果,传播创新性研究成果,提升理学的教学、科研水平,使之成为具有国内一流水平和较大影响力的理学丛书。

　　尽管我们采用了相当严格的遴选标准,但是,一本教材必须不断进行修改,才能日臻完善。教材的修订只有进行时,没有完成时。因此,我们恳请广大读者,特别是使用本教材的老师和同学,对它提出改进意见。

林正炎

2016 年 1 月 25 日

第三版前言

　　《化学与人类文明》自2001年作为本科生通识课程教材以来,已在浙江大学等高校使用了15年。在此期间,本书先后被评为普通高等教育"十一五"国家级规划教材(精品教材)和"十二五"普通高等教育本科国家级规划教材。然而,随着化学学科的快速发展,化学家取得了不少新的成就,为社会发展和人类幸福生活做出了新的贡献。此外,读者们也为本书提出了不少宝贵意见。为此,我们认为有必要对本书进行修订。

　　在新版教材编写过程中,一则"我们恨化学"的化妆品商业广告和"北大教授状告央视"的新闻震惊了全国,震撼了国内甚至国外化学化工界。作为多年从事化学研究与化学教育的工作者,我们深感普及科学知识、提高民众科学素养之责任重大,这也加速了《化学与人类文明》的修改再版。

　　新版教材保留了第二版的编排体系,增加了一些新内容,如"化学与自然"(第1章)、"人类每天都在做的一类化学反应——美拉德反应"(第3.5节)、"从植物中发现的药物(Ⅰ)——青蒿素的故事"(第4.1.1节)、"探索生命起源的化学"(第5.12节)、"化学与精准生育"(第6.5节)、"光伏发电技术中的化学"(第8.7节)、"碳纳米材料和碳纤维——最轻、最坚硬的材料"(第9.3节)等,增强了教材的知识性和趣味性。

　　鉴于作者水平和学识有限,书中错误和不妥之处实属难免,敬请读者批评指正。

王彦广　吕　萍

2016年5月20日

第二版前言

　　《化学与人类文明》是大学生文化素质教育课程的教材之一,自2001年在浙江大学等高校作为大学生通识课程教材以来,已使用9年。在此期间,一些任课教师、学生和其他读者提出了许多很好的意见和建议。此外,化学学科在这9年中也有很大的发展,取得了更多、更大的成就。这是本书修订再版的主要原因。

　　与第一版相比,第二版具有以下特点:

　　1.内容丰富,紧扣时代主题。第二版保留了第一版中的部分章节,如化学与生命科学(第5章)、化学与环境保护(第7章)、化学与能源开发(第8章)、化学与材料科学(第9章)等,同时增加了化学与粮食生产(第2章)、化学与饮食(第3章)、化学与婚育和人口控制(第6章)、化学与国防和公共安全(第10章)、化学家面临的重大挑战(第1.6节)、临床化学与医学影像(第4.3节)等章节。书中除介绍经典的内容之外,还增加了一些体现化学学科最新成就和学科发展前沿的内容,如2008年诺贝尔化学奖获奖成果绿色荧光蛋白的发明及其应用(第5.3节)。

　　2.结构安排更加合理,层次更加分明。本书从第1章介绍化学学科的定义和发展历史开始,按照化学对人类文明的贡献大小顺序并结合由易到难、循序渐进的原则,依次阐述了化学与粮食生产、化学与饮食、化学与健康、化学与生命科学、化学与婚育和人口控制、化学与环境保护、化学与能源开发、化学与材料科学、化学与国防和公共安全等9章内容。通过这样深入浅出的安排,更好地演绎了化学文化和化学学科对人类文明进程的推动作用。

　　3.内容生动活泼,图文并茂。为增加本书的知识性和趣味性,书中增加了许多照片、示意图和化学结构式,使全书显得更加生动活泼。另外,书中还采用"知识卡片"的形式介绍了一些名人轶事,如口服避孕药之父卡尔·杰拉西(第6章)、2007年国家最高科学技术奖得主闵恩泽教授(第8章)、炸药之父诺贝尔(第10章);介绍了一些具有"趣味"性和"明星"意味的奇妙分子,如能使眼睫毛变长、变粗、变黑的分子(第1章),致癌芳烃苯并芘(第3章),能延年益寿的分子(第4章)等;此外,还介绍了宇宙化学(第1章)、海洛因的发明与禁毒(第10章)等人类文明进程中值得关注的内容。书中还提供了一些参考资料,作为课外的知识链接,使内容更加生动。

为适合于通识教育,本书在力求科学性和严谨性的同时,尽可能采用非专业语言和典型事例、示意图、讲故事等通俗易懂的写作形式,来全面展示化学文化和化学学科对人类文明的巨大贡献。但由于作者水平有限,书中不妥和错误之处在所难免,深信同行及读者会一如既往地不断给我们提出宝贵意见和建议,使本书在下一版中得到进一步改善。

王彦广　吕　萍
2009 年 11 月 9 日于求是园

目　　录

绪　　论

化学——我们的生活,我们的未来

2008年12月19日,第72次联合国大会宣布2011年为"国际化学年"(International Year of Chemistry),并开展主题为"化学——我们的生活,我们的未来"的系列纪念活动,旨在全球范围内彰显化学对社会进步和人类文明的贡献,以及化学在开发可替代能源、环境保护和养活全世界日益增多的人口方面将起到关键作用,促进公众对化学的认识和了解,培养、提高年轻人对化学未来发展的兴趣与热情。此外,2011年正值国际纯粹与应用化学联合会(IUPAC)的前身国际化学会联盟(IACS)成立100周年,也适逢女科学家居里夫人获得诺贝尔化学奖100周年。

2011年4月9日,"国际化学年在中国"系列活动在北京人民大会堂正式启动。中国国务委员刘延东在启动仪式致辞中讲到,新中国成立以来,中国化学学科和相关产业迅速发展,形成一支规模较大、素质优良、结构合理的科研队伍,取得人工合成结晶牛胰岛素等一批重大科研成果,形成了完整的产业体系,为提升中国科技和产业竞争力做出重要贡献。

化学是一门历史悠久而又富有活力的学科,它的成就是人类文明的重要标志。从开始用火的原始社会,到使用各种人造物质的现代社会,人类无时无处不在享用化学的成果。人类的生活能够不断提高和改善,化学在其中发挥了重要作用。

化学的使命——认识世界、改造世界、保护世界

著名化学家 Ronald Breslow 曾这样描述化学,"化学是一门试图了解物质的性质和物质发生反应的科学,它涉及存在于自然界的物质(地球上的矿物、空气中的气体、海洋中的水和盐、在动物体中发现的化学物质),以及由化学家创造的新物质;它涉及自然界的变化(因闪电而着火的树木、与生命有关的化学变化),还有那些由化学家发明创造的新变化"(Breslow R,1998)。

化学是在原子和分子层次上研究物质的组成、结构、性质、变化规律和应用的一门科

学。化学家所研究的化学变化具有三大特征：①化学变化是质变，因为它是旧化学键断裂和新化学键形成的过程，其实质是键的重组；②化学变化是计量的变化，在化学变化发生前后，参与反应的元素种类不变，故而物质的总质量不变，即服从质量守恒定律，参与反应的各种物质之间有确定的计量关系；③化学变化伴随着能量变化，由于各种化学键的键能不同，所以当化学键发生改组时，必然伴随着能量的变化，伴随着体系与环境的能量交换。

当今的化学家肩负着认识世界、改造世界和保护世界三方面的重任：①从原子、分子到自组装的超分子体系（如活体细胞和整个生物体等）层次上发现自然界（包括地球和宇宙空间）的构成，同时理解这些构成之间如何相互作用并随时间改变；②创造新分子、新结构和新物质，其中包括超分子体系（如器件、材料等），并开发它们的应用；③在发现和创造的同时，还要不断地认识人类活动对环境（包括陆地、海洋和大气环境）和资源变化的影响，并通过绿色化学等途径实现对环境和资源的保护。

化学的首要任务是创造新物质，因此化学在改善人类生活方面是最有成效、最实用的学科之一。利用化学反应来制造产品的化学过程工业（包括化学工业、精细化工、石油化工、制药工业、日用化工、橡胶工业、造纸工业、玻璃和建材工业、钢铁工业、纺织工业、皮革工业、饮食工业等）在发达国家中占有最大的份额。这个数字在美国超过30%，而且还不包括诸如电子、汽车、农业等要用到化工产品的相关工业的产值。发达国家从事研究与开发的科技人员中，化学、化工专家占一半左右。世界专利发明中有20%与化学有关。在我国，化学化工对国民经济的贡献巨大，2014年的国家统计数据显示，我国化学化工产业占GDP的比例达到23.5%。

化学发展的历程

化学变化作为一种现象早在没有人类之前就已经存在。火的发明是人类第一次伟大的化学实践。在古代，人类利用火这个强大的自然力，逐渐掌握了制陶、金属冶炼、制造瓷器与玻璃、染色、酿造等实用化学工艺。公元前大约3600年的青铜时代，人类就能够通过将铜和锡一起加热来制造青铜合金，这种合金比铜或锡都硬，因而成为制造工具和武器的主要材料。埃及人则早在公元前1500年之前就会通过把一些天然矿物共热制造玻璃。古代的炼金术、炼丹术被称为近代化学的先驱。公元8世纪末，我国的炼丹术通过与海外通商而传到波斯，再传入欧洲。炼金家们进行了长期艰苦卓绝的努力，企图用一般的化学方法来实现金属的嬗变。这些探索虽然都以失败而告终，但毕竟为化学的发展探索着前进的方向，发明了许多原始的化学仪器、技术和方法，取得了不少经验和教训。

1661年，波义耳（R. Boyle）在其著名论文"怀疑派的化学家"中首次提出元素的概念，从而把化学确立为一门学科，近代化学由此而诞生。盛行于欧洲的文艺复兴迎来了自然科学的解放和繁荣,炼金术开始向实用的医药化学和工艺化学方面发展,化学从此真正成为一门独立的科学。

17世纪中叶以后,中欧、西欧国家的金属冶炼、制造陶瓷和玻璃、酿造、染色、药物以及酸碱盐等化学物质的生产已初具规模,化学在实践方面取得了很大进步。在对化学现象的理论阐述方面,出现了种种关于燃烧的学说,其中最有名的就是斯塔尔的燃素学说。该学说认为火是由无数细小而活泼的微粒构成的物质实体(即燃素),一切可燃物质中都含有燃素,任何与燃烧有关的化学变化都是物质吸收或释放燃素的过程。

1777年,法国化学家拉瓦锡(Antoine-Laurent Lavoisier)在利用定量分析进行的大量燃烧实验的基础上,提出了科学的燃烧学说。其主要论点是:物质燃烧时都放出光和热;物质只有在氧存在时才能燃烧;空气由两种成分组成,物质在空气中燃烧时吸收了其中的氧,其增加的重量正好等于所吸收氧的重量;非金属燃烧后通常变为酸,金属煅烧后生成的锻灰是金属氧化物。拉瓦锡以大量无可争辩的实验事实,推翻了长期统治化学界的燃素说,开创了近代化学新体系,这是化学史上的一场革命。此后,化学开始从以收集材料为特征的定性描述阶段逐渐过渡到以整理材料、寻找化学变化规律为特征的理论概括阶段。定量分析方法的广泛使用,使化学家搞清了许多物质的组成和反应中各物质间量的关系,进而归纳出了化学中的一些基本规律。

人类对物质结构的认识是永无止境的,物质是由元素构成的,那么,元素又是由什么构成的呢? 1803年,道尔顿(John Dalton)提出了近代科学原子论,其要点有三:①一切元素都是由不能再分割和不能毁灭的微粒所组成,这种微粒称为原子;②同一种元素的原子的性质和质量都相同,不同元素的原子的性质和质量不同;③一定数目的两种不同元素化合以后,便形成化合物。原子学说成功地解释了不少化学现象,从此结束了化学的神秘性。恩格斯曾给原子论以很高的评价,"化学的新时代是随着原子论开始的"。

原子论提出之后不久,意大利化学家阿伏伽德罗(Amedeo Avogadro)又于1811年提出了分子学说,进一步补充和发展了道尔顿的原子论。他认为,许多物质往往不是以原子的形式存在,而是以分子的形式存在,例如氧气是以两个氧原子组成的氧分子,而化合物实际上都是分子。从此以后,化学由宏观进入到微观的层次,使化学研究建立在原子和分子水平的基础上。

道尔顿近代原子论的确立,使化学家对元素的概念有了更科学的认识,通过化学分析、电化学和光谱分析等实验手段,搞清了许多化合物的组成,发现了一大批新的元素,积累了大量关于元素及其化合物的感性材料。但这些材料庞杂零乱,急待加以归纳整理。同时,化学家也在思考:地球上到底有多少种元素? 如何去寻找新元素? 如何把众多的元素按照化学性质进行分类整理? 时代向化学家提出了发展新理论的要求。19世纪60年代,化学家已经发现了60多种元素,并积累这些元素的原子量数据,为化学家寻找元素间的内在联系创造了必要条件。1868年,俄国化学家门捷列夫(D. I. Mendeleev)

根据原子量的大小,将元素进行分类排队,发现元素性质随原子量的递增呈明显的周期性变化,这是自然界中一个极其重要的规律,称为元素周期律。元素周期律的发现是继原子-分子论之后,近代化学史上又一座光辉夺目的里程碑,它所蕴藏的丰富和深刻的内涵,对以后整个化学和自然科学的发展都具有普遍的指导意义。

现代元素周期表是概括元素化学知识的一个宝库,且其内容随着化学知识的增加而不断丰富。对某个元素可以从周期表中直接获得元素的名称、符号、原子序数、原子量、电子结构、族数和周期数,可以从元素周期表中的位置判断元素是金属还是非金属,并可估计其电离能、密度、原子半径、原子体积和化合价等信息。元素周期律是自然科学的基本定律,这个定律使人们对化学元素的认识形成了一个完整的自然体系,使化学成为一门系统的科学。

原子论、分子论的提出以及元素周期律的发现,奠定了化学学科的理论基础。到了19世纪末,化学的四大分支学科(即无机化学、有机化学、分析化学和物理化学)相继建立,构成了化学的主干学科。

20世纪初人们就已经认识到,虽然物质是由原子组成的,但通常情况下原子本身并不稳定,不能以孤立的原子存在,而是通过某种结合力形成稳定的分子形式存在。分子中原子之间这种结合力称为化学键。化学变化的实质是原子的重新排列组合,化学变化过程是旧化学键断裂和新化学键形成的过程。自从1927年量子力学应用于化学以来,化学键理论得到了快速发展。此后,著名化学家鲍林(L. Pauling)创立了价键学说和杂化轨道理论,为揭示化学键的本质和用化学键理论阐明物质结构做出了重大贡献,他为此而获得了1954年诺贝尔化学奖。化学键和量子化学理论的发展足足花了半个世纪的时间,让化学家由浅入深,认识分子的本质及其相互作用的基本原理,从而让人们进入分子的理性设计的高层次领域,创造新药物、新材料等功能分子,这是20世纪化学基础研究的一个重大突破。正如鲍林所说:"化学键理论是化学家手中的金钥匙。"

经过一个世纪的探讨,人们对化学键本质的认识逐步深化,现在认为最基本的化学键类型有三种:离子键、共价键和金属键,相应地组成了最常见的三类物质:离子型化合物、共价型化合物和金属晶体。

20世纪合成化学发展迅速,许多新技术被用于无机和有机化合物的合成(如超低温合成、高温合成、高压合成、电解合成、光合成、声合成、微波合成、等离子体合成等),创造了无数的新反应、新合成方法。有了这些技术和方法,几乎所有已知的小分子天然化合物以及化学家感兴趣的非天然化合物都能够通过化学合成的方法来获得。

化学家利用自己所掌握的知识和技术,发现和创造了数以千万计的化合物,以及由它们所组成的无数的制剂和材料,满足了人类社会的快速发展和人类日益增多的物质需求。目前,化学家已拥有3000多万种化合物,其中绝大多数是化学家合成的。正如诺贝尔化学奖获得者Woodward所说:"化学家在旧的自然界旁又建起了一个新的自然界。"过去的100多年中,合成化学为满足人类对物质的需求做出了重要贡献。

人类的日常生活离不开化学

作为自然科学中的一门基础学科,化学是当代科学技术和人类物质文明迅猛发展的基础,是一门中心的、实用的和创造性的科学(Breslow R,1998)。化学的中心地位和创造性在于它的核心知识已经应用于现代科技的各个领域,其实用性可体现在人们日常生活的方方面面,并改变了每一个人的生活方式。

人类之衣、食、住、行、用无不与化学所掌管之成百化学元素及其所组成之万千化合物和无数的制剂、材料有关。我们每天都要用到的肥皂、牙膏、化妆品属于日用化学品,衣服是合成纤维制成并由合成染料染色的,用于制作鞋底的材料大多属于合成橡胶。合成纤维、合成橡胶及合成塑料三大合成高分子材料是 20 世纪中期合成化学的骄傲,也是 20 世纪人类文明的重要标志。

大米和面粉则是在合成氨、尿素、除草剂和杀虫剂等化学品保护下生产出来的粮食制成的。水果和蔬菜的生长和保鲜往往还需要塑料制成的大棚、杀菌剂和保鲜剂等合成材料和制剂。牛奶、饮料、酒水和饮用水必须经过化学检验以保证质量。保鲜膜、塑料盒、洗洁剂等是家庭厨房的必备化学品。

维生素和药物也是由化学家合成的。药物的发明是人类文明的重要标志之一。自从 1897 年德国拜耳化学公司合成出解热镇痛药阿司匹林以来,化学家先后创造出了抗生素、磺胺药、抗寄生虫药、抗疟疾药、抗病毒药物、降血脂与降压药、抗肿瘤药物、麻醉剂、镇静剂等各种类型药物数千种,使许多长期危害人类健康和生命的疾病得到控制,拯救了无数的生命,为人类的健康做出了巨大贡献。

建造大楼所用水泥、玻璃、涂料、合金材料、有机硅密封胶、聚氨酯防水胶等,室内照明所用日光灯、节能灯、LED 灯的发光材料,以及家具的油漆等均为化学合成材料。

常用交通工具自行车、汽车的金属部件和油漆显然是化学品,汽车车厢内的装潢通常是特种塑料或经化学制剂处理过的皮革制品,汽车的轮胎是由合成橡胶制成的,燃油和润滑油是含化学添加剂的石油化学产品。车载可充电的蓄电池是化学电源。汽车尾气排放系统中用来降低污染的净化器装有由铂、铑、稀土材料和其他一些化学物质组成的三效催化剂,它可将汽车尾气中的氧化氮、一氧化碳和未燃尽的碳氢化合物转化成低毒害的物质。制造飞机所用的结构材料主要是质强、量轻的碳纤维材料、铝合金等。波音 787 飞机里所用的碳纤维材料占重量的 64%。飞机上的装潢需要特种塑料,飞机的动力和机械系统还需要特种燃油和润滑油。

书刊、报纸是用化学家所发明的油墨(包括彩色油墨)和经化学过程生产出的纸张印制而成的。手机、彩电和电脑的显示器是由无机或有机光电材料制成的。甚至参加体育活动时穿的跑步鞋、溜冰鞋、运动服,所用的乒乓球、羽毛球拍、排球网等也都离不开现代合成材料和涂料。

化学在解决人类面临的重大挑战方面将发挥关键作用

化学是一门古老而充满活力的学科。20 世纪 70 年代以后,化学发生了显著的变化,化学研究的领域已拓展到生命科学和生物技术、纳米技术、材料科学、环境、能源、国家安全等诸多方面。过去的 100 多年间,化学科学在保证人类衣食住行需求、提高人民生活水平和健康状态方面做出了重大贡献。展望未来,人口、环境、资源、能源等问题日益严重,人类的生存会不会成问题?虽然这些问题的解决要依靠各个学科,但无论如何都离不开化学这一核心学科。这些问题的解决将会为化学注入新的活力。从当代化学家所面临的一些重大挑战([美]21 世纪化学学科的挑战委员会,2004)来看,也不难得出这一结论。这些挑战包括:

(1)创造具有科学意义或实用价值的新物质(如医药、农用化学品、特殊材料等),并采用低能耗和对环境友好的制备方法和工艺进行生产。

(2)发展高灵敏度、高选择性的实时分析技术,可靠地检测易燃易爆危险物品、毒品、病毒等有害物质,以保护人类免遭恐怖主义、犯罪和疾病等的危害。

(3)研究和开发新的早期预警和诊断方法、新的治疗药物和治疗方法,以对付目前尚属不治之症的一些疾病,如肿瘤、心脑血管病、病毒性疾病等。为此,必须在分子水平上认识疾病。

(4)研究和开发出永不枯竭、廉价的新能源及其储存和运输的方法。例如,发展能够将各种来源生物质转化为生物燃料的新型催化剂和催化技术;发展新的储氢材料;发展新一代燃料电池和太阳能电池所需要的各种材料和催化剂。我国的《国家中长期科学和技术发展规划纲要(2006—2020 年)》指出,未来能源技术发展的主要方向是经济、高效、清洁利用和新型能源开发。

(5)深入研究生命体系中的化学问题,透彻认识生命的化学本质。例如,阐明生命的起源;理解活细胞中基因表达调控的机制,并用小分子来影响这一过程;揭示酶具有高效性和专一性的原因,并设计出可与最好的酶相媲美的人工仿生催化剂;理解各种蛋白质、核酸以及生物小分子如何装配成显示化学特征和生物学功能的组装体,并真正认识活细胞中不同组分之间复杂的化学反应;探索大脑和记忆的化学本质,揭示存在于思维和记忆背后的化学因素。21 世纪的很多重大课题都将是围绕生命而展开的。然而,生命科学的本质是化学,如何了解在分子层次发生的反应成为我们深入认知生命现象的关键,因为化学研究的对象就是分子和化学反应,所以化学在其中是中坚力量。具有良好化学背景的人,可以在生命科学领域游刃有余。

(6)认识错综复杂的地球化学,包括陆地、海洋、大气以及生物圈,从而维持地球的可居住性。例如,发展精确、快速、微量、超微量的分析测试技术,以获得超微区范围内和超微量样品中元素、同位素的分布和组成资料。低温地球化学、地球化学动力学、超高压地球化学、稀有气体地球化学、比较行星学等都是很有发展前景的研究领域。

(7)积极参与纳米科技,深入开展纳米化学研究。纳米科技已列为我国重大研究计划之一。《国家中长期科学和技术发展规划纲要(2006—2020年)》指出:物质在纳米尺度下表现出的奇异现象和规律将改变相关理论的现有框架,使人们对物质世界的认识进入到崭新的阶段,孕育着新的技术革命,给材料、信息、绿色制造、生物和医学等领域带来极大的发展空间。纳米科技已成为许多国家提升核心竞争力的战略选择,也是我国有望实现跨越式发展的领域之一。这个纲要所建议的许多重点研究的方向值得化学家重视,例如,纳米材料的可控制备、自组装和功能化,纳米材料的结构、优异特性及其调控机制,概念性和原理性纳米器件,纳米电子学,纳米生物学和纳米医学,分子聚集体和生物分子的光、电、磁学性质及信息传递,单分子行为与操纵,分子机器的设计组装与调控,纳米尺度的表征,纳米材料在能源、环境、信息、医药等领域的应用。

(8)化学学科本身的一些重大科学问题。例如,发展研究化学及生化反应机理的手段,以便能够直接观测这些过程,并合理地设计更为有效的合成反应;发展可靠的计算方法来准确地预测未知化学反应的途径和速率,从而预测其应用的可能性;发展可以精确预测化合物性质的计算方法等。

化学是一门古老而又生机勃勃的科学。化学家辛勤地耕耘着元素周期表中的一百多个元素以及由这些元素构成的千万个化合物和由这些化合物组成的无数的制剂与材料。化学元素和化学物种是人类赖以生存的物质宝库。人类对物质的需求,不论在质量上还是数量上,总是在不断发展的。而满足其需求的核心基础学科不仅现在是化学,而且将来仍然是化学。

参 考 文 献

[1] Breslow R. 化学的今天和明天——一门中心的、实用的和创造性的科学[M]. 华彤文,等译. 北京:科学出版社,1998.

[2] [美] 21世纪化学学科的挑战委员会. 超越分子前沿——化学与化学工程师面临的挑战[M]. 陈尔强,等译. 北京:科学出版社,2004.

第1章 化学与自然

地球上,无数的生物与蓝天、白云、山川、河流、湖泊一起构成了美丽的自然界。自然界中有数不清的物种,每一个物种都被赋予了独特的魅力。生命体的内部,每时每刻都在发生着按一定程序进行的、复杂的化学变化,从而导致了春、夏、秋、冬不同季节的不同自然景色。白天,绿色植物的叶子吸收了阳光、水和二氧化碳,便立即将它们转变为碳水化合物,同时放出氧气,将太阳能转变为化学能,从而为植物的生长提供了足够的能量。夜晚,萤火虫将其体内的化学能转变为光能,发出绚丽夺目的荧光,这也是它们寻找配偶的特殊语言。然而,这一切变化都是化学元素以及由它们所组成的神奇分子所掌控的。自然的美丽是需要人们用心灵去感受的,情与景、景与化学元素的交融赋予了大自然更加鲜活的灵魂。

1.1 秋色中的化学

"远上寒山石径斜,白云生处有人家。停车坐爱枫林晚,霜叶红于二月花。"这是唐代诗人杜牧描写和赞美深秋山林景色的七言绝句《山行》,它向人们展现出一幅动人的山林秋色图。如今,在秋意浓浓之日,无论是城市街道旁的大树,还是乡间山峦里的丛林,秋的颜色正渐渐浸染着我们的视野,那曾经的一片片郁郁葱葱,已露出了恣意的斑斓与张扬的绚丽(见图 1-1)。在这样一个季节,人们去香山观赏漫山的红叶,去西湖感受平湖秋月的美景,去额济纳品味壮观的胡杨林……然而,在人们尽情地欣赏醉人秋色的时候,可曾知道这样一个流淌在诗歌里的季节正是化学变化的"频发期"?

图 1-1 秋天的红色和黄色树叶

树叶和草的绿色来自其中的叶绿素(chlorophyll),在光合作用过程中,叶绿体利用叶

8

绿素吸收的太阳光能量把二氧化碳和水转化为葡萄糖,为植物以及依赖于植物生活的动物提供了最初的有机原料。正是大量存在于植物中的叶绿素,为我们呈现了恬静、深邃的绿色森林和草原。叶绿素实际上存在于所有能进行光合作用的生物体内,包括绿色植物、原核的蓝绿藻(蓝菌)和真核的藻类等,其化学成分为镁卟啉化合物,包括叶绿素 a(其分子结构见图 1-2)、叶绿素 b、叶绿素 c、叶绿素 d 和叶绿素 f 等。

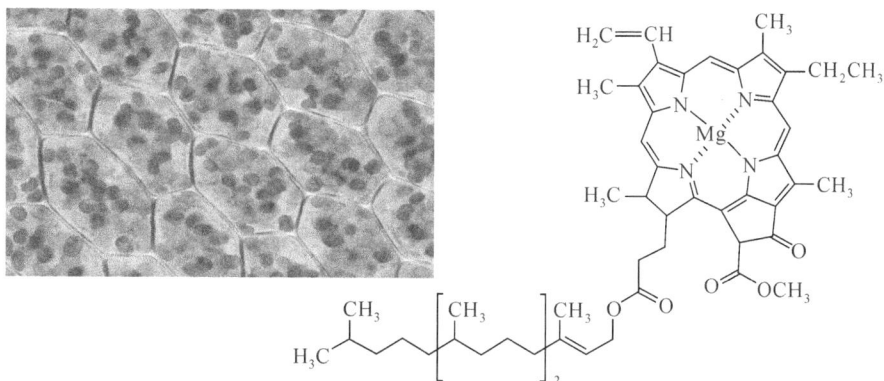

图 1-2　存在于绿色植物叶绿体(左)中的叶绿素 a 分子结构(右)

在树叶里,除了叶绿素之外还有其他一些有颜色的分子,如胡萝卜素、叶黄素等类胡萝卜素,它们是一类含有多烯结构的萜类化合物。胡萝卜中含有大量 β-胡萝卜素,β-胡萝卜素可以在人体内转化成维生素 A,能使眼睛更明亮、皮肤更光滑。胡萝卜素吸收自然光中的蓝绿色和蓝色光(如 β-胡萝卜素的最大吸收波长为 445 纳米),故其反射的光看起来是橘黄色。胡萝卜素也是许多植物叶绿体中包含的一种较大的色素分子。当胡萝卜素和叶绿素同时存在于树叶中时,它们一起吸收阳光中的红色、蓝绿色、蓝色光,此时叶绿素的颜色艳压群芳,叶片反射的光看起来是绿色。这时,胡萝卜素仅作为辅助的光吸收剂,由胡萝卜素吸收的光能量被转移到叶绿素,并被用于光合作用。与叶绿素相比,胡萝卜素是一种更加稳定的化合物。当秋天来临时,叶绿素分解,并从叶子中消失,剩下的胡萝卜素、叶黄素等就会使树叶呈现出黄色。

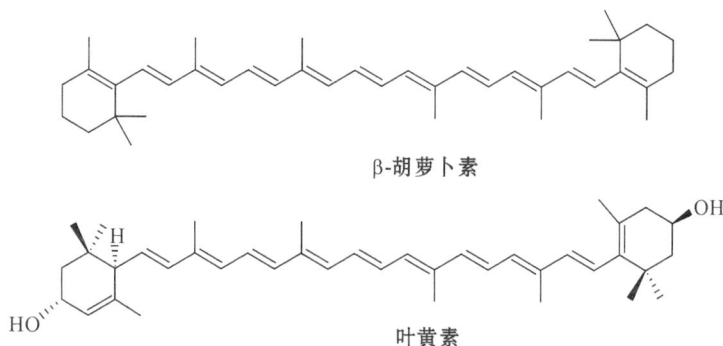

β-胡萝卜素

叶黄素

树叶中的第三类色素是花青素（anthocyanidin），又称花色素。花青素是自然界一类广泛存在于植物中的水溶性天然色素，也是植物花瓣中的主要呈色物质，水果、蔬菜、花卉等五彩缤纷的颜色大部分与之有关。从分子结构来看，花青素属类黄酮化合物，其基本结构单元是 2-苯基苯并吡喃型阳离子（即花色基元），并以糖苷形式存在。这类天然色素分子吸收蓝色、蓝绿色、绿色光，反射的光看起来是红色。与叶绿素和胡萝卜素不同，花青素并不是附着在细胞膜上的，而是溶解在细胞液里。这些色素产生的颜色对细胞液的 pH 值敏感，如果细胞液具有较强酸性，那么这些色素显出鲜红的颜色；如果细胞液的酸性较弱，那么该色素的颜色偏紫。这也是为什么成熟的苹果发红而成熟的葡萄发紫的原因。细胞液中的糖和某些蛋白质之间反应形成花青素，该反应只有当细胞液中的糖浓度很高时才会发生，而且这个反应也需要光。这也是为什么苹果经常会出现一面红色而另一面绿色的原因——有阳光照射的一面是红的，而背阴的一面就是绿色的。

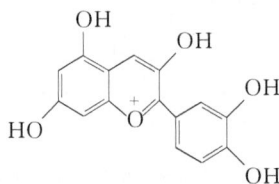

花青素类分子的母体结构
（花色基元）

树叶中还有一类被称为黄酮醇的天然色素。虽然这些色素不能像叶绿素一样进行光合作用，但是其中有一些能够把捕获的光能传递给叶绿素。黄酮醇一直存在于树叶中，并呈现淡黄色。不过，这类色素的颜色在很多时候几乎完全被叶绿素的绿色所掩盖。

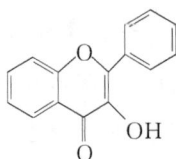

黄酮醇类分子的母体结构

树叶中的叶绿素分子并不稳定，明亮的阳光会使其持续分解。为了保持叶绿素在树叶中的含量，植物必须连续不断地合成它。植物中的叶绿素的合成需要阳光和温暖的气候，因此，在夏季叶绿素可以被充足地供应到树叶，这时我们就会看到绿油油的树林。然而到了秋天，不断缩短的白天和日益凉爽的夜晚，使树木的生化环境发生了变化。其中一个变化就是在树木枝干与叶茎之间长出了木栓质膜。该膜会干扰、阻止营养物质流入叶片。因为养分流动中断，树叶里的叶绿素含量下降，而使其绿色变淡。只有在这个时候，树叶中的其他色素分子才有机会展示它们的本色。

如果树叶中含有胡萝卜素，比如桦木和山核桃的树叶，当叶绿素逐渐消失时，它的颜色会从绿色变为亮黄色。在另一些树叶中，当糖浓度增加到一定水平后，就会形成花青素，让泛黄的叶子变成红色或紫色。红枫树、红橡树、漆树等植物能够产生丰富的花青素,因此它们的叶子会变成亮红色和紫色,为秋天的景色增添了色彩。

秋天颜色的强度和范围受天气影响很大。低气温会破坏叶绿素,而如果温度保持在零度以上,则会促进花青素的形成。明媚的阳光也会破坏叶绿素并提高花青素的产量。在干燥的天气里,细胞液中的糖浓度会增加,这也增加了花青素的含量。所以,最亮丽的秋色往往产生于干燥而阳光充足的地方。

1.2　萤火虫——夜幕下的化学

萤火虫的种类很多,在它们的腹部末端都有一个能发出绿色荧光的发光器官。它们白天伏在草丛中,夜晚飞出来活动。尾部的那盏绿色的小灯(见图 1-3),把夜空装点得如同幻境一般。

图 1-3　萤火虫尾部发射绿色荧光

在萤火虫发光器上有一些气孔,由气孔引入空气后,发光器内所含的萤火虫荧光素(firefly luciferin)就会在荧光素酶(luciferase)和腺苷三磷酸(ATP)的作用下与氧发生氧化反应,生成高能量的激发态氧化荧光素(oxyluciferin),当激发态氧化荧光素回到低能量的基态时,能量转变成光子而发出光。

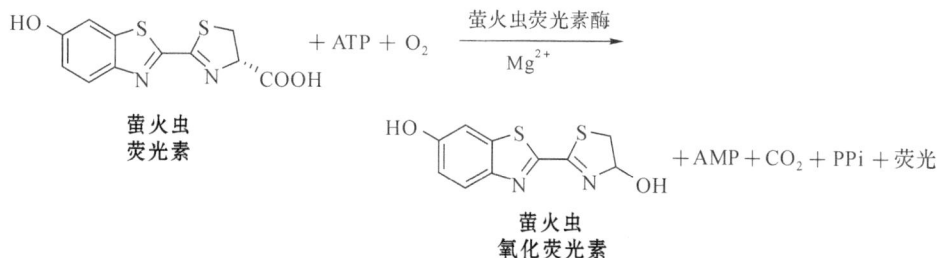

萤火虫
荧光素

$+ ATP + O_2 \xrightarrow[Mg^{2+}]{\text{萤火虫荧光素酶}}$

萤火虫
氧化荧光素

$+ AMP + CO_2 + PPi + 荧光$

萤火虫发光的效率非常高,几乎能将化学能全部转化为可见光,为现代电光源效率的几倍到几十倍。由于光源来自体内的化学物质,所以,萤火虫发出来的光虽亮但没有热量,也不产生磁场,人们称这种光为"冷光"。由于萤火虫的光不带辐射热,物理学家们认为这是非常理想的灯光,因一般东西发光时,同时也发热,如点着了的蜡烛会发热、钨丝电灯点亮后灯泡也会热得发烫等,然而人们并不需要灯光发热。假使能创造出像萤火虫一样不发热的光来,那将是很理想的。五十多年前,科学家模拟了萤火虫发光的原理,创造出能够发"冷光"的荧光灯。

荧光灯中装有低气压的汞蒸气,它在通电后可释放紫外线,从而使灯管壁上的荧光粉发出可见光,这属于低气压弧光放电光源。1974 年,荷兰飞利浦公司首先研制成功了能够发出人眼敏感的红、绿、蓝三色光(即三基色)的荧光粉,这种荧光粉由三种稀土物质组成,它们可分别在 450 纳米(蓝色)、550 纳米(绿色)和 610 纳米(红色)发射荧光,其中红粉为铕激活的氧化钇,绿粉为铈、铽激活的铝酸盐,蓝粉为低价铕激活的铝酸钡镁。这三种物质按一定比例混合,得到不同的色温(2700~6500 开尔文),相应的灯的发光效率可达 80~100 流明/瓦,显色指数为 85~90。

三基色荧光粉的开发与应用是荧光灯发展史上的一个重要里程碑。此后,该荧光灯一直在全世界范围内广泛使用。直到最近,随着 LED 照明技术的发展,用了半个世纪之久的荧光灯可能被更高效、环保的 LED 日光灯取代。

1.3　发光水母与绿色荧光蛋白

水母(jelly fish),是一种生活在海洋中的非常漂亮的水生动物。它的身体外形就像一把透明伞,伞状体的直径有大有小,大水母的伞状体直径可达 2 米。伞状体边缘长有一些须状的触手,有的触手长达 20~30 米。在全球各地的海洋中生存着约 250 种水母,无论是热带的水域、温带的水域,还是浅水区、约百米深的海洋,甚至是淡水区都有水母的影踪。据说水母早在 6.5 亿年前就存在了,它们的出现甚至比恐龙还早。

在自然界中,一些种类的水母与萤火虫相似,也有生物发光现象。1962 年,美国化学家下村修(O. Shimomura)从美国西岸打捞了大量发光水母(见图 1-4),带回位于华盛顿州的实验室进行研究。他本以为能找到像萤火虫里有的荧光素和荧光素酶这样一对东西,但后来却发现了一种在日光下呈绿色、在紫外光下发射强烈绿色荧光的特殊蛋白质。此后,他仔细研究了其发光特性。1974 年,他纯化得到了这个蛋白的晶体,当时称为绿色蛋白,后来称为绿色荧光蛋白(green fluorescent protein,GFP)。化学家研究证实,GFP是由 238 个氨基酸组成的蛋白质,它能够在氧分子的参与下高效率地发射内源性荧光(发射光谱最大峰值为 509 纳米,属于绿光范围),而不需要任何的外源底物或者辅助因子。由此可见,GFP 发光的原理与萤火虫发光原理大不相同。

1992 年,化学家确定了这个蛋白质的一级结构,即氨基酸连接序列(Prasher D C, et al,1992),1996 年确定了它的三维结构(Ormö M,et al,1996)。研究表明,GFP 蛋白是一桶状结构,"圆桶"的直径是 24 埃米,高度是 42 埃米(见图 1-5)。

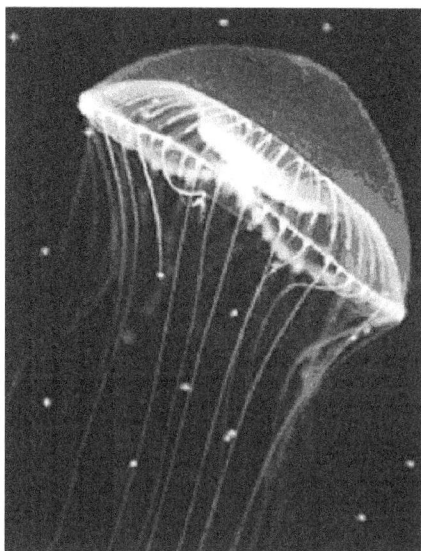

图 1-4　能发射绿色荧光的水母

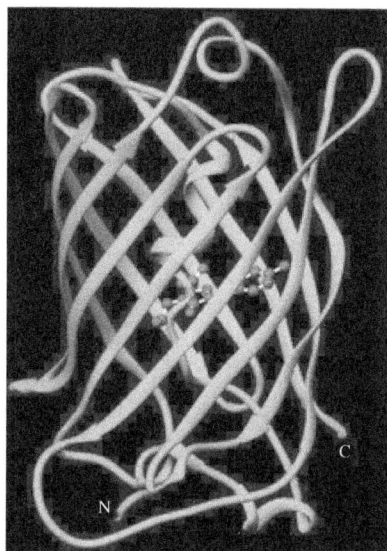

图 1-5　用 X-射线单晶衍射技术确定的绿
色荧光蛋白三维结构
(引自:Tsien R Y,2010)

　　GFP 的发现具有重要的科学意义,因为科学家能够通过基因重组技术将这个发光蛋白的基因表达到其他生物体内,从而作为一种通用的发光标签。1994 年,美国哥伦比亚大学的线虫研究专家 Chalfie 首次证明了 GFP 的应用价值,他将 GFP 基因成功地表达在秀丽隐杆线虫体内,获得了发绿色荧光的线虫(Chalfie M,et al,1994)。此后,科学家们利用这一方法得到了多种发光的动物、植物和细胞(见图 1-6),并最终为细胞生物学和神经生物学发展带来一场革命。

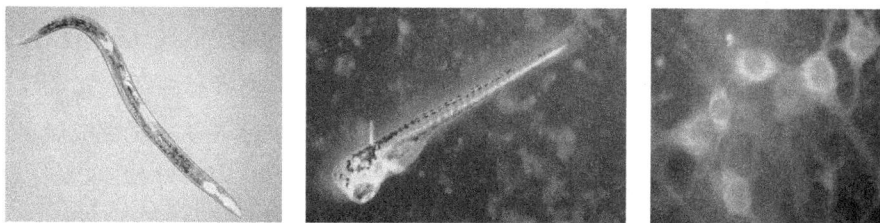

图 1-6　发绿色荧光的线虫(左)、斑马鱼(中)和大鼠海马神经元(右)

　　与此同时,美国圣地亚哥加利福尼亚大学生物化学及化学系的华裔化学家钱永健(Roger Y. Tsien)开始从分子水平上研究 GFP 发光的分子机理(Tsien R Y,1998;Tsien

R Y，2010）。他发现在氧气存在下，这个由 238 个氨基酸组成的 GFP 分子序列中，第 65 位丝氨酸（Ser65）、第 66 位酪氨酸（Tyr66）和第 67 位甘氨酸（Gly67）三个氨基酸残基，可经历环化、脱水和氧化三步反应，生成一种荧光发色团，从而发出绿色荧光（见图 1-7 途径 A）。其后，又有人提出了先氧化后脱水的机理（见图 1-7 途径 B），认为这样更合理（Zhang L，et al，2006）。

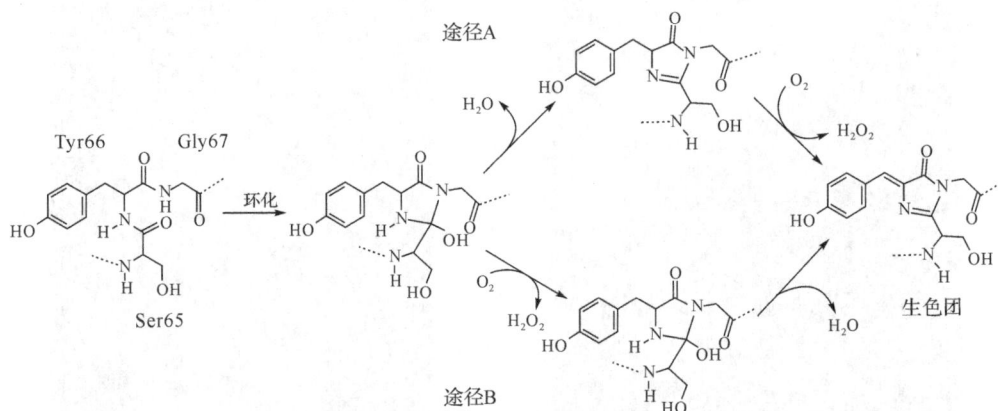

图 1-7　绿色荧光蛋白生色团形成的机理

虽然 GFP 作为荧光探针有许多优点，但野生型 GFP 发光相对较弱，且受环境影响较大。为满足研究的需要，钱永健小组还对 GFP 的结构进行了改造或修饰，例如替换 GFP 生色团的氨基酸。他还拓展出绿色之外的可用于标记的其他颜色的荧光蛋白，从而使科学家能够对各种蛋白和细胞施以不同的色彩。目前世界上应用的各种荧光蛋白，多半是钱永健发明的 GFP 及其变种（Tsien R Y，1998；Tsien R Y，2010）。

今天，绿色荧光蛋白已被广泛用于生命科学的许多研究领域中。例如，在转基因研究领域，GFP 用于检测基因的表达，特别是在活细胞基因表达的实时成像分析方面。把 GFP 作为标签融合到活细胞中的主体蛋白上，可以检测该蛋白质分子的位置、迁移、构象变化以及分子间的相互作用，或者靶向标记某些细胞器，这是 GFP 最成功的一类应用。此外，GFP 还可作为生物传感器被用来实施检测活细胞内的 pH 值、Ca^{2+} 浓度、卤素离子浓度和检测氧化还原水平等。GFP 蛋白已经成为生物化学领域和细胞生物学领域应用最广泛的一类蛋白分子。就像它的美丽荧光一样，GFP 在生命科学的研究中展现出了夺目的光彩。由于在 GFP 的发现、发展和应用方面做出的杰出贡献，查尔菲（M. Chalfie）、下村修和钱永健三位科学家荣获了 2008 年诺贝尔化学奖。

1.4　蝴蝶翅膀的神秘面纱

自然界最美的昆虫莫过于蝴蝶。蝴蝶种类繁多,全世界大约有 14000 种,它们大部分分布在美洲,尤其在亚马孙河流域品种最多。蝴蝶一般色彩鲜艳,翅膀颜色五彩斑斓(见图 1-8),且雨露不沾。生物学家早已证明多彩的蝴蝶翅膀不仅仅是为了让人们大饱眼福,也是用来隐藏、伪装和吸引配偶的。然而,这些丰富多彩的图案是如何产生的,却一直是个谜。近年来,科学家解开了蝴蝶翅膀微观结构与美丽花纹关系的神秘面纱。

图 1-8　蝴蝶翅膀上的排列图案

原来,蝴蝶翅膀的颜色属于结构色(又称物理色),其与色素着色无关,是生物体表面微结构所导致的一种光学效果。激光唱片在阳光下所显示的五彩斑斓的颜色,以及肥皂泡在阳光下所显示的彩虹都是结构色。它们所显示的颜色和物质本身没有多大的关系,只和物质表面的微结构有关。生物体表面或表层的峰、纹、小面和颗粒能使光发生反射或散射作用,从而产生特殊的颜色效应。蝴蝶翅膀表面有一层纳米尺寸的"光子晶体"。由于纳米结构通常表现出的"尺寸效应",光子晶体结构具有的"光子带隙"特性使其对光波的穿透具有波段选择性,从而表现出独特的光学现象。光子晶体概念的提出以及对其纳米结构对称性特征等的研究极大地推动了对蝴蝶翅膀结构及颜色的理解和研究。近年来,科学家利用光学显微镜、扫描电子显微镜(SEM)、透射电子显微镜(TEM)、小角 X 射线散射技术(SAXS)对灰蝶科和凤蝶科蝴蝶翅膀的表面结构进行了研究,从而证实了蝴蝶翅膀的微观结构是具有某种空间对称性的单连续的螺旋二十四面体结构(见图 1-9)(Saranathan V,et al,2010)。科学家还通过人工合成的途径创造出相同的纳米结构。

蝴蝶的翅膀不仅斑斓绚丽,并且不会被水滴等浸湿,这可以使它们保持自净和防止结冰,有利于更好地生存。具有超疏水性质的材料是近年来材料应用领域的一大热门,

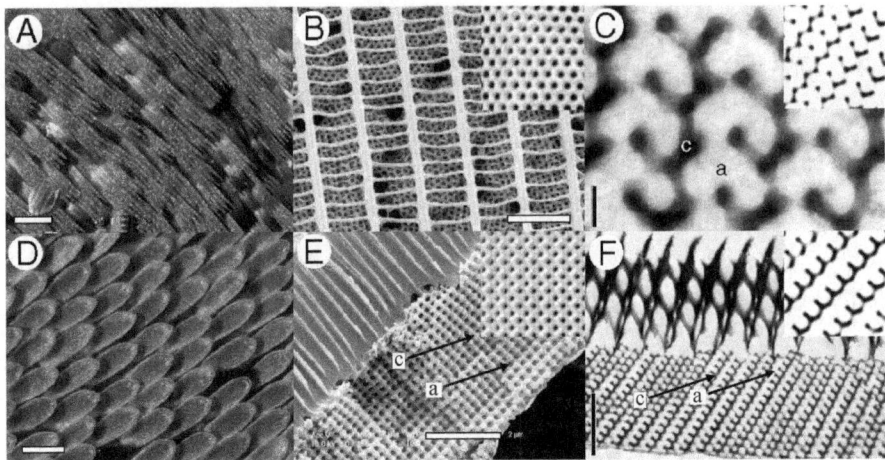

图 1-9　用光学显微镜（A 和 D）、扫描电子显微镜（B 和 E）和透射电子显微镜（C 和 F）

观测到的灰蝶科（A～C）和凤蝶科（D～F）蝴蝶翅膀的微观纳米结构

（引自：Saranathan V，et al，2010）

因此研究并设计具有非润湿表层的材料具有重大的意义。科学家发现,材料的超疏水性质与水滴在表层结构上反冲前的接触时间有很大关系。科学家通过对人工材料的研究和蓝蝴蝶翅膀表面结构的对比分析研究,发现蓝蝴蝶翅膀的纳米结构具有超级强的疏水性质,独特的表面缩短了水滴接触时间,并使其能极快反弹（Bird J C，et al，2013）。科学家认为,蓝蝴蝶翅膀的微观结构应该是迄今发现的疏水性最强的材料。因此,人们应该考虑去学习蓝蝴蝶等生物的特性,研制出更高效的功能材料。

1.5　神秘的螺旋与分子的手性

如果留心观察,人们就会发现自然界中的螺旋状生物随处可见。牵牛花和其他藤类植物的藤总是向右旋转着往上爬的（见图 1-10 左一）,这样的几何结构称为右手螺旋。左手螺旋的藤在自然界也是有的,但极其少见。车前草的叶片也是螺旋状排列的,其间夹角为 137°、30°、38°,这样的叶序排列,可以使相同的叶片获得最大采光量,且得到良好的通风。此外,向日葵的籽在盘上也是按照严格的数学规律排列成螺旋形的。

动物世界中也不乏螺旋体。山羊的两只角中,一只呈右手螺旋,另一只呈左手螺旋。北山羊（学名盘羊）的角可往侧面弯曲成 360°的螺旋（图 1-10 左二）。绝大多数种类的海螺具有右手螺旋的外壳（见图 1-10 左三）。蜗牛的外壳呈现标准的对数螺旋体（见图 1-10 右一）,其结构的一部分是旧的,另一部分是新的。新的部分通过衍生物连续地增长,长在旧的部分上,始复不断,从小到大,并最终形成了我们看到的对数螺旋形状。蜗牛壳腔中的生命体逐渐长大变粗了,蜗牛的"屋"也按着相同的、不变的比例并以对数螺旋线的规律长大变长。

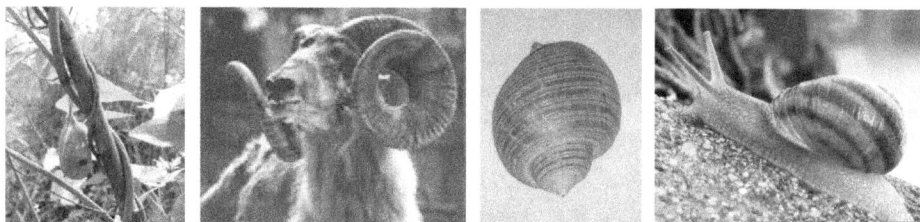

图 1-10　自然界中的螺旋体

　　自然界中还有一些微小的生物具有螺旋结构,但人们需借助于电子显微镜方可观察到。螺旋藻就是其中一例(见图 1-11)。螺旋藻又称蓝藻,是一类低等藻类生物,属原核生物,它是由单细胞或多细胞组成的丝状体,一般体长 200~500 微米、宽 5~10 微米,圆柱形,呈螺旋形状,故得名螺旋藻。螺旋藻具有减轻癌症放疗、化疗的毒副反应,提高免疫功能,降低血脂等功效。

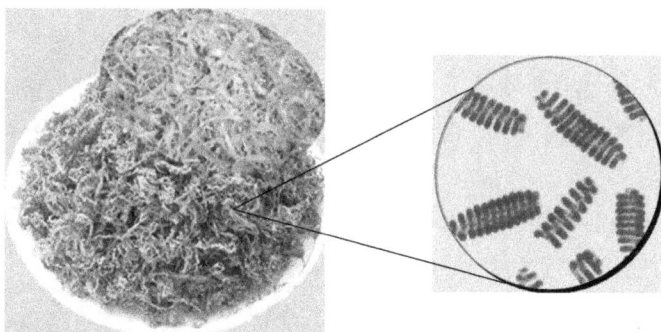

图 1-11　螺旋藻的外观(左)及其放大图(右)

　　大自然鬼斧神工,造就出如此美丽的螺旋体,令人感叹不已。然而,最令人不解的是螺旋体在自然界中的反复出现。自然界为什么能够存在如此精确有序的结构? 现在看来,这些现象应该与分子世界的手性有关系。

　　1950 年,著名生化学家鲍林(L. C. Pauling)首先阐明,蛋白质分子的多肽长链结构呈右手螺旋,当时把它定名为 α-螺旋(人胰岛素分子中的 α-螺旋结构见图 1-12)。后来发现,不仅纤维状蛋白有 α-螺旋,球状蛋白也有 α-螺旋。此后,科学家进一步发现许多生物大分子都有形成螺旋形的共同倾向。如直链淀粉的二级结构(指多糖链的折叠方式)是一个左手螺旋,每圈螺旋含 6 个葡萄糖残基,螺距 0.8 纳米,直径 1.4 纳米。科学家们还发现了分子水平和宏观水平间的密切相关性。例如,许多黑人都长着一头自然卷发,而黄色人种绝大多数都长着垂直型的头发。研究发现其原因在于两者角朊蛋白(头发的主要化学成分)分子结构上的差异。黑色人种的角朊蛋白分子结构呈右手螺旋(即 α-螺旋形),而黄种人的角朊蛋白分子结构是直链形的。

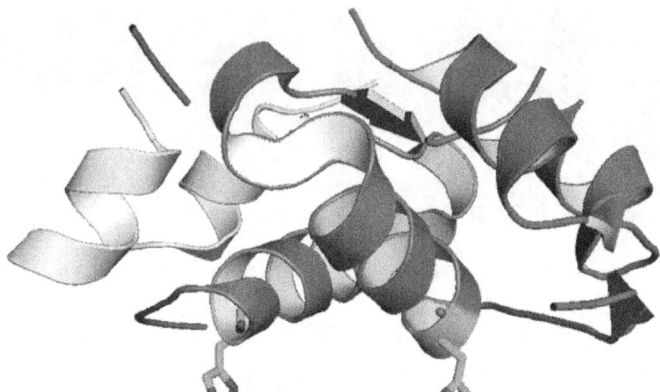

图 1-12　人胰岛素分子中的 α-螺旋结构

储存人类所有遗传信息的 DNA 分子呈右手双螺旋结构,如图 1-13 所示。双螺旋的直径为 2 纳米,螺距为 3.4 纳米。

DNA、蛋白质、淀粉等生命物质均拥有(或包含)右手或左手螺旋结构。这样的螺旋结构所体现的几何图形的对称性可用"手性"来表达。下面我们将通过分子的手性来解释这一概念。

1848 年,法国著名微生物学家和化学家巴斯德(L. Pasteur)发现酒石酸钠铵盐的晶体呈半晶面,其中一些面朝左方,另一些则向右(见图 1-14)。他用手工方法将这两种具有不同取向的半晶面的晶体分开,再用旋光仪分别测定它们的溶液的旋光度,发现一个是旋光方向为右旋的酒石酸钠铵盐,另一个是旋光方向为左旋的酒石酸钠铵盐,将它们等量混合就得到无旋光的酒石酸钠铵盐。元素组成相同的酒石酸钠铵盐的两种异构体具有完全相反的旋光方向,因此两者被称为旋光异构体,这种现象称为旋光异构。然而,在巴斯德年代,分子的旋光异构现象还是一个谜。

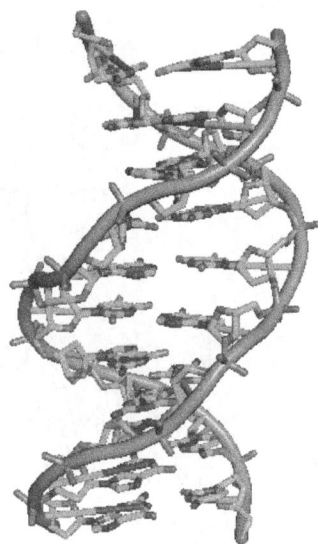

图 1-13　DNA 双螺旋结构

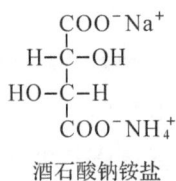

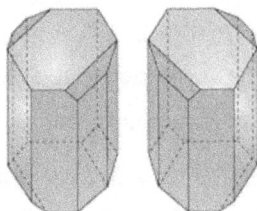

$$
\begin{array}{c}
COO^-Na^+ \\
| \\
H-C-OH \\
| \\
HO-C-H \\
| \\
COO^-NH_4^+
\end{array}
$$

酒石酸钠铵盐

图 1-14　酒石酸钠铵盐及其两种不同的晶体形状

1869 年,德国化学家威利森怒斯(J. Wislicenus)发现从酸牛乳中得到的发酵乳酸和从肌肉中提取的肌肉乳酸具有相同的元素组成(即分子式相同),都是 α-乳酸,但它们的旋光方向不同,故属于旋光异构体。据此他认为,如果分子在结构上是等同的,可是具有完全不同的性质,那么这种差别就只能是由于原子在三维空间有不同的排布所致了。这样,威利森怒斯进一步提出了空间化学思想,唤起了人们研究原子的空间排布规律与性质的关系的兴趣。

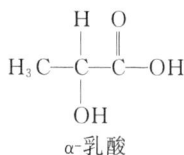

在巴斯德、威利森怒斯等人对旋光异构现象研究的基础上,1874 年荷兰化学家范霍夫(J. H. van't Hoff,1901 年首届诺贝尔化学奖获得者)和法国化学家勒贝尔(J. A. Le Bel)各自独立地提出了碳四面体学说。当碳原子连有四个不同基团时,假定碳原子的四个价键指向四面体的顶点,碳原子占据四面体的中心,可以得到两个也只能得到两个异构体,这两种异构体在空间上不能重叠,其中一个是另一个的镜像,因此称为"对映体"(见图 1-15),它们都具有旋光性,但旋光方向相反。范霍夫把这种与四个不同原子或基团相连的碳原子称为不对称碳原子,也称手性碳,并推断具有旋光性的含碳化合物必有不对称碳原子。像左旋和右旋 α-乳酸这样的分子称为"手性分子",它们就如同人的左右手一样,看似相同,但在空间上不能重合,因此不同。

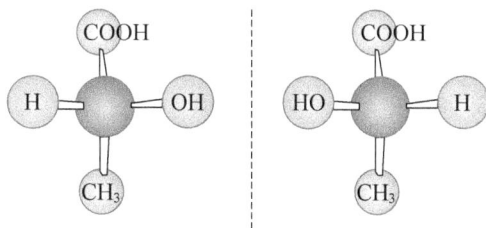

图 1-15　手性分子 α-乳酸的两种对映异构体

"手性(chirality)"一词源于希腊语词干"手"(cheir-),指左手与右手的差异特征。在一些学科中,"手性"被用于表示几何图形(或结构)的对称性特点。如果某物体的几何图形与其镜像不能够重合,则其被称为"手性的",且其镜像也是不能与实物重合的,就如同人的左手和右手互为镜像而无法重合一样。手性物体与其镜像被称为"对映体"(希腊语意为"相对/相反形式")。对于分子,不能与其镜像重合的分子称为"手性分子",可与其镜像重合的分子则称为非手性分子。上述植物、动物和微生物的螺旋结构,以及直链淀粉的左手螺旋、蛋白质分子和 DNA 分子的右手螺旋等都是手性的表现。

生命体的手性源于生物大分子的手性,生物大分子(如蛋白质和 DNA)的手性则源于构成它们的小分子(如氨基酸和脱氧核糖)的手性。有趣的是,除无手性的甘氨酸外,构成蛋白质的其他 19 种氨基酸都是手性分子,且均具有 L-构型。构成 DNA 的所有脱氧核糖也都是手性分子,且均具有 D-构型。然而,地球上这些生命分子手性的起源迄今还是一个谜。

另一个有趣的现象是,手性分子的两个对映体往往具有不同的生物学活性。例如,香芹酮有两种异构体,一种是(S)-香芹酮,存在于香菜种子中,它具有香菜的气味;另一种是(S)-香芹酮的对映体,即(R)-香芹酮,存在于荷兰薄荷中,具有薄荷的气味。这两种异构体都是重要的香料,被广泛应用于食品工业中,特别是牙膏、硬糖、口香糖和各种饮料中。抗坏血酸分子的两个对映体也具有不同的生物学效应:L-抗坏血酸,称为维生素C,具有抗氧化的作用,可降低毛细血管的通透性,加速血液凝固,促进铁在肠内的吸收,促进胆固醇的转化,使血脂下降;D-抗坏血酸则无这些作用。

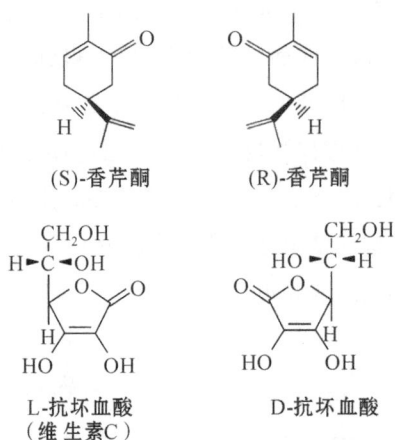

(S)-香芹酮   (R)-香芹酮

L-抗坏血酸
(维生素C)   D-抗坏血酸

参 考 文 献

[1] Chalfie M, Tu Y, Euskirchen G, et al. Green fluorescent protein as a marker for gene expression[J]. *Science*, 1994, 263(5148):802-805.

[2] Ormö M, Cubitt A B, Kallio K, et al. Crystal structure of the aequorea victoria green fluorescent protein[J]. *Science*, 1996, 273(5280):1392-1395.

[3] Prasher D C, Eckenrode V K, Ward W W, et al. Primary structure of the Aequorea victoria green-fluorescent protein[J]. *Gene*, 1992, 111(2):229-233.

[4] Saranathan V, Osuji C O, Mochrie S G J, et al. Structure, function, and self-assembly of single network gyroid ($I4_1 32$) photonic crystals in butterfly wing scales[J]. *Proceedings of the National Academy of Sciences of USA*, 2010, 107(26):11676-11681.

[5] Tsien R Y. The green fluorescent protein[J]. *Annual Review of Biochemistry*, 1998, 67(1):509-544.

［6］Bird J C，Dhiman R，Kwon H M，et al. Reducing the contact time of a bouncing drop［J］. *Nature*，2013，503(7476):385-388.

［7］Tsien R Y. Nobel lecture: coustructing and exploiting the fluorescent protein painbox［J］. *Integrative Biology*，2010，2:77-93.

［8］Zhang L，Patel H N，Lappe J W，et al. Reaction progress of chromophore biogenesis in green fluorescent protein［J］. *Journal of the American Chemical Society*，2006，128(14):4766-4772.

第 2 章　化学与粮食生产

在过去的一个世纪中,化学在扩大粮食供应方面发挥了决定性作用。据统计,世界人口由 1927 年的 20 亿已猛增到 2005 年的 65 亿。假如没有化学家哈伯(F. Haber)在 20 世纪初发明的合成氨技术,世界粮食的产量至少要减半,65 亿人口中将有 32.5 亿被饿死。这样的假设并非耸人听闻。实际上,除了化肥之外,化学对粮食生产的贡献还体现在越来越多的安全、高效的杀虫剂和除草剂以及可生物降解的地膜等农用材料的发明上。

2.1　自然界中氮的循环

氮元素对植物生长是至关重要的。氮是蛋白质、叶绿素、核酸、酶、生物激素等重要生命物质的组成部分,包括农作物在内的所有生物体均含有这些生命物质,所以氮是农作物生长必需的基本元素之一。了解自然界中氮的循环规律,对于认识人工固氮的意义以及环境保护等至关重要。

氮是地球上极为丰富的一种元素,在大气中约占 79%。氮气(N_2)在空气中含量很高,却不能为多数生物体直接利用,而必须通过固氮作用间接利用。自然界的固氮作用有两条主要途径:一是非生物固氮,如闪电产生的电离作用将大气中的氮氧化成硝酸盐,随降雨进入土壤,以及火山喷发出的岩浆所固定的氮;二是生物固氮,如豆科植物(如大豆、紫苜蓿和苜蓿等)根部的根瘤菌可使氮气转变为氨(NH_3)或铵离子(NH_4^+)。在富含氧气的土壤中,铵离子将会首先被亚硝化细菌转化为亚硝酸根离子(NO_2^-),然后被硝化细菌转化为硝酸根离子(NO_3^-)。铵的两步转化过程被称为硝化作用。

植物从土壤中吸收铵离子和硝酸根离子,并经复杂的生物转化形成各种氨基酸,然后由氨基酸合成蛋白质。动物以植物为食而获得氮并转化为动物蛋白质。动物的粪便和动植物的尸体是大气—土壤—植物—动物氮循环的重要环节。动植物死亡后的遗骸、动物的粪便以及植物秸秆等有机体进入土壤后,在一系列土壤微生物的作用下,经过一系列分解转化过程,其中的蛋白质可被微生物分解成铵态氮和硝态氮,这样氮又回到土壤和水体中,被植物再次吸收利用。在这一系列分解转化过程中,如果碳氮比小于 25,会释放出铵态氮,铵态氮在硝化细菌的作用下,经过两步变为硝态氮。土壤温度、湿度、通气状况、pH 值、微生物种群数量等条件决定其转化速率和数量。这需要一段较长的时间。碳氮比大于 30 的有机物质在土壤中要吸收一部分土壤中原有的矿质氮用于微生物分解活动,待碳氮比小于 25 后再释放氮。在有机肥中,鸡粪的含氮量最高,猪粪次之,食草动物较低,植物秸秆更低。

植物根系可以吸收铵态氮和硝态氮。作物种类不同,吸收铵态氮和硝态氮的比例也不同。水稻以吸收铵态氮为主。在温暖、湿润、通气良好的土壤中,旱地作物幼苗期大多吸收铵态氮,而生育期以吸收硝态氮为主。但在温度过高/过低、土壤湿度过大/过小、通气不良、使用硝化抑制剂阻断铵态氮转化为硝态氮的情况下,旱地作物被迫吸收利用铵态氮。

硝态氮进入植物体后形成氨基酸。氨基酸构成蛋白质。蛋白质是构成细胞原生质的重要成分。甘氨酸和谷氨酸这两种氨基酸参与生成另一种重要生命物质——遗传基因,即核糖核酸和脱氧核糖核酸。此外,氮还参与合成叶绿素,而植物的绿色就是叶绿素的颜色,所以植物缺氮就会失去绿色。蛋白质在植株体内不断合成和分解,氮也随之从老叶转移到新叶中,所以缺氮植株的老叶均发黄,植株生长矮小、细弱。

在无氧或低氧条件下,厌氧细菌可通过反硝化作用将硝酸盐中的氮还原成氮气,归还到大气中。这在自然界具有重要意义,是氮循环的关键一环。反硝化作用是指细菌将硝酸盐中的氮通过一系列中间产物(NO_2^-、NO、N_2O)还原为氮气分子的生物化学过程。参与这一过程的细菌统称为反硝化菌。这一过程可用以下方程式来表示:

$$2NO_3^- + 10e^- + 12H^+ \longrightarrow N_2 + 6H_2O$$

其中包括以下 4 个还原反应:

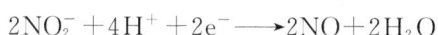

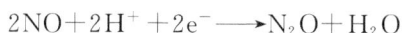

$$2NO_3^- + 4H^+ + 4e^- \longrightarrow 2NO_2^- + 2H_2O$$

$$2NO_2^- + 4H^+ + 2e^- \longrightarrow 2NO + 2H_2O$$

$$2NO + 2H^+ + 2e^- \longrightarrow N_2O + H_2O$$

$$N_2O + 2H^+ + 2e^- \longrightarrow N_2 + H_2O$$

氮是植物正常生长发育所必需的营养元素之一,也是提高作物生产能力的主要限制因子。在农业生态中,如果缺少活性氮就会导致土壤肥力下降、产量下降、蛋白质含量降低、土壤有机质耗竭、土壤侵蚀,甚至沙漠化;在湿润的热带,土壤遭受强烈的风化和淋溶,土壤养分贫瘠,土壤氮素和磷素成为受限的营养元素。因此,我们要适当增强土壤中的氮肥力,促进农业的可持续发展,保障粮食安全(提供足够的热量)和营养安全(提供所有必需的养分,如蛋白质)。同时,氮循环的失衡可导致全球性环境问题,如化石燃料燃烧排放的氮氧化物会污染大气,过度使用含氮化肥会污染水体。有关这方面的问题将在第 7 章中讨论。

2.2 合成氨技术——20 世纪人类最伟大的发明

19 世纪初,在智利的沙漠地区人们发现了一个很大的硝酸钠矿,于是很快得到了开采。19 世纪中叶,世界上所使用的氮肥就主要来自智利的这一矿床。由于天然钠硝石的产量极其有限,智利的这个矿也只够开采几十年。到了19世纪后期,随着炼焦工业在欧洲各国的逐渐兴起,人们又发现用炼焦的副产品氨为原料,可以制成硫酸铵,以此作为氮肥来使用。这样,廉价的炼焦副产品又逐步成为氮肥的另一个来源。然而,这还是远远满足不了农业生产的需要。当时农业所使用的氮肥主要来自有机物的副产品,如人和畜的粪便、花生饼、豆饼、臭鱼烂虾及动物的下脚料等。除此之外,还有极少量的氮素来自雷雨放电而形成的氮氧化物。随着农业生产的发展和人口的不断增加,天然氮化合物的数量已越来越无法满足农作物生长的需要。世界各国越来越迫切要求建立规模巨大的生产氮化合物(即氮肥)的工业。

20世纪初,化学家们开始考虑如何将大气中的氮气转化为氮的化合物,这是制造肥料必需的原料。大气的4/5都是氮气,如果能够大规模地、廉价地把单质的氮转化为化合物,那么,氮将是取之不尽、用之不竭的。

利用氮气与氢气直接合成氨的工业生产曾是一个较难的课题。合成氨从实验室研究到实现工业生产,大约经历了150年。直至1909年,德国化学家哈伯以化学平衡理论为基础,用锇作催化剂在30~50兆帕和500~600℃下直接将氮气与氢气转化成氨。他于卡尔斯鲁厄大学成功地建立了一个每小时产生80克氨的试验装置,并取得了专利权。此后,哈伯又进一步对工艺进行改进,提出将未参与反应的气体返回反应器的循环方法(见图2-1)。这是20世纪化学工业发展中的一个重大突破,哈伯因此而获得了1918年诺贝尔化学奖。

哈伯(F. Haber)

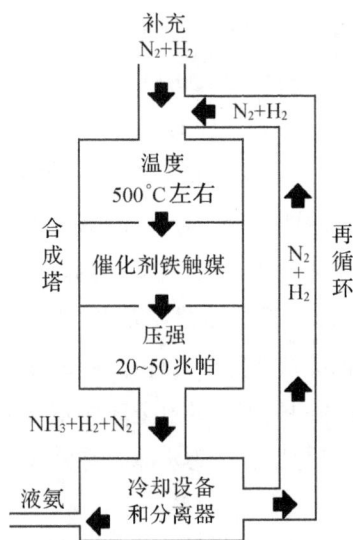

图 2-1　合成氨生产过程

此后德国巴登苯胺纯碱公司(BASF公司的前身)购买了哈伯的合成氨专利权,并由化工专家博施(C. Bosch)担任领导实施工业化。博施在工业化过程中抓住两个关键问题:一是金属锇催化剂稀少、价格昂贵;二是氢在高温下对合成氨反应塔材料碳钢腐蚀严重,导致反应塔寿命仅有 80 小时。为此,博施开始寻找新的催化剂。他用 2500 种不同的催化剂进行了 6500 次试验,终于在 1912 年研制成功含有钾、铝氧化物作助催化剂的价廉易得的铁催化剂。此外,他还采用熟铁作反应塔衬里的双层反应塔,成功地解决了高温下氢气对碳钢反应塔的腐蚀这一难题。此时,德国皇帝威廉二世准备发动战争,急需大量炸药,而由氨制得的硝酸是生产炸药的理想原料。于是巴登苯胺纯碱公司于 1912 年在德国奥堡建成世界上第一座日产 30 吨合成氨的装置,1913 年 9 月开始运转,氨产量很快达到了设计能力。此后人们称这种合成氨法为哈伯-博施法,它是工业上实现高压催化反应的第一个里程碑。博施也因此而荣获了 1931 年诺贝尔化学奖。

20 世纪 30 年代初,哈伯-博施合成氨法成为广泛采用的制氨方法。1932 年,全球合成氨的年产量已达到 260 万吨,约占世界氨产量的 84%。80 多年来,化学家和化学工程师们不断地对合成氨工艺进行改进,并引入现代化工技术。现代合成氨生产是以空气、水煤气或石油、天然气等为原料,先制成 1:3 的氮氢混合气,在 20~30 兆帕和 400~500℃下通过装有铁催化剂的合成塔来合成氨。合成氨生产流程示意图如图 2-1 所示。合成氨装置也在逐渐大型化。20 世纪 50 年代以前,全世界最大的氨合成塔生产能力不超过日产 200 吨,60 年代初不超过日产 400 吨。由汽轮机驱动的大型、高压离心式压缩机的成功研制,为合成氨装置大型化提供了条件,大型合成氨厂的数目也逐年增多。1966 年,美国凯洛格公司建成了世界上第一座日产 900 吨的合成氨装置,显示出大型装置投资省、成本低、占地少和劳动生产率高等显著优点。1972 年建于日本千叶的日产 1540 吨的合成氨装置是目前世界上已投入生产的最大单系列装置。近 60 年来,我国先后建成了一大批大中型合成氨厂,加上全国的万吨小氮肥厂,目前我国已达到年产 2000 万吨的规模,占世界第二位。由于液氨的储存、运输和农作物吸收等问题,目前大型合成氨厂均联产尿素,尿素可直接作肥料用。

迄今为止,化肥一直在农业增产中占有重要地位。据联合国粮农组织统计,1 千克化肥一般增产籽粒和茎秆各 10 千克。近年来化肥的生产和研究水平不断提高,主要表现在:高浓度化肥逐渐代替低浓度化肥,欧美和日本生产的一种超高浓度肥料,其有效成分达 94% 以上;复合肥料、混合肥料迅猛发展,液体肥料和长效肥料产量逐年增加,含有微量元素的肥料越来越占显著地位。此外,活性有机肥的问世将对生产无公害、无污染绿色食品发挥极为重要的作用。

2.3　农作物保护化学品和植物生长调节剂的发明

农作物保护化学品(以前称为农药)是用于防治危害农作物及农副产品的病虫害、杂草及其他有害生物的化学药剂的统称(唐除痴等,1998)。它们中的有些还用于防治卫生、畜牧、水产、森林等方面的病虫害。此外,控制作物生长的植物生长调节剂等也属于农药。农药的使用对于解决世界粮食问题发挥了重大作用。半个世纪以来,我国农业以占全世界 7% 的耕地养活了占全球 22% 的人口,这与中国农药的快速发展密不可分。据联合国粮农组织统计,全世界 5 种主要农作物(稻、麦、棉、玉米、甘蔗)每年因虫害而导致的损失高达 2000 亿美元。世界粮食生产每年因虫害损失 14%,病害损失 11%,鼠害损失 20%,而化学农药防治可挽回 15%～30% 的产量损失。

早在 16 世纪我国就开始有限地使用砷化物作为杀虫剂,此后又将从烟叶中提取的烟碱(尼古丁)用于防治象鼻虫。19 世纪中期,对砷化合物的研究导致了 1867 年巴黎绿(含杂质的亚砷酸铜)杀虫作用的发现。后来,美国将亚砷酸铜用于控制科罗拉多甲虫的蔓延,使用范围十分广泛。1900 年,亚砷酸铜成为世界上第一个立法的农药。1882 年,法国人用硫酸铜和石灰配制的波尔多液来防治葡萄霜霉病,及时拯救了当时的酿酒业,成为农药发展史上一个著名的事例。20 世纪初,随着有机化学工业的发展,农药的开发逐渐转向有机物领域。1914 年,德国的 I. 里姆发现对小麦黑穗病有效的第一个有机汞化合物——邻氯酚汞盐,该化合物于 1915 年由拜耳股份公司投产。这是专用有机农药发展的开端。在 20 世纪 20—30 年代,随着有机化学、昆虫学、植物病理、植物生理等科学的进步,人类迎来了现代有机合成农药的新纪元。20 世纪 30 年代以后,有机农药品种开始增多,杀虫剂、杀菌剂、除草剂、植物生长调节剂等分类概念也逐渐确立。

1938 年,瑞士嘉基公司的米勒(P. H. Müller)发现 2,2-双(对氯苯基)-1,1,1-三氯乙烷(简称 DDT)(该化合物首次合成于 1874 年)是一种强力杀虫剂,并于 1942 年开始工业化生产。这是第一个重要的有机氯杀虫剂,在第一次世界大战后一段时间大量应用于农业和卫生保健,发挥了很大作用,米勒也因此而获得诺贝尔生理学或医学奖。1942 年英国人发现了六六六的杀虫作用,并于 1945 年在英国首先投产。此后,在 20 世纪 50—60 年代化学家又相继研发了一系列有机磷杀虫剂,其中有对人畜毒性较低的马拉硫磷、敌百虫、杀螟硫磷等。这些产品在农业上得到迅速推广应用,药效比旧品种显著提高,使化学防治方法成为植物保护的主要手段。值得指出的是,20 世纪 50—70 年代,六六六曾是我国生产最多、应用最广的一种杀虫剂,在确保农业丰收和预防传染病等方面发挥了巨大作用。

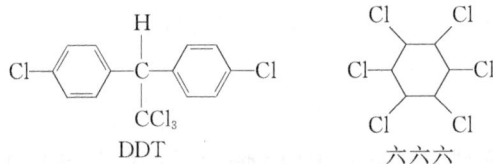

DDT

六六六

在除草剂方面,1942 年美国人发现了 2,4-二氯苯氧乙酸(简称 2,4-D)的除草活性,次年英国人发现 2-甲基-4-氯苯氧乙酸(简称 2 甲 4 氯)的除草性能,这两种除草剂分别在美国和英国投产。在此后的十多年中,化学家又开发出更多的品种,氨基甲酸酯就是其中之一,它是第一个通过土壤作用的除草剂,1945 年被英国人发现。

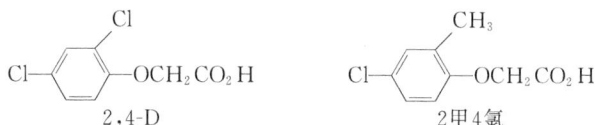

在杀菌剂方面,首先是 1943 年有机硫杀菌剂代森锌的问世,然后是 1952 年发明的有机硫杀菌剂克菌丹。其后,有机砷杀菌剂系列相继问世。1961 年,日本开发了第一个农用抗生素杀稻瘟素——S。内吸性杀菌剂如萎锈灵、苯菌灵、硫菌灵等在 20 世纪 60 年代后半期的出现是一个重大进展。

农药广泛应用以后,由于滥用引起的人畜中毒事故增多,环境污染和生态失调加重,有害生物的抗药性问题也严重起来。在此背景下,农药工业从 20 世纪 70 年代起加快了品种更新,新农药开发的重点转向以高效、安全为目标。一些药效较低或安全性差的品种如有机氯杀虫剂(包括 DDT、六六六)、某些毒性高的有机磷杀虫剂、有机汞和有机砷杀菌剂逐渐被淘汰,而代之以相对高效、安全的新品种,如拟除虫菊酯杀虫剂、高效内吸性杀菌剂、农用抗生素和新的除草剂。下面几个例子生动地说明了化学家在发展安全农药方面所取得的成就。

1. 植物激素及植物生长调节剂

在植物体内产生的一些微量天然化合物能够在很低浓度下调节植物的生长过程,如植物的大小、外貌和形状等,这类内源性的物质被称为植物激素。化学家不仅分离、鉴定、合成了一大批这样的内源性植物激素,而且还以它们的化学结构为先导(即模型),设计、合成出具有类似功能的化合物,称为植物生长调节剂。

1934 年发现的吲哚乙酸(IAA)是第一个被鉴定的天然植物激素。它普遍存在于各种植物体内,在根、茎、叶、花、果中均存在。它能促使植物生长、插枝生根,以及无受精结实。

赤霉素是另一类重要的植物激素,可促进细胞分裂及延伸,引起发芽种子中酶的生物合成。自从 1938 年日本人从水稻恶苗病菌中首次分离、鉴定出赤霉酸(GA)以来,化学家们已从植物和低等生物中鉴定出了 70 余种与 GA 有关的赤霉素类化合物。商业上通过大量培养赤霉菌生产赤霉酸。赤霉酸在农业上有广泛的应用,如诱发花芽的形成、培养无籽葡萄以及啤酒工业中制造麦芽等。

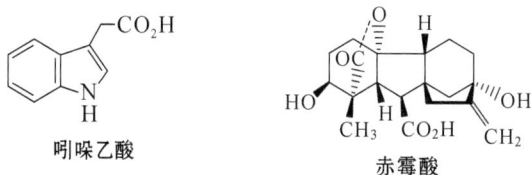

吲哚乙酸　　　　　　　赤霉酸

乙烯(CH_2=CH_2)是结构最简单的一种植物激素,普遍存在于植物的根、茎、叶、花、果之中,是植物的代谢产物。它能抑制植物生长,促进开花、脱花及脱叶,增进果实成熟等。早在 20 世纪初,人们就观察到乙烯催熟的现象,但直到 20 世纪 60 年代化学家在植物体内鉴定出乙烯之后,才将乙烯确认为植物激素。化学家设计、合成的一些化合物能产生或释放出乙烯,现已广泛用作果实催熟剂。例如,Ciba-Geigy 公司 1972 年开发了一种含硅的化合物——双(苄氧基)-2-氯乙基甲基硅烷,它可在有水条件下逐渐分解而释放出乙烯,现已用作桃子等果树的催熟剂。

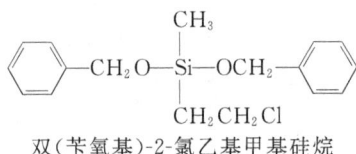
双(苄氧基)-2-氯乙基甲基硅烷

合成的植物生长调节剂可以像天然的植物生长激素一样促进植物生长,也可以抑制植物的生长,前者称为生长素型植物生长调节剂,后者称为植物生长抑制剂。例如,萘乙酸是化学家合成的吲哚乙酸的类似物,它在浓度为 1.5×10^{-5} 时可用于苹果、梨等的疏花、疏果,并防止采前落果。

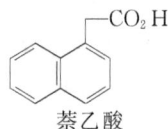
萘乙酸

三氮唑类化合物最初是为了筛选杀菌剂而合成的,但在同时进行的除草试验中发现这类化合物对多种植物显示出矮化作用,从而启发化学家将它们开发为抗倒伏剂。例如,多效唑就是这样一种植物生长抑制剂,它易被植物的根、茎、叶吸收,减缓植物生长速度,使茎干缩短、植物矮化,

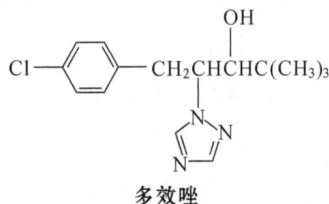
多效唑

从而防止植物倒伏,提高产量。其用于水稻、小麦、棉花、果树、蔬菜等都有显著效果。

现在已经知道数百种天然的植物激素具有这样或那样的生长调节活性。这些化合物的结构类型多种多样。认识这些结构,是系统地利用它们来提高世界粮食供给的第一步。由于这些植物激素对植物发育的每一个时期都有影响,所以对其进行研究肯定有着巨大的社会价值和经济效益。遗憾的是,即使已知道了许多植物激素的结构,但对其活性的分子基础还是了解甚少,其中涉及不少化学反应和分子间的相互作用。在开发这些知识时,化学起着不可缺少的中心作用。

2. 昆虫激素与昆虫生长调节剂

粮食的产量通常会受到一些噬食粮食作物的昆虫群体的影响。认识和控制这些天敌的能力是增加粮食供给的另一途径。随着分析检测技术和方法的不断进步,化学家从昆虫的体内检测并分离出许多激素,并利用这些激素的生物性质来控制或消灭有害的昆虫。以保幼激素为例,这种激素具有使昆虫保持幼虫状态的倾向。第一个保幼激素 JH-1 是从鳞翅目蝴蝶分离得到的。现在已知道有几种 JH-1 类似物,最普遍的是 JH-3。保幼激素的重要性促使化学家合成了上千种有关的化合物,其中之一是蒙五一五。这种可被生物降解的化合物是天然激素的类似物,所以昆虫不易对它产生抗性。它已被广泛地用作跳蚤、苍蝇和蚊子的杀幼虫剂。它还可使蚕的幼虫期延长,产生较大的幼虫和蛹,在我国已被广泛用来提高蚕丝产量。

3. 昆虫信息素与性引诱剂

昆虫会分泌外激素(又称信息素),这是一种由昆虫特殊腺体分泌的化学物质,已经发现的外激素有性外激素、聚集外激素、追踪外激素、告警外激素等。外激素能协调种群个体之间的生理和行为活动,在刺激生殖、觅食、防御、飞行等行为中起着重要的作用。特别是由雌虫产生的性外激素,可以引诱远方的雄虫来交配——这是昆虫求爱的"化学语言"。信息素可以在小剂量和长距离的情况下产生最大的效果。检测证明,只要有 30 个信息素分子,蟑螂就会产生反应;而在 5 天内,一只装在笼子里的雌性松叶蜂就会从满山遍野里吸引来 11000 只以上的雄性同类。

1939 年的诺贝尔化学奖得主、德国化学家布特南特(A. F. J. Butenandt)经过 20 年的不懈努力,于 1959 年从 50 万只雌性家蚕蛾中分离提取到 12 毫克信息素——蚕蛾醇,并确定了它的化学结构。这是第一个被鉴定的昆虫信息素。此后,化学家又研究了上千种昆虫,并从其中分离、鉴定出数百种信息素,其中包括农业和森林主要害虫的信息素。

昆虫信息素是一种控制昆虫行为的最有效的物质。首先,利用人工合成的信息素干扰昆虫雌雄交配的行为,使雄虫丧失寻找雌虫的定向能力,导致其交配概率大为减少,可使下一代虫口密度骤减。该技术已对鳞翅目害虫起到了较好的防治作用。其次,人工合成的信息素还可作为性引诱剂,用于害虫发生期的预测、预报,而且还可结合黏胶、灯火、水盆、杀虫剂等方法集中灭虫。用性引诱剂诱杀害虫,无残毒,不污染环境,不伤害天敌,灭虫专一,用量少,所以其被称为新一代的绿色农药或无公害农药。目前,舞毒蛾性引诱剂、云杉八齿小蠹性引诱剂、白杨透翅蛾性引诱剂、美国白蛾性引诱剂、日本松干蚧性引诱剂等已被开发为诱杀害虫的农药,并得到广泛应用。例如,舞毒蛾(见图 2-2)是一种森林害虫,它分泌出的性信息素称为舞毒蛾性信息素。一只雌蛾仅能分泌 0.1 微克性信息素,但可引诱 100 万只雄蛾。化学家已发明了该激素的合成方法。利用合成的舞毒蛾性信息素作为引诱剂,已在全世界范围内用于预报、预测和诱杀害虫。

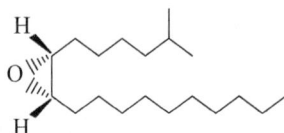

图 2-2　舞毒蛾(左)和舞毒蛾性信息素(右)

化学家发明的一些安全杀虫剂是模仿天然产物制成的,它们作用于昆虫的神经系统,是一类高效、低毒的杀虫剂。例如,根据菊花除虫菊酯得到的溴氰菊酯(deltamethrin)等化合物就属于这类杀虫剂,称为

溴氰菊酯

拟除虫菊酯。由于这类杀虫剂广谱、高效、低毒,所以广泛应用于蔬菜种植中。

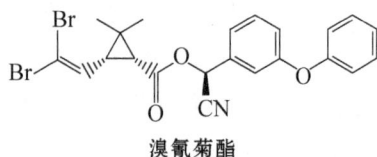

一种纯生物源的绿色杀虫剂

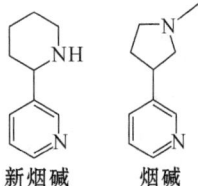

新烟碱　烟碱

新烟碱(anabasine)是一种吡啶类生物碱,其结构和烟碱(尼古丁)相似。它可以从天然烟叶中提取得到,进入虫体后能有效阻断害虫的神经传导系统,是一种选择性好、对环境友好的纯生物源农药,属于绿色农药。

2.4　未来粮食增产的新希望

粮食生产不能仅仅通过耕种新垦土地而大幅度地提高。在大多数国家,可耕地都已利用。在人口密集的发展中国家,扩大耕作区域需要巨额投资,并会危害当地的生态环境和野生动物。也不能完全依靠化肥、农药和育种等来实现粮食的进一步增产。现在可以预期的是,对光合作用以及生物固氮的研究有望为增加世界粮食供给带来新的希望。在这两个研究领域中,化学都起着中心作用。

2.4.1　光合作用——地球上最重要的化学反应

既然我们所有的粮食供给主要是依赖于植物的生长,那么,我们就会明白光合作用也是世界粮食供给的关键。在自然界中,光合作用是绿色植物、藻类和光合细菌利用太阳能驱动植物体内的化学反应的过程。这些反应把二氧化碳和水转变成可供植物细胞(其作用像化工厂)使用的有机建筑元件——糖,以满足植物的需要(见图 2-3)。

光合反应是一个典型的氧化还原反应过程(见图 2-4)。在植物光合作用过程中发生了 3 个重要事件：①CO_2 被还原为糖；②H_2O 被氧化为 O_2；③光能被固定，并转化为化学能。

图 2-3　绿色植物通过光合作用生长

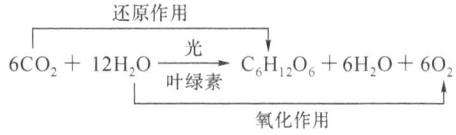

$$6CO_2 + 12H_2O \xrightarrow[\text{叶绿素}]{\text{光}} C_6H_{12}O_6 + 6H_2O + 6O_2$$

还原作用

氧化作用

图 2-4　植物的光合作用过程

在光合作用中，叶绿素是核心化合物。早在 1817 年，法国化学家佩尔蒂埃和卡芳杜就从植物中分离出了这种化合物，并发现正是这种化合物使绿色植物成为绿色的。在 19 世纪末 20 世纪初，化学家曾经用了几十年的时间来研究叶绿素的分子结构。1906 年，德国化学家威尔施泰特证明叶绿素分子的中心部分是金属镁。由于这项发现及其他关于植物色素的研究，威尔施泰特获得了 1915 年的诺贝尔化学奖。此后，他和费歇尔继续研究叶绿素的分子结构，直到 20 世纪 30 年代，才确定叶绿素有一个基本上和血红素（费歇尔曾破译的一种分子）相类似的卟啉环结构。血红素在卟啉环的中心有一个铁原子，而叶绿素则有一个镁原子。此结构后来被著名有机合成大师伍德沃德（R. B. Woodward）于 1960 年人工合成得到。伍德沃德因此荣获了 1965 年的诺贝尔化学奖。

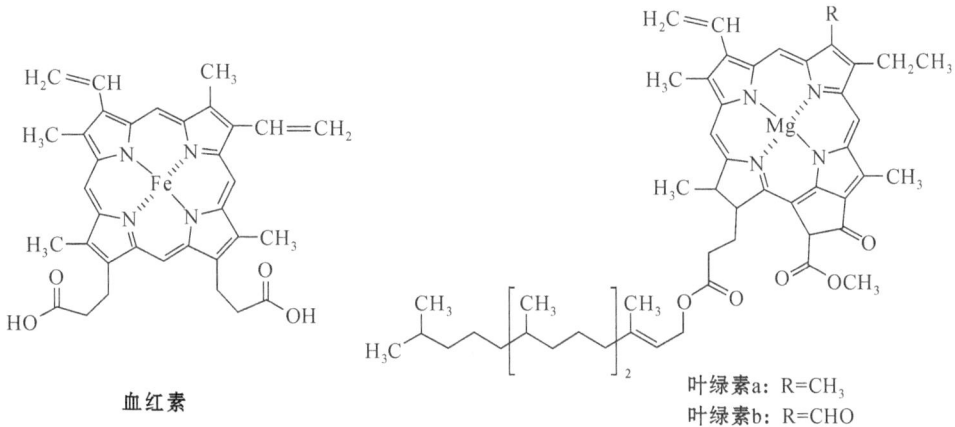

血红素

叶绿素a：R=CH_3
叶绿素b：R=CHO

叶绿素在光合作用过程中是必不可少的，但是只有叶绿素是不够的。不论怎样小心地提取，所得到的叶绿素本身在试管里都不能催化光合反应。植物学家发现，叶绿素并不是均匀地分布在所有的细胞器中的（尽管叶子看上去绿色分布很均匀），而是局限在叶绿体内。1954 年，美国生物化学家阿诺恩从破碎的菠菜叶细胞中分离得到十分完整而且能够把全部光合反应进行到底的叶绿体。叶绿体不仅含有叶绿素，而且含有全套的酶及有关的物质，它们都恰当而巧妙地排列着。叶绿体还含有细胞色素，它可以把叶绿素捕捉到的光能通过氧化磷酸化，转变成 ATP（腺苷三磷酸）。

叶绿素在植物里到底催化了什么反应？作为最初的猜想,化学家们认为,植物细胞首先利用二氧化碳和水合成葡萄糖($C_6H_{12}O_6$),然后利用这种葡萄糖,加上土壤中的氮、硫、磷和其他无机元素,继续合成各种植物物质。1938年,鲁宾和卡门着手用 ^{18}O 示踪剂探测绿色叶子的化学作用,当他们用 ^{18}O 只标记上施于植物的水时,发现植物所放出的氧就带有 ^{18}O 标记;当用 ^{18}O 只标记上供给植物的二氧化碳时,植物所放出的氧就不带有 ^{18}O 标记。这个实验表明,植物所放出的氧来自水分子,而不是来自二氧化碳分子。

第二次世界大战结束后,美国化学家卡尔文(M. Calvin)用 ^{14}C 标记的二氧化碳进一步研究这个反应的机理。他把微小的单细胞植物小球藻在含有 ^{14}C 的二氧化碳里暴露一小段时间,为的是让其只进行最初阶段的光合作用;然后把这些植物细胞捣碎并进行分析。他发现,即使这些细胞在有标记的二氧化碳中仅暴露 1.5 分钟,放射性的 ^{14}C 就会出现在细胞内 15 种不同的物质中。他还发现,通过缩短暴露的时间,吸收 ^{14}C 的物质的数目减少了。最后他断定,细胞吸收二氧化碳的 ^{14}C 而形成的第一种(或接近第一种)化合物是磷酸甘油。磷酸甘

卡尔文(M. Calvin)

油是一种三碳化合物。显然它是通过迂回的途径形成的,因为找不到在它前面的一碳或二碳化合物。卡尔文还找到了其他两种含有磷酸基的化合物,它们都能在极短的时间内吸收带有标记的碳。它们是两种糖:二磷酸核酮糖和磷酸景天庚酮糖。卡尔文鉴定了催化这些糖有关反应的酶,并研究了那些反应,最后弄清了二氧化碳分子的生物转化途径。

由于其催化作用,叶绿素可以利用日光能把水分子分解成氢和氧,这个过程叫作光解。这是日光的辐射能转变成化学能的方式,因为氢分子和氧分子含有的化学能大于分解成它们的水分子所含的化学能。

在其他情况下,要把水分子分解成氢和氧需要大量的能量,例如,要把水加热到大约 2000℃ 或让强电流从水中通过。但是叶绿素在一般的温度下很容易做到这一点,它所需要的只是可见光的比较微弱的能量。植物利用它吸收的光能,其效率至少为 30%,有些研究者认为,在理想的条件下,它的效率可以接近 100%。如果人类能够像植物那样有效地利用能量的话,那么我们就大可不必担心食物和能量的供应了。

水分子分解以后,有一半的氢原子进入二磷酸核酮糖循环,有一半的氧原子被释放到空气中,其余的氢原子和氧原子重新化合成水。在化合的过程中,它们释放出阳光在分解水分子时给予它们的多余的能量,而这种能量又被转移给像 ATP 那样的高能磷酸化合物,储存在这些化合物里的能量又被用来推动二磷酸核酮糖循环。由于在破译有关光合作用中二氧化碳转化为糖和其他重要化合物(如氨基酸等)的变化序列方面的杰出贡献,卡尔文获得了 1961 年的诺贝尔化学奖。

如上所述,在光合作用中叶绿素是一个关键分子。因此,许多化学家都致力于与叶绿素有关的研究。例如,Michel、Deisenhofer 和 Huber 三位化学家在威尔施泰特和费歇

尔工作的基础上,不仅利用 X-射线单晶衍射技术确定了叶绿素的最终结构,而且还通过实验证明,在叶绿体中有序地排列着某些蛋白质和叶绿素组装成的聚集体,称为蛋白质—叶绿素聚集体。他们三人因此获得了 1988 年诺贝尔化学奖。

在这项重大成果的评语中,诺贝尔奖委员会称光合作用是地球上最重要的化学反应。之所以这样评价,是因为当今人类所面临的重大挑战之一——粮食问题的解决与光合作用有关。首先,每年照射到地球表面的太阳能大约是 5.2×10^{21} 千焦,其中 50% 可被植物利用,但真正进入有机分子中的能量仅是其中的 0.05%,即 1.3×10^{18} 千焦。陆地植物的光合作用每年可把 1.55×10^{11} 吨的二氧化碳转变成有机化合物,占光合作用固定二氧化碳总量的 61%。有人估计,地球上所有植物每年进行光合作用所固定的太阳能大致相当于人类每年生活、生产所消耗的全部能量的 10 倍,而这只不过利用了太阳对地球表面辐射能量的万分之几。其次,植物进行光合作用所需的原料非常丰富(二氧化碳和水几乎到处都有),且可再生,生产成本也很廉价。这是一个多么诱人的问题! 若能阐明光合作用的原理,化学家就有望发明一种利用太阳能的人工光合系统,生产出安全的、丰富的粮食,以增加世界食物的供给。目前,尽管该领域的研究已取得振奋人心的进展,但距离在实验室中模拟天然光合作用还相差其远。因此,揭示光合作用的奥秘,化学家任重而道远。

2.4.2　固氮作用

我们所有的食物供应,最终都依赖于植物的生长。因此,增加世界食物供应的基本问题是要深化我们对植物化学的认识。由于这种特殊的需要,与光合作用一样,化学家对固氮的研究也给予了特别的重视。

氮是所有生命体系化学过程中的一个重要元素,也是粮食生产的限制因子。植物从土壤中吸收了氮就能生长,所以土壤中氮含量的补充就成为农民十分关心的事。这也说明了,实践了几个世纪之久的作物轮作制,以及农民在肥料选用和施肥量上,氮占重要地位的原因。令人啼笑皆非的是,空气中氮丰富得可以要多少有多少,但以单质状态存在的氮很难转变为有用的化合物。不过有些植物却知道如何将这种单质氮转变为自己能够使用的化合物。化学家希望知道,这些植物是如何进行这种化学过程的。

正如前文所述(见第 2.1 节),有些细菌、藻类和豆科植物(如大豆、三叶草和紫花苜蓿等)具有固氮的能力。固氮作用与固氮酶(nitrogenase)有关,这种酶能够在常温常压下将分子氮还原为氨。在过去 50 多年中,化学家揭示了固氮酶的化学结构和催化机理的部分奥秘。1966 年,Mortenson 等人成功地从巴氏梭状芽孢杆菌和棕色固氮菌提取液中分离出组成固氮酶的两种蛋白质,即钼铁蛋白和铁蛋白。1977 年,Shah 等人从钼铁蛋白中分离出了一个小分子的含有铁、钼、硫的辅助因子,即 FeMo 辅基,这个辅基后来被证明就是固氮酶的催化活性中心。1992 年,固氮酶化学结构的测定取得了突破性进展,

Kim 和 Rees(1992)揭示了固氮酶中钼铁蛋白的晶体结构。1995 年,人们终于准确地测出了固氮酶晶体的结构。大量的研究表明,固氮酶的分子很大,结构也很复杂,它由钼铁蛋白(又称二氮酶)和铁蛋白(又称二氮还原酶)两种蛋白质组成,其中钼铁蛋白的分子量约 220000,含有 2 个钼原子、32 个铁原子和 32 个活性硫原子;铁蛋白则由 2 个分子量约 30000 的相同亚基构成,每个亚基含 4 个铁原子和 4 个硫原子。只有钼铁蛋白和铁蛋白同时存在,固氮酶才具有固氮的作用。图 2-5 是固氮酶结构的示意图。

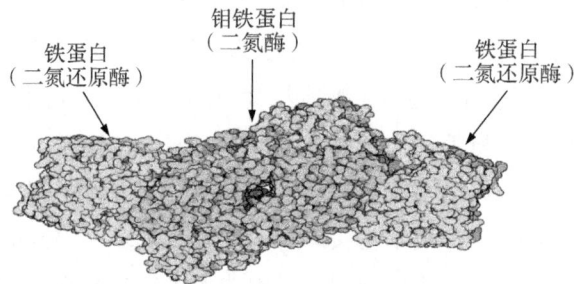

铁蛋白
(二氮还原酶)

钼铁蛋白
(二氮酶)

铁蛋白
(二氮还原酶)

图 2-5　固氮酶结构模型

尽管人们对固氮酶的结构和功能的认识已达到了原子水平,但迄今对固氮酶催化机理(见图 2-6)的细节仍未确定。化学模拟生物固氮是 20 世纪 60 年代以后迅速发展起来的前沿课题,化学模拟对于揭示固氮酶活性中心的结构和固氮酶催化机理至关重要,它的最后成功很可能促使生命科学取得重大突破,因而各国化学家一直在进行着不懈的努力。相信在不久的未来,人类梦寐以求的模拟生物固氮酶的研制将会取得突破性进展。这种模拟生物固氮酶可使生物固氮完全变成人工控制下的化工生产,氮肥工业也将会发生根本性变革。

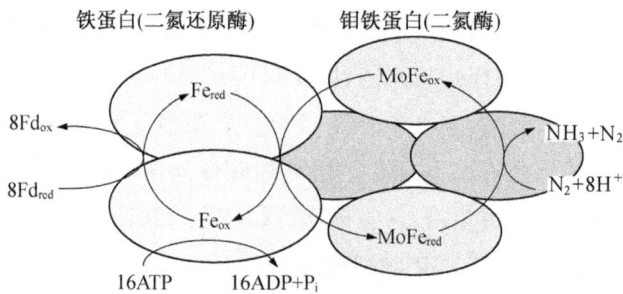

铁蛋白(二氮还原酶)　　钼铁蛋白(二氮酶)

Fe_{red}　　$MoFe_{ox}$

$8Fd_{ox}$

$8Fd_{red}$　　NH_3+N_2

Fe_{ox}　　N_2+8H^+

$MoFe_{red}$

$16ATP$　　$16ADP+P_i$

图 2-6　固氮酶催化机理

在另一个活跃的前沿中,科学家正在把遗传学的研究成果应用到植物的固氮中。DNA 重组技术也许能控制植物的衰老,延长固氮作用的周期,或开发一些更有效的固氮菌株。更加大胆的目标是把遗传性的固氮能力转移到粮食作物上,使它们成为自养型植物。

食物供应和能量的有效利用,作为未来世界一个令人担心的问题,正迅速地显露出来。"增产粮食"这个主题要求我们去认识自然界的基本原理,以便做出明智的选择。生物学、化学、农学和医学等传统学科的分界线正变得越来越模糊,并由此而产生农业化学(agriculture chemistry)这样一门新兴交叉学科。在这一交叉领域的合作研究中,化学家起着必不可少的作用,因为化学家知道分子的结构和形状、它们的反应性能以及怎样合成生物学上重要的分子,化学家也掌握着测定这些物质存在形式及其含量的先进分析技术和方法等。今后,在帮助人们供养世界人口的种种探索和研究中,化学仍将担任重要的角色。

参 考 文 献

[1] 唐除痴,李煜昶,陈彬. 农药化学[M]. 天津:南开大学出版社,1998.

[2] Kim J,Rees D C. Crystallographic structure and functional implications of the nitrogenase molybdenum-iron protein from azotobacter vinelandii[J]. *Science*,1992,360(6404):553-560.

[3] Kim J,Rees D C. Structural models for the metal centers in the nitrogenase molybdenum-iron protein[J]. *Science*,1992,257(5077):1677-1682.

第3章 化学与饮食

即使完全不知道化学的人,每天也都会在厨房做着一类被称为"美拉德反应"的化学反应,并由此而享受到美味佳肴,这正是化学家一百多年前的一项重要发现。实际上,人类对食品中营养成分的认识以及食品的调色、调味、储存、质量控制等都与化学密切相关。化学知识帮助人们了解日常饮食中的营养物质和有害物质;食品分析和食品检验(大多为分析化学方法和技术)保证了食品的质量;化学家合成的各种食品色素、香精、甜味剂和营养增强剂大大提高了食品的利用价值,而食品防腐剂、抗氧化剂、乳化剂等化学品则改变了食品的储存方式,延长了食品的储存时间。近年来,国际上食品安全恶性事件不断发生,这不仅使国民经济受到严重损害,还影响到消费者对政府的信任,乃至危及社会稳定和国家安全。随着全球经济一体化的发展,食品安全问题已变得没有国界,世界上某一地区的食品安全问题很可能会波及全球,乃至引发双边或多边的国际食品贸易争端。解决食品安全问题已成为化学学科面临的新挑战。

3.1 食品营养的化学

化学不仅提供了有关人体物质组成的知识,而且在指导平衡膳食、获取营养方面也发挥了不可替代的作用。食品中的营养物质是保证人体生长、发育、繁衍和维持健康生活的物质,如图 3-1 所示就是含有不饱和脂肪酸的天然保健食品。目前化学家已鉴定的人体必需的营养物质有 40~45 种,其中最主要的有糖、蛋白质、脂类、矿物质和维生素。以下仅介绍最常见的糖、矿物质和维生素三类营养物质,蛋白质和氨基酸将在第 5 章中介绍。

3.1.1 糖

糖是自然界分布最广的一大类有机化合物,它是由绿色植物经光合作用形成的,由碳、氢、氧三种元素组成。最初发现的糖大多符合通式 $C_n(H_2O)_n$,其中氢、氧原子个数之比恰与水分子相同,由此误认为这类化合物是由一分子碳和一分子水组成的,故有"碳水化合物"之称。例如,葡萄糖的分子式为 $C_6H_{12}O_6$ 或写作 $C_6(H_2O)_6$。糖可分为单糖(不能水解成更小分子的糖类,如葡萄糖和果

图 3-1 含有不饱和脂肪酸的深海鱼油天然保健食品

糖)、低聚糖或寡糖(能水解成 2～10 个单糖的糖类,如麦芽糖、蔗糖和乳糖)和多糖(能水解成 10 个以上单糖,如淀粉、纤维素)。

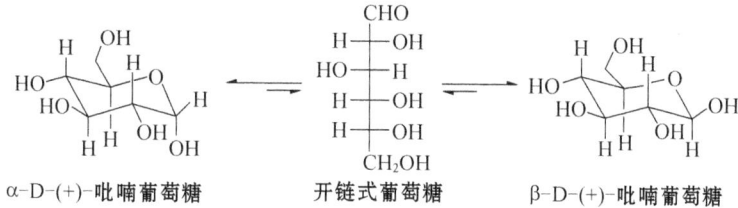

α-D-(+)-吡喃葡萄糖　　开链式葡萄糖　　β-D-(+)-吡喃葡萄糖

单糖在自然界很少以游离状态存在。在食品营养学上比较重要的有阿拉伯糖、葡萄糖、半乳糖、果糖等。葡萄糖是含 6 个碳原子的糖(称为己糖),主要由淀粉等水解得到,它是机体吸收、利用最好的单糖。葡萄糖在机体内吸收速度最快,向机体提供能量,并与其他物质一起构成机体的重要组成成分,如粘蛋白、糖蛋白、核糖核酸、脱氧核糖核酸、糖脂、脂类等。人体内的血糖为葡萄糖。有些器官完全依靠葡萄糖供能,如大脑、骨髓质、肺组织、红细胞等。

大部分低聚糖是由多糖分子部分水解产生的,一般含 2～6 个单糖。具有重要营养价值的低聚糖是由 2 个单糖构成的二糖,如蔗糖(sucrose),它由一分子葡萄糖和一分子果糖通过糖苷键而组成。

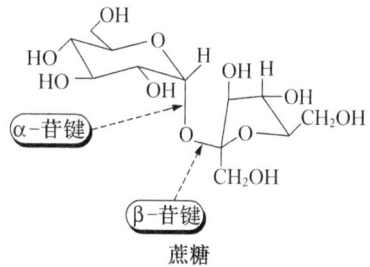

蔗糖

蔗糖广泛存在于植物的根、茎、叶、花、果实和种子中,尤以甘蔗和甜菜中含量最高。蔗糖易于发酵,可产生溶解牙齿珐琅质和矿物质的物质,与牙垢中的某些细菌和酵母作用,在牙齿上形成一层黏着力很强的不溶性葡聚糖,同时产生酸,引起龋齿。

多糖是由许多单糖构成的生物大分子化合物,按能否被人体所消化吸收,可分为可消化多糖和不可消化多糖。可消化多糖有淀粉、糊精、糖原。淀粉是人体能量的主要来源,它是自然界可供给人类最丰富的糖。淀粉分子是由单一的葡萄糖分子所组成的,葡萄糖分子数量高达 6500 个。按照化学结构,淀粉可分为直链淀粉和支链淀粉两种。

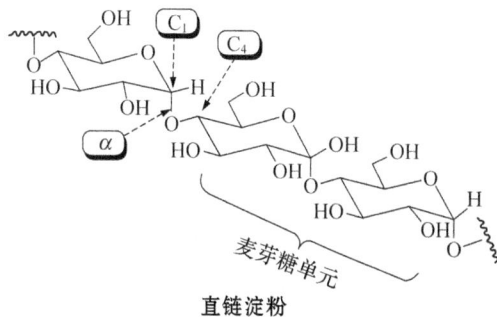

麦芽糖单元

直链淀粉

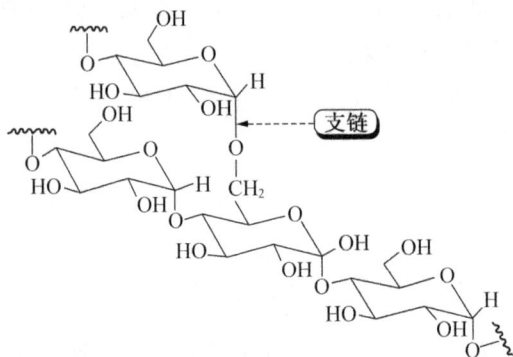

支链淀粉

纤维素(cellulose)是人体不可消化的多糖,也是由单一的葡萄糖分子通过糖苷键相连而成的,但其立体结构与淀粉不同,且分子没有分支,一般由 9200～11300 个葡萄糖基组成,分子比淀粉大得多。

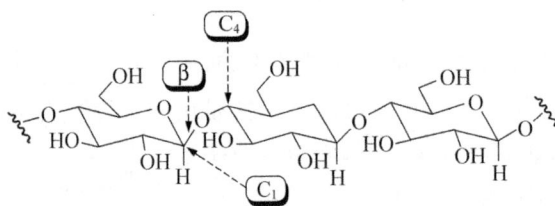

纤维素

膳食纤维是木质素与不能被人体消化酶所消化的多糖的总称。有人称膳食纤维为"第七营养素"。人体不能利用食物中的纤维素,因为人体不能产生分解纤维的酶。一些食草动物(如牛、马、羊等)的消化道中含有能分解纤维素糖苷键的微生物,这些动物就是靠这些微生物分解纤维素而得到自身所需的葡萄糖的。

3.1.2 维生素

1912 年,冯克(Funk)从米糠中发现含氮化合物对脚气病颇有疗效,并认为它是生命(vital)所必需的胺(amine),并取名为"vitamine",即生命胺的意思,我国译为维他命。后来证明并非所有的维生素都是胺,原英文名词"vitamine"不确切,由此去掉字尾"e",改为"vitamin"而用至今日,中文译名改为维生素。维生素(vitamin)是维持人体正常生理功能所必需的一类小分子有机化合物,具有以下共同特点:①维生素或其前体都在天然食物中存在,但是没有一种天然食物含有人体所需的全部维生素;②它们在人体内不提供热能,一般也不是机体的组成成分;③它们维持机体正常生理功能,需要量极少,但却必不可少;④它们一般不能在人体内合成,或合成的量极少,不能满足机体需要,必须由食物不断供给。

维生素是通过实验动物的科学饲养试验而发现的。英国的霍普金斯(F. G.

Hopkins)在 1906 年发现大鼠饲以纯化的饲料(只含蛋白质、脂肪、糖和矿物质)后,不能存活;如果在纯化饲料中加微量的牛奶后,大鼠就能正常生长。于是霍普金斯得出结论:正常膳食中除蛋白质、脂肪、糖和矿物质外,还要有必需的食物辅助因子,即维生素。1913 年,麦科勒姆(E. V. Mecollum)和戴维斯(M. Davis)从卵黄和奶油中获得了脂溶性生长因素,命名为维生素 A。此后,其他维生素亦陆续被发现。20 世纪初,由于对维生素研究做出的重大贡献,先后有多位科学家获诺贝尔奖:研究胆固醇的温道斯(A. Windaus,德国,1928 年诺贝尔化学奖得主);研究维生素 B_1 的艾克曼(C. Eijkman,荷兰)和霍普金斯(F. G. Hopkins, 英国)(1929 年诺贝尔生理学或医学奖得主);研究维生素 B_{12} 的迈诺特(G. R. Minot,美国)、墨菲(W. P. Murphy,美国) 和惠普尔(G. H. Whipple,美国)(1934 年诺贝尔生理学或医学奖得主);研究类胡萝卜素和核黄素的卡雷(P. Karrer,瑞士)以及研究碳水化合物和维生素 C 的霍沃斯(W. N. Haworth,英国)(1937 年诺贝尔化学奖得主);研究维生素 C 的圣捷尔吉(A. Szent-Györgyi von Nagyrapol,匈牙利,1937 年诺贝尔生理学或医学奖得主);研究类胡萝卜素和维生素的库恩(R. Kuhn,德国,1938 年诺贝尔化学奖得主);研究维生素 K 的达姆(H. C. P. Dam,丹麦)和多依西(E. A. Doisy,美国)(1943 年诺贝尔生理学或医学奖得主);测定维生素 B_{12} 结构的霍奇金(D. C. Hodekin,英国,1964 年诺贝尔化学奖得主)和人工合成固醇、叶绿素、维生素 B_{12} 的伍德沃德(R. B. Woodward,美国,1965 年诺贝尔化学奖得主)。

维生素可分为脂溶性和水溶性两大类。脂溶性维生素主要有维生素 A、维生素 D、维生素 E、维生素 K。水溶性维生素主要有维生素 C(抗坏血酸)及维生素 B_1、维生素 B_2、维生素 B_3、维生素 B_6、维生素 B_{12}。

维生素 A 也叫视黄醇,因为它与视觉有关。维生素 A 的化学结构与 β-胡萝卜素关系密切。β-胡萝卜素(β-carotene)是维生素 A 的前体,在动物体内可被转化为维生素 A:分子中间的碳碳双键在 β-胡萝卜素加双氧酶作用下断裂即生成维生素 A。

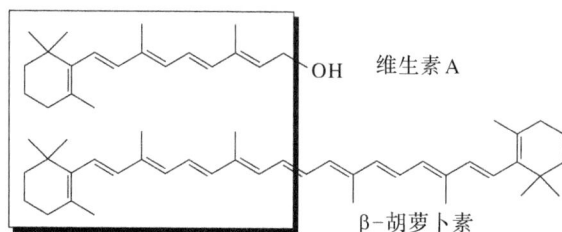

维生素 A 能维持正常视觉,若缺乏维生素 A,就会影响视紫红质的合成,引发夜盲症。维生素 A 还能保持上皮细胞组织的完整和健全,增强抵抗力。若体内缺乏维生素 A,会出现上皮组织萎缩、皮肤干燥。除此之外,维生素 A 还能维持骨骼和牙齿的正常发育,增强生殖力等。β-胡萝卜素在水果和蔬菜(如芒果、番木瓜果、山药、胡萝卜等)中含量丰富。因此,要常吃水果和蔬菜。

类胡萝卜素

虾青素(astaxanthin)是一种红色的天然类胡萝卜素,营养价值高,广泛存在于自然界,尤其是海洋环境中,如龙虾。甲壳类动物会将虾青素分子绑定在特定的蛋白质上成灰蓝色,煮了以后,因虾青素释放就成了亮红色。

玉米黄质(cryptoxanthin)是类胡萝卜素的一种,也称叶黄质。它和β-胡萝卜素不同的是其环上有羟基,可以从树叶或花草中分离得到,经过人体代谢也能转化成维生素A。天冷的时候,树叶中的叶绿素在叶黄质作用下变性,使树叶变黄或变红。

番茄红素(lycopene)是类胡萝卜素的一种,因最早于番茄中发现而得名。研究表明,番茄红素的抗氧化能力是β-胡萝卜素的 3.2 倍,是维生素 E 的 100 倍,它能高效淬灭人体中的单线态氧并清除自由基,从而起到抗癌、抑癌作用,并具有活化免疫细胞等功能,是氧自由基的最强"清道夫",被誉为"植物黄金"。

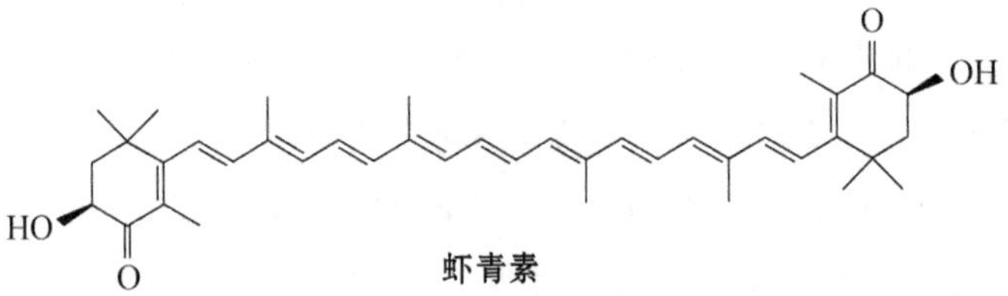

虾青素

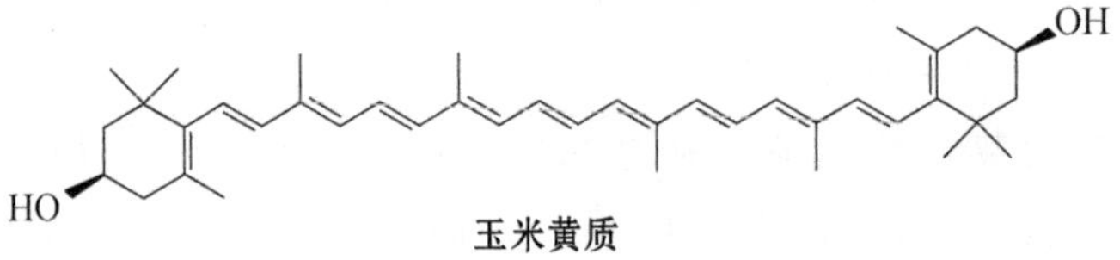

玉米黄质

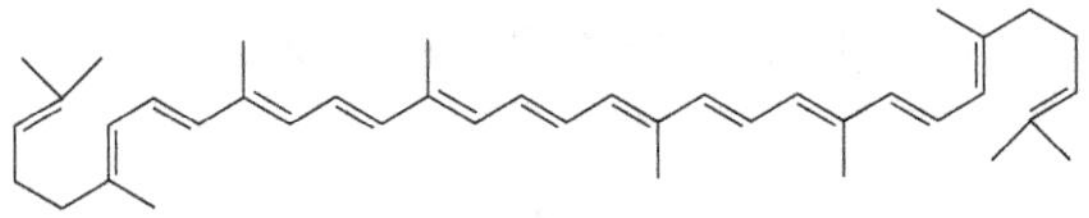

番茄红素

烟酸(niacin),也称维生素 B_3,能够帮助人们将食物转化成能量,在家禽、鱼、瘦肉、果仁、鸡蛋、豆类等日常食物中含量丰富。泛酸(pantothenic acid),也称维生素 B_5,可将食物中的脂肪和碳水化合物降解转化成能量,对人体中血红细胞的合成起关键的作用。

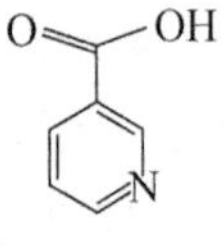

烟酸

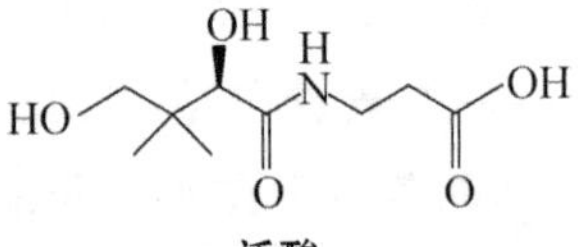

泛酸

　　维生素 D 是类固醇的衍生物。具有维生素 D 活性的化合物约 10 种,但主要是维生素 D_2 和维生素 D_3。植物中的麦角固醇在日光或紫外线照射下转变成维生素 D_2,麦角固醇被称为维生素原。人的皮肤含有的维生素原为 7-脱氢胆固醇,其在日光或紫外线照射下可以转变为维生素 D_3。

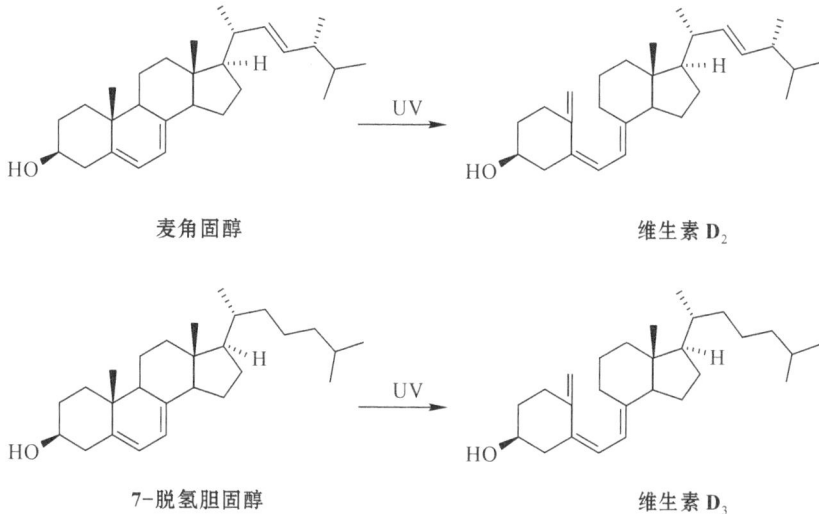

麦角固醇　　　　　　　　　　　　　　　　维生素 D_2

7-脱氢胆固醇　　　　　　　　　　　　　　维生素 D_3

　　维生素 D 能够促进钙和磷在小肠内的吸收,维持血清钙磷浓度的稳定,为调节钙磷的正常代谢所必需。它能够促进牙齿和骨骼的正常生长,利用钙磷的沉积促进骨组织钙化,使钙磷成为骨质的基本结构。它还能促进皮肤的新陈代谢,增强对湿疹、疖疮的抵抗力。佝偻病、骨软化症就是膳食缺乏维生素 D 或人体缺乏日光照射的结果。

　　维生素 E 又称为生育酚。天然生育酚共有 8 种,其化学结构大同小异,都是苯并二氢吡喃的衍生物,其中 α-生育酚的效力最大。维生素 E 是一种极有效的天然抗氧化剂,具有抗衰老作用,还能促进肌肉正常生长发育。缺乏维生素 E 会引起肌肉萎缩症,如给予维生素 E,就可以减少肌肉内氧的消耗量,治疗肌肉萎缩症。

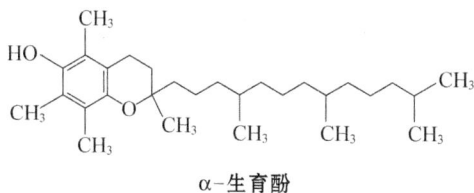

α-生育酚

　　维生素 C 能防治坏血病,因而得名抗坏血酸。它具有酸性和强还原性,为高度水溶性维生素。抗坏血酸能促进胶原生物的合成,有利于组织创伤伤口的愈合;促进生物氧化还原过程,保证细胞膜完整性;改善铁、钙和叶酸的利用。抗坏血酸是一种重要的自由基清除剂,它通过逐级供给电子而变成三脱氢抗坏血酸和脱氢抗坏血酸,从而清除

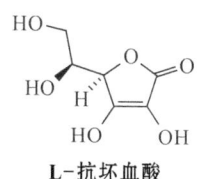

L-抗坏血酸

自由基。缺乏抗坏血酸能引起坏血病,主要症状是出血、关节血性渗出和关节软骨的改变。另外,缺乏抗坏血酸还会让人感到全身乏力、食欲减退,容易出血。

能抑制长痘痘的分子

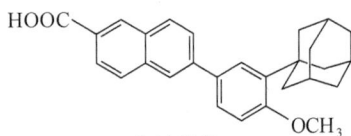

HOOC—

阿达帕林

OCH₃

阿达帕林(adapalene)是一种能够溶解粉刺的新型类维生素A分子,和其他抗粉刺药物相比,它所引起的皮肤损害较小。其分子中含有两个重要基团,即萘甲酸基和金刚烷基,萘甲酸基使其对光和氧化剂保持稳定;亲脂性金刚烷基能保持其在皮肤表层的浓度,并与皮肤表面细胞接受体相作用,从而刺激健康皮肤细胞的生长,抑制粉刺的生成。

3.1.3 矿物质

人体中所有元素,除碳、氢、氧、氮主要以有机化合物的形式存在外,其余各种元素主要以无机盐形式存在,统称为矿物质。有些矿物质是维持人体正常生理功能所必需的,因而必须从膳食中不断得到供给。人体内含量较多的矿物质有钙、镁、钾、钠、磷、氯、硫等,其含量在0.1克/千克以上,称为常量元素,占人体总灰分的60%~80%;其他一些元素在体内含量极少,有的甚至只有痕量,一般将体内含量低于0.1克/千克的称为微量元素,目前已知人体必需的微量元素有铁、锌、碘、铜、硒、氟、钼、钴、铬、锰、镍、锡、钒和硅等14种。

正常成人体内含钙总量约为1200克,约占人体成分的2%。约99%的钙存在于骨骼和牙齿中,主要以羟磷灰石[Ca₁₀(PO₄)₆(OH)₂]结晶的形式存在,使骨骼和牙齿成为坚硬的结构支架。另外约1%的钙常以游离的或结合的离子状态存在于软组织、细胞外液及血液中,统称为混溶钙池。混溶钙池与骨骼中的钙维持着动态平衡,即骨中的钙不断地从破骨细胞中释放出来进入混溶钙池,保证血浆钙的浓度维持恒定,而混溶钙池中的钙又不断沉积于成骨细胞。钙的更新速度随着年龄的增长而减慢,成年人每日更新约为700毫克;如果胎儿或儿童体内缺钙会引起生长发育迟缓、骨骼和牙齿质量差,甚至畸形等;老年人缺钙易患骨质疏松症等。由于缺钙所产生的疾病主要影响骨骼发育,通常表现为佝偻病、骨质疏松以及高钙血症和手足抽搐等。钙离子具有调节细胞壁渗透压的作用,使体液正常通过细胞壁,并维持机体的酸碱平衡,保持神经肌肉的兴奋性。钙与肌肉的收缩和舒张有关,也是多种酶的激活剂。

食物中的植酸、草酸会影响钙的吸收,食物纤维也会影响钙的吸收。若体内维生素

D不足,钙结合蛋白的合成减少,钙的主动吸收能力下降。钙或磷含量过多都会互相干扰其吸收率,脂肪消化不良时也会降低钙的吸收。

成人体内含铁总量为 4～5 克,其中有 60%～70% 以血红蛋白、3% 以肌红蛋白、0.2% 以其他化合物形式存在,其余约 30% 则以贮备铁形式存在。贮备铁主要以铁蛋白的形式贮存于肝脏、脾脏和骨髓的网状内皮系统中。铁在食物中以两种形式存在:①非血红素铁,主要是以三价铁的形式与蛋白质、氨基酸和有机酸结合成络合物,存在于植物性食物中,这种形式的铁必须在胃酸作用下先与有机部分分开,并还原成二价铁(亚铁离子)以后,才能被吸收。如果膳食中有较多的植酸或磷酸,它们将与铁形成不溶性的铁盐而影响其吸收。谷类食物中铁的吸收率低,就是这个原因。②血红素铁,是与血红蛋白及肌红蛋白中的卟啉结合的铁。这种铁是以卟啉铁的形式直接被肠黏膜上皮细胞吸收,然后在黏膜细胞内分离出铁,并结合成铁蛋白。因此,血红素铁的吸收不受各种因素的干扰。

铁在体内的主要功能是与血红蛋白、肌红蛋白相结合,形成红血球(也称红细胞),参与组织中氧气、二氧化碳的转运和交换过程。铁也存在于过氧化氢酶、细胞色素酶中,参与体内过氧化氢的清除,有利于机体健康。如果机体内铁的携氧能力被阻断或铁的数量不足,将造成缺铁性贫血,造成人感情和性格上的变化,严重时导致工作能力降低、免疫功能下降。铁参与过氧化物酶的组织呼吸过程,促进生物氧化还原的进行。铁还与血红蛋白、肌红蛋白起呈色作用,能保持容貌娇艳。

成人体内的含锌量大约为 2.5 克。锌是人体中 70 多个不同种属的酶的组成成分。锌是调节 DNA 聚合酶的必需组成部分,缺锌儿童因此生长发育受严重影响而出现侏儒病,生长停滞,矮小。含锌蛋白——唾液蛋白,对味觉及食欲起促进作用。锌促进性器官正常发育和维持性机能的正常,缺锌时性成熟迟缓,性器官发育不全。锌能保护皮肤、骨骼和牙齿的正常,缺锌时可出现皮肤干燥、粗糙等现象。锌能维护免疫功能,缺锌时淋巴细胞受损,细胞免疫力降低,有免疫力的细胞增殖减少,胸腺因子活性降低,DNA 合成减少,细胞表面受体发生变化,血红细胞中 CO_2 运输受阻。因此,缺锌时机体免疫机制被削弱,抵抗力降低而易被细菌感染。

锌主要在小肠中被吸收,它与血浆中的蛋白或传递蛋白结合进入血液循环。锌的吸收率受食物中含有的植酸与草酸的影响而下降,因为锌可以与它们生成不易溶解的复合物。纤维素也影响锌的吸收。动物性食物(如肉类和海产品)中锌的吸收率要远远高于植物性食物,这与植物性食物中含有纤维素和植酸有关。磷酸盐对锌的吸收也有影响。

碘在人体内的含量有 25～50 毫克。水和食物中的碘主要是以无机碘化物的形式存在,很容易被小肠迅速吸收并转运至血液中,被吸收后的碘主要为蛋白质结合碘。碘在体内有两条利用途径:其中约 30% 被甲状腺所利用,合成甲状腺素;其他大部分在肝脏与葡萄糖醛酸结合,随胆汁进入肠道。其中约有 1/3 被小肠重吸收,其余由粪便排出,一部分碘在此过程中被消耗。碘是甲状腺的主要成分,甲状腺所分泌的甲状腺素能促进体内的氧化作用,调节氧化速度,调节体内的热能代谢和三大营养素的合成与分解,促进机体的生长发育。缺碘可以使甲状腺素分泌减少,新陈代谢率下降。若幼年缺碘,则影响生长发育,使得思维比较迟钝;若成年缺碘,则皮肤干燥、毛发零落、性情失常,并促使脑垂体促甲状腺激素分泌增加,甲状腺由于不断地受到促甲状腺激素的刺激,甲状腺组织代偿性增生,出现甲状腺肿大;若孕妇缺碘,则会使胎儿生长迟缓,造成智力低下或痴呆,甚至发生克汀病(呆小症)。

3.2　食品中的添加剂

在化学家发现、合成和生产的化学品中,有许多被用在食品中,以提高食品的营养质量,保证食品的色、香、味,延长食品的储存时间。这些化学品包括食用香精香料、营养强化剂、保鲜剂、防腐剂、食用色素等,它们是食品的辅料,被称为食品添加剂。目前,全世界使用的食品添加剂多达 4000 种,其中香精香料占 80% 以上。食品添加剂分为化学合成和天然两大类。通过化学合成得到的食品添加剂,如防腐剂山梨酸及其盐、饮料厂和糕点厂普遍使用的蔗糖代用品甜蜜素、营养强化剂泛酸钙、甜味剂阿斯巴甜(aspartame,化学名为天门冬酰苯丙氨酸甲酯)等。天然食品添加剂包括从动物、植物和微生物体中提取的某种化学成分,如用在冰淇淋中作为增稠剂的明胶就是从动物皮骨中提取的一种凝胶蛋白,调味品咖喱粉中的主要成分姜黄是由中药姜黄的根茎中提取得到的。单纯天然食品无论是其色、香、味还是质量和保藏性大多不能满足消费者的需要,故没有食品添加剂也就没有现代食品工业。食品添加剂本身是一些化学物质的单体或复合物。因此,食品添加剂的发展与化学密切相关。

3.2.1　食品防腐剂和抗氧化剂

食品及其原料在生产、运输、销售、贮存中,由于本身具有丰富的营养,所以许多微生物都能在食品中生长繁殖,从而导致食品腐败。另外,食品中油脂与其他成分的氧化是导致食品品质变劣的另一个重要因素。氧化会使食品变色、维生素破坏、油脂酸败、营养价值降低等。所以,微生物和氧化都会降低食品质量,甚至产生有害物质,引起食物中毒。这两个问题是食品保存中的主要问题。能防止或延缓食品腐败的食品添加剂叫防腐剂。常用的化学防腐剂包括:有机酸(如苯甲酸、山梨酸和丙酸及其盐)、有机酸酯(如尼泊金酯类、没食子酸酯、抗坏血酸棕榈酸酯等)、无机盐(如亚硫酸盐、焦亚硫酸盐等)。我国批准使用的化学防腐剂有苯甲酸及苯甲酸钠、山梨酸及山梨酸钾、丙酸钙、丙酸钠、对羟基苯甲酸乙酯、对羟基苯甲酸丙酯、脱氢乙酸、乙氧基喹、仲丁胺、桂醛、双乙酸钠、二氧化碳、过氧化氢(或过碳酸钠)、乙萘酚、联苯醚、2-苯基苯酚钠、4-苯基苯酚、戊二醛、十二烷基二甲基溴化铵(新洁尔灭)等。它们被广泛用于食品、水果和蔬菜的防腐。

目前人们普遍对防腐剂有负面看法,认为防腐剂都是危害健康的。这迫使人们一方面改进食品加工工艺,尽量减少防腐剂的用量;另一方面开发无毒无害或者低毒的防腐剂,如山梨酸、生物防腐剂或复配型防腐剂等。虽然国内外都在积极研究天然防腐剂,但目前天然防腐剂的防腐能力较差,抗菌谱较窄,价格也比较高。

山梨酸及其盐类是防腐剂中对人体毒害最小的防腐剂,化学名称为2,4-己二烯酸,又名花楸酸。其结构简式为$CH_3CH=CH-CH=CHCOOH$,是一种不饱和脂肪酸,在人体内正常地参加代谢作用,氧化生成CO_2和H_2O,所以几乎无毒。目前,世界上所有国家都允许使用山梨酸作为防腐剂。山梨酸是酸型防腐剂,在pH<5时才有效果。

食品在贮藏过程中除受细菌、霉菌等作用发生腐烂变质外,和空气中的氧发生化学反应也能出现褪色、变色,产生异味、异臭现象,使食品质量下降,直至不能食用。这种现象在含油脂多的食品中尤其严重,通常被称为油脂的"酸败"。肉类食品的变色,蔬菜、水果的褐变,啤酒的异臭味和变色,均与氧化有关。防止和减缓食品氧化,可以采取避光、降温、干燥、排气、充氮、密封等物理性措施,但添加抗氧化剂是一种简单、经济而又理想的方法。抗氧化剂添加于食品后能阻止或延迟食品氧化,提高食品质量稳定性,延长贮存期。

按照抗氧化剂的作用方式,可将其分为自由基吸收剂、金属离子螯合剂、氧清除剂、过氧化物分解剂、紫外线吸收剂或单线态氧淬灭剂等几类。自由基吸收剂主要是指在类脂氧化中能够阻断游离基连锁反应的酚类物质,如维生素E等,它们具有电子给予体的作用。氧清除剂则通过除去食品中的氧而延缓氧化反应的发生。可作为除氧剂的化合物主要有抗坏血酸、抗坏血酸棕榈酸酯、异抗坏血酸或异抗坏血酸钠等。L-抗坏血酸虽然是广泛存在于自然界的天然物质,但主要是通过化学合成来大量制备的。近年来还发现β-胡萝卜素是单线态氧的有效淬灭剂,能起抗氧化剂的作用。

牛磺酸

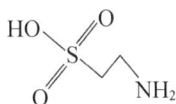
牛磺酸

牛磺酸(taurine)是一种特殊的氨基酸,是人体必不可少的一种营养元素,有着平衡健康的奇妙功效。它对人眼睛的角膜有自我修复能力,对其他器官也有重要功效。知道猫为什么要吃老鼠和鱼吗?猫体内本身没有牛磺酸,只有通过老鼠和鱼体内的牛磺酸来补给,猫的眼睛才炯炯有神。1975年,海耶斯(Hayes)报道了猫的饲料中若缺少牛磺酸,会导致其视网膜变性,终至失明。牛磺酸还被用作高能食品添加剂,如红牛饮料、娃哈哈儿童营养液中均含有此添加剂。

3.2.2 提供食品色、香、味的添加剂

食品的色、香、味不仅能使人们在感官上有愉快的享受,而且还直接影响到食物的消化吸收。食品中的天然色素是指在新鲜原料中能被识别的有色物质,或本来无色但经加工发生化学反应而呈现颜色的物质。例如,动物组织中的血红素和植物组织中的叶绿素就是天然色素。此外,广泛存在于生物界的类胡萝卜素(目前已知有 600 多种)是一类脂溶性色素,在人体中存在的主要有 α-胡萝卜素、β-胡萝卜素、叶黄素、玉米黄质、番茄红素以及 β-隐黄素等。而前四种在植物体内能与脂肪结合生成酯,并与叶绿素、蛋白质共同形成色素蛋白。用于食品着色的天然色素还有红曲色素和姜黄色素。红曲色素是由红曲霉菌所分泌的色素,该霉菌在培养初期无色,以后逐渐变成鲜红色,是我国民间常用的食品着色剂。

随着化学工业和食品工业的发展,人工合成色素也得到广泛应用。这是由于人工合成色素一般较天然色素色彩鲜艳、性质稳定、着色力强,可以任意调色,而且价廉、使用方便。1856 年,化学家合成出第一个有机色素苯胺紫,其后在很短的时间内便有很多有机色素被合成,并用于食品着色。这些合成色素由于色彩鲜艳、性质稳定、着色力强、使用方便、成本低廉等一系列优点,很快便取代了天然色素在食品中的地位。然而,合成色素本身无营养价值,而且有些物质对人体有害,或在人体代谢过程中产生有害物质,如在制造过程中被砷、铅等有害物质污染。因此,世界各国对合成色素的使用种类、使用量均有明确的规定。我国允许使用的人工合成色素有四种:苋菜红、胭脂红、柠檬黄和靛蓝。

世界各国对味觉的划分不一。我国习惯上分为酸、咸、甜、苦、辣、鲜、涩七味。食品中的甜味剂很多,天然甜味剂除葡萄糖、果糖、麦芽糖、蔗糖及糖醇外,还有非糖甜味剂如甘草、甜叶菊和氨基酸的衍生物。糖精(邻磺苯甲酰亚胺)、木糖醇、阿斯巴甜和阿力甜(alitame)等都是合成甜味剂。化学合成甜味剂在食品中的应用功效之高,有很多为天然物所不能及,例如阿斯巴甜的甜度约为蔗糖的 200 倍,而阿力甜的甜度可达蔗糖的 2000 多倍。

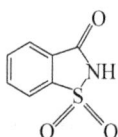
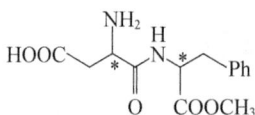
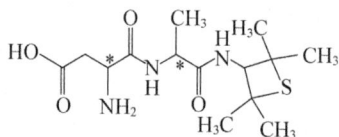

糖精　　　　　　　　　阿斯巴甜　　　　　　　　　　阿力甜

酸味是由于酸味物质中的氢离子刺激味细胞膜而产生的。食品中常用的酸味物质既有无机酸,也有有机酸,它们使味细胞产生酸味感。无机酸一般伴有苦味、涩味,令人不愉快。有机酸因阴离子部分的基团结构不同,而有不同的风味,如柠檬酸、L-抗坏血酸、葡萄糖酸具有令人愉快的酸味;苹果酸伴有苦味;乳酸、酒石酸、延胡索酸伴有涩味;醋酸和丙酸伴有刺激性臭味;而琥珀酸、谷氨酸伴有鲜味。

咸味是一些中性盐类化合物所显示的滋味。食品调味用的咸味剂是食盐,主要含有 $NaCl$,还含有微量 KCl、$MgCl_2$、$MgSO_4$ 等其他盐类。由于这些钾、镁离子也是人体所必

需的营养元素,故以含有微量元素的盐作调料为佳。

单纯的苦味不可口,但苦味对味感受器官有强烈的刺激作用,而且苦味物质与其他调味料若调配得当,能起丰富、改善食品风味的作用。苦味物质广泛存在于生物界,植物中主要有各种生物碱和藻类,如存在于咖啡、可可等植物中的咖啡因、茶碱、嘌呤类苦味物质;存在于啤酒酒花中的 α-酸、异 α-酸等藻类物质;存在于柑橘、桃、杏仁、李子、樱桃等水果中的黄酮类、鼠李糖、葡萄糖等构成的糖苷苦味物质;存在于动物胆中的胆汁味极苦,其主要成分是胆酸、鹅胆酸及脱氧胆酸。

辣味可刺激舌与口腔的味觉神经,同时刺激鼻腔,从而产生刺激的感受,适当的辣味有增进食欲、促进消化液分泌的功效,并有杀菌作用,所以被广泛应用。具有辣味的物质主要有辣椒、胡椒、姜、葱、蒜等,其中的主要成分是辣椒素、胡椒酰胺、姜酮、姜烯酚等物质。

食用辣椒果实中产生辣味的物质称为辣椒素(capsaicin)。1816 年,化学家分离出辣椒素,1920 年确定了它的化学结构,1930 年合成出这个分子。辣椒素具有很强的镇痛和消炎作用,且对人体无害。它还能有效阻止海洋生物附着在船舶表面,是制造无毒生物防污漆的成分,保障轮船在海洋中的正常航行。除此之外,辣椒素可作为害虫驱避剂等。

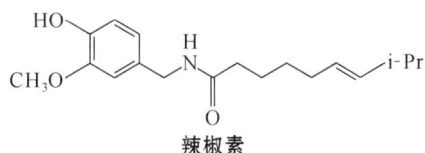

辣椒素

食物中的肉类、贝类、鱼类、味精和酱酒等都具有特殊的鲜美滋味,通常简称为鲜味。这些食物中的鲜味成分主要是琥珀酸、核苷酸、氨基酸等。谷氨酸及其钠盐(即味精)和 5'-次黄嘌呤核苷酸(5'-IMP)、5'-鸟嘌呤核苷酸(5'-GMP)是常用的合成鲜味剂。

食品中还常常加一些香气物质,即食用香料和香精。这类化学品可分为天然香料烃基和人造香料烃基。我国常用的天然香料很多,如八角、茴香、花椒、姜、胡椒、薄荷、橙皮、丁香、桂花、玫瑰、桂皮等;还有从植物中取制得的各种香精油,如香叶油、姜油、柠檬油、橘橙油、玫瑰花油等。人造香精的成分比较复杂,是由多种香精单体配合而成的。由于所用原料及配方比例不同,配制出的香精可呈现出不同的香气。

麦芽酚

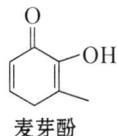

麦芽酚

麦芽酚(maltol)存在于落叶松、银杄、菊苣、焙炒过的咖啡、可可和麦芽中。它具有焦糖甜香和果香香气,有增甜作用,在日用香精中起温甜效用,是菠萝、草莓等食用香精中的重要香味成分,也是其他果香香精中的甜香剂。

3.3 茶叶、咖啡和酒的化学

3.3.1 茶文化与茶叶的化学

茶文化是中国传统文化的重要组成部分,至今已有 5000 年的历史了。随着社会的发展与进步,茶不但对经济起了很好的促进作用,成了人们生活的必需品,而且逐渐形成了灿烂夺目的茶文化,成为社会精神文明的一颗璀璨明珠。茶文化的出现,把人类的精神和智慧带到了更高的境界。茶与文化关系至深,涉及面很广,内容也很丰富。这里既有精神文明的体现,也有意识形态的延伸。

茶在中国人生活中已经从止渴、提神的日常饮料,上升到艺术层次的传统文化。除此之外,还有一些先人体验、求证出的医疗效果,甚至在中外医学界的临床实验、医学研究报告中,也已证实茶叶对人体健康有极大助益。

中国名茶荟萃,主要品种有绿茶(如西湖龙井)、红茶、乌龙茶、花茶、白茶、黄茶等 6 大类。现已从各类茶叶的提取物中发现 600 多种化合物,其中的有机物主要有蛋白质、氨基酸、茶多糖、茶多酚、生物碱(如咖啡因)、维生素和皂苷等,无机物约有 30 种。表 3-1 列举了茶叶中所含各类化学物质及其相对含量。

表 3-1　茶叶中的各类化学成分及其相对含量

分类	名称	含量(%)	
		占鲜叶重	占干物总量
水分		75～78	
有机物	蛋白质		20～30
	氨基酸		1～4
	生物碱		3～5
	茶多酚		20～35
	糖类		20～25
	有机酸		3
	类脂类		8
	色素		1
	芳香物质		0.005～0.03
	维生素		0.6～1
	酶类		
无机物			3.5～7

48

　　茶叶中的蛋白质含量占干物总量的 20％～30％，能溶于水直接被利用的蛋白质含量仅占 1％～2％。这部分水溶性蛋白质是形成茶汤滋味的成分之一。氨基酸是组成蛋白质的基本物质，含量占干物总量的 1％～4％。茶叶中的氨基酸主要有茶氨酸、谷氨酸、天门冬氨酸、天门冬酰胺、精氨酸、丝氨酸、丙氨酸、组氨酸、苏氨酸、谷氨酰胺、苯丙氨酸、甘氨酸、缬氨酸、酪氨酸、亮氨酸和异亮氨酸等 25 种以上，其中茶氨酸含量占氨基酸总量 50％以上。氨基酸尤其是茶氨酸，是形成茶叶香气和鲜爽度的重要成分，对茶的品质起到重要的作用。

　　茶叶中的生物碱包括咖啡因（caffeine）、可可碱和条碱，其中以咖啡因的含量最多，占 2％～5％；其他种类含量甚微，所以茶叶中的生物碱含量常以测定咖啡因的含量为代表。咖啡因易溶于水，是形成茶叶滋味的重要物质。红茶汤中出现的"冷后浑"就是咖啡因与茶叶中的多酚类物质生成的大分子络合物，是衡量红茶品质优劣的指

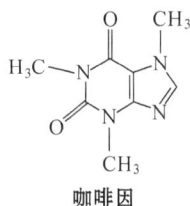

咖啡因

标之一。咖啡因可作为鉴别真假茶的特征之一。咖啡因对人体有多种药理功效，如提神、利尿、促进血液循环、助消化等。

　　茶多酚（tea polyphenols）是茶叶中 30 多种多酚类物质的总称，按其化学结构可分为儿茶素（如表没食子儿茶素没食子酸酯）、黄酮、花青素和酚酸等四大类物质（Bokuchava M A，et al，1980）。茶多酚的含量占干物总量的 20％～35％。在茶多酚总量中，儿茶素占 50％～70％，它是决定茶叶色、香、味的重要成分，其氧化聚合产物茶黄素、茶红素等，对红茶汤色的

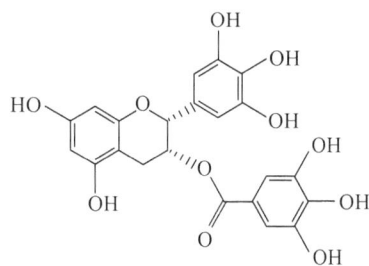

表没食子儿茶素没食子酸酯

红艳度和滋味有决定性作用。黄酮类物质又称花黄素，是形成绿茶汤色的主要物质之一，其含量占干物总量的 1％～2％。花青素呈苦味，紫色芽中花青素含量较高。如花青素多，茶叶品质不好，会造成红茶发酵困难，影响汤色的红艳度；对绿茶品质更为不利，会造成滋味苦涩、叶底青绿等弊病。茶叶中酚酸含量较低，包括没食子酸、茶没食子素、绿原酸、咖啡酸等。

　　茶叶中的糖类含量占干物总量的 20％～25％，其中的单糖和双糖又称可溶性糖，易溶于水，含量为 0.8％～4％，是组成茶叶滋味的物质之一。茶叶中的多糖包括淀粉、纤维素、半纤维素和木质素等物质，含量占茶叶干物总量的 20％以上，多糖不溶于水，是衡量茶叶老嫩度的重要成分。茶叶嫩度低，多糖含量高；茶叶嫩度高，多糖含量低。

　　茶叶中的果胶等物质是糖的代谢产物，含量占干物总量的 4％左右，水溶性果胶是形成茶汤厚度和外形光泽度的主要成分之一。

　　茶叶中的有机酸种类较多，含量占干物总量的 3％左右。茶叶中的有机酸多为游离有机酸，如苹果酸、柠檬酸、琥珀酸、草酸等。在制茶过程中形成的有机酸，有棕榈酸、亚油

茶多酚制品

从茶叶中提取的茶多酚是一种优良的天然抗氧剂,现已被开发为食品的保鲜剂、祛臭剂、防褪色剂等食品添加剂。

茶多酚还有很强的抗菌(包括皮肤病菌和口腔病菌)、抑酶作用(如透明质酸酶、酪氨酸酶、突变链球菌的葡萄糖转移酶、α-淀粉酶等),可防治皮肤病、皮肤过敏,具有去皮肤色素的效应,还可防龋牙、齿斑、牙周炎和口臭等。同时,它可以防止太阳光线对皮肤的伤害,预防化学致癌物及紫外线 β 光诱发的皮肤癌。它还对皮肤有防皱和抗衰老的功能,可以去垢涤腻,有对皮肤和头发的脱臭去味、去头屑等作用。因此,茶多酚可广泛作为化妆品的抗氧剂、保质剂、防皱剂、皮肤增白剂、防辐射剂、防晒剂等化妆品添加剂,以及作为浴皂、浴液、洗发剂、洗涤剂、牙膏等日用化妆品的添加剂,增加这些产品的功能和提高产品的品位。

大量的研究表明,茶多酚具有降血压、抗血凝、降血脂、减肥、防治心血管病(如动脉粥样硬化和血栓形成等)、降血糖、防治糖尿病、杀菌抗病毒等功效,它还能防治胃肠道、呼吸道、流感、肝炎和脂肪肝等疾病,同时还能抗衰老以及增强免疫机能。因此,茶多酚可以作为上述疾病患者的辅助药品和保健药品的原料。

酸、乙烯酸等。茶叶中的有机酸是香气的主要成分之一,现已发现茶叶香气成分中有机酸的种类达 25 种,有些有机酸本身虽无香气,但经氧化后转化为香气成分,如亚油酸等;有些有机酸是香气成分的良好吸附剂,如棕榈酸等。

茶叶中的类脂类物质包括脂肪、磷脂、甘油酯、糖脂和硫酯等,含量占干物总量的 8% 左右,对形成茶叶香气有着积极作用。类脂类物质在茶树体的原生质中,对进入细胞的物质渗透起着调节作用。

茶叶中的色素包括脂溶性色素和水溶性色素两部分,含量仅占茶叶干物总量的 1% 左右。脂溶性色素不溶于水,有叶绿素、叶黄素、胡萝卜素等。水溶性色素有黄酮类物质、花青素,以及茶多酚氧化产物茶黄素、茶红素和茶褐素等。脂溶性色素是形成干茶色泽和叶底色泽的主要成分。尤其是绿茶、干茶色泽和叶底的黄绿色,主要取决于叶绿素的总含量与叶绿素 a 和叶绿素 b 的组成比例。叶绿素 a 呈深绿色,叶绿素 b 呈黄绿色,幼嫩芽叶中的叶绿素 b 含量较高,所以干色多呈嫩黄或嫩绿色。在红茶加工的发酵过程中,叶绿素被大量破坏,产生黑褐色物质和茶多酚的氧化产物,茶叶中的蛋白质、果胶、糖等物质结合,使红茶干色呈褐红色或乌黑色,叶底呈红色。绿茶、红茶、黄茶、白茶、乌龙茶、黑茶六大茶类的色泽均与茶叶中色素的含量、组成、转化密切相关。

茶叶中的芳香物质是指茶叶中挥发性物质的总称。在茶叶化学成分的总含量中,芳香物质含量并不多,一般鲜叶中含 0.02％,绿茶中含 0.005％～0.02％,红茶中含 0.01％～0.03％。茶叶中芳香物质的含量虽不多,但其种类却很复杂。据分析,通常茶叶含有的香气成分约 300 种,鲜叶中香气成分化合物为 50 种左右;绿茶香气成分化合物达 100 种以上;红茶香气成分化合物达 300 种之多。组成茶叶芳香物质的主要成分有醇、酚、醛、酮、酸、酯、内酯类、含氮化合物、含硫化合物、碳氢化合物、氧化物等十多类。鲜叶中的芳香物质以醇类化合物为主,低沸点的青叶醇具有强烈的青草气,高沸点的沉香醇、苯乙醇等具有清香、花香等特性。成品绿茶的芳香物质以醇类和吡嗪类的香气成分含量较多,吡嗪类香气成分多在绿茶加工的烘炒过程中形成。红茶香气成分以醇类、醛类、酮类、酯类等香气化合物为主,它们多是在红茶加工过程中氧化而成的。

茶叶中含有丰富的维生素类,其含量占干物总量的 0.6％～1％。维生素类分水溶性和脂溶性两类。脂溶性维生素有维生素 A、维生素 D、维生素 E 和维生素 K 等。维生素 A 含量较多。脂溶性维生素不溶于水,饮茶时不能被直接吸收利用。水溶性维生素有维生素 C、维生素 B_1、维生素 B_2、维生素 B_3、维生素 B_5、维生素 B_{11}、维生素 P 和肌醇等。维生素 C 含量最多,尤以高档名优绿茶含量为高,一般每 100 克高级绿茶中维生素 C 含量可达 250 毫克左右,最高的可达 500 毫克以上。可见,人们通过饮用绿茶可以吸取一定的营养成分。

茶叶中的酶较为复杂,种类很多,包括氧化还原酶、水解酶、裂解酶、磷酸化酶、移换酶和同工异构酶等几大类,它们在茶树生命活动和茶叶加工过程中参与一系列酶促化学反应。茶叶加工就是用技术手段钝化或激发酶的活性,使其沿着茶类所需的要求发生酶促反应而获得各类茶特有的色、香、味。如绿茶加工过程中的杀青就是利用高温钝化酶的活性,在短时间内制止由酶引起的一系列化学变化,形成绿叶绿汤的品质特点;红茶加工过程中的发酵就是激化酶的活性,促使茶多酚物质在多酚氧化酶的催化下发生氧化聚合反应,生成茶黄素、茶红素等氧化产物,形成红茶红叶红汤的品质特点。

茶叶中的无机物占干物总量的 3.5％～7％,所含化学元素主要有钾、钙、镁、钴、铁、锰、铝、钠、锌、铜、氮、磷、氟、碘、硒等 30 多种。

3.3.2　咖啡文化与咖啡的化学

人类开始饮用咖啡至今已有 700 多年的历史了。经过 700 多年的发展,美国成为当今世界上最大的咖啡消费王国。据美国咖啡协会的统计,美国每年有 1.6 亿人饮用咖啡,平均每人每年要喝掉 4.5 千克咖啡,并呈现逐年上涨的趋势。医学专家们研究发现,咖啡不止是一种提神饮料,还可以改善人们的心情、减轻头痛,经常饮用还能减低罹患糖尿病、帕金森病和结肠癌的可能性,甚至可以预防龋齿的发生,而且喝

咖啡的量越大,效果越明显。

咖啡含有咖啡因、单宁酸、脂肪、蛋白质、糖分、矿物质、粗纤维等。图 3-2 显示了烘焙后的咖啡豆及其主要成分的含量。

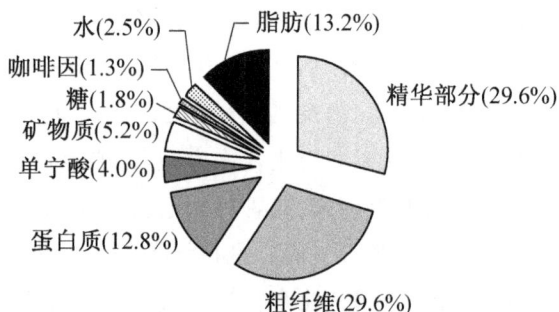

水(2.5%)　脂肪(13.2%)
咖啡因(1.3%)
糖(1.8%)
矿物质(5.2%)
单宁酸(4.0%)
精华部分(29.6%)
蛋白质(12.8%)
粗纤维(29.6%)

图 3-2　烘焙后的咖啡豆及其主要成分的含量

咖啡因属于植物黄质的一种,性质和可可碱、茶碱相同。一杯 150 毫升的咖啡就含有 85 毫克的咖啡因,是相等分量的茶和可乐饮料的 3.5 倍。正是咖啡因的作用降低了人们患帕金森病的风险,新研发的治疗帕金森病的药物就使用了咖啡提取物。除咖啡因外,咖啡中还含有诸多抗氧化成分。研究人员对老鼠的实验证明,咖啡中的奎宁就可以增强人体内胰岛素的敏感性,这种功效有助于人们预防糖尿病的发生。但需要注意的是,具有保健功效的咖啡仅仅是现磨普通咖啡,速溶咖啡和各种低因咖啡并没有这样的功效。咖啡因还会影响人体脑部、心脏、血管、胃肠、肌肉及肾脏等各部位,适量的咖啡因会刺激大脑皮层,促进感觉判断、记忆、感情活动,让心肌机能变得较活泼,血管扩张,血液循环增强,并提高新陈代谢机能。由于它会促进肾脏机能帮助体内将多余的钠离子排

出体外,所以在利尿作用下,咖啡因不会像其他麻醉药品、油漆溶剂、兴奋剂之类一样积在体内,约在两个小时后就会被排泄掉。咖啡风味中的苦味,就是咖啡因所造成的。

单宁酸是淡黄色的粉末,易溶于水,煮沸后它会分解产生焦梧酸,使咖啡味道变差。冲泡好又放上好几个小时的咖啡,其颜色会变得比刚泡好时深,味道也不如刚冲泡好的咖啡,所以才会有"咖啡冲泡好最好尽快喝完"的说法。在医药上,单宁酸用于治疗咽喉炎、扁桃腺炎、痔疮和皮肤疱症等,内用可制止腹泻、肠出

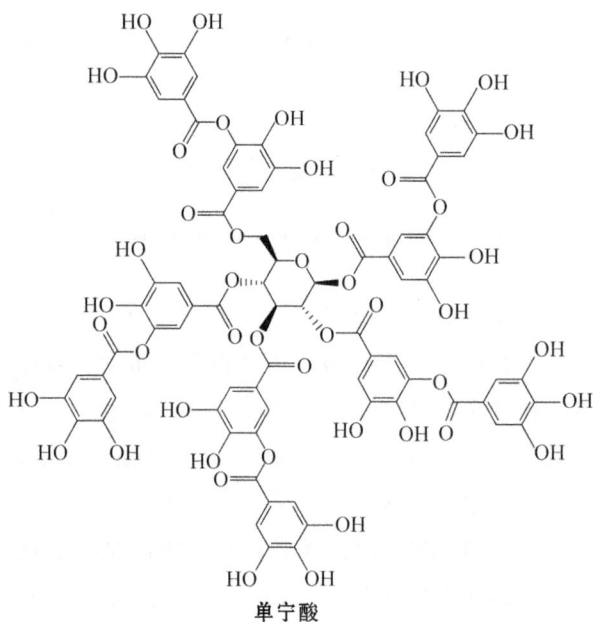

单宁酸

血等。单宁酸能与金属、生物碱和糖苷等生成沉淀,对这些物质具有解毒作用。

咖啡内所含的脂肪,在风味上占极为重要的角色,分析后发现,咖啡内主要含酸性脂肪和挥发性脂肪。酸性脂肪是指脂肪中含有酸性基团,它因咖啡种类的不同而不同;挥发性脂肪是咖啡香气的主要来源。卡路里的主要来源是蛋白质,而滴落式冲泡出来的咖啡,蛋白质多半不会浸提出来,所以咖啡喝得再多摄取到的营养也是有限的,这也就是为什么咖啡会成为减肥者圣品的缘故。在不加糖的情况下,除了会感受到咖啡因的苦味、单宁酸的酸味之外,还会感受到甜味,这是咖啡本身所含的糖分所造成的。烘焙后糖分大部分会转为焦糖,为咖啡带来独特的褐色。咖啡中含有石灰、铁、硫黄、碳酸钠、磷、氯、硅等矿物质,因所占的比例极少,对咖啡风味的影响并不大,综合起来只带来稍许涩味。生咖啡豆的纤维质烘焙后会炭化,这种炭化的纤维质和焦糖互相结合,形成咖啡的色调。

咖啡的香、苦、酸、醇只有通过烘焙,发生一系列复杂的化学变化,使必要成分达到最均衡的状态后,才能算得上是最好的烘焙豆。其中,香味是咖啡品质的生命,也最能表现咖啡的生产过程和烘焙技术,生产地的气候、标高、品种、精制处理、收成、储藏、消费国的烘焙技术是否适当等,都是左右咖啡豆香味的条件。咖啡的香味经色谱法气体分析,结果证明是由酸、醇、乙醛、酮、酯、含硫化合物、苯酚、氮化合物等数百种挥发成分复合而成。大致上说起来,脂肪、蛋白质、糖类是香气的重要来源,而脂质成分和咖啡的酸苦调和,形成滑润的味道。由于香气和品质的关系最为密切,因此香味的消失意味着品质变差。

3.3.3　酒文化与酒的化学

酒是人类生活中的主要饮料之一。中国制酒源远流长,品种繁多,名酒荟萃,享誉中外。黄酒是世界上最古老的酒类之一,在 3000 多年前的商周时代,中国人独创酒曲复式发酵法,开始大量酿制黄酒。约 1000 年前的宋代,中国人发明了蒸馏法,从此,白酒成为中国人饮用的主要酒类。酒渗透于整个中华 5000 年的文明史中,从文学艺术创作、文化娱乐到饮食烹饪、养生保健等,在中国人生活中占有重要的位置。

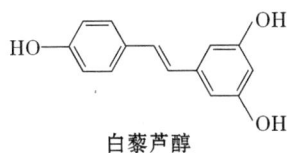

白藜芦醇

红葡萄酒中含有一种多酚类分子,称为白藜芦醇(trans-resveratrol)。这种分子广泛存在于葡萄、花生和大豆中。它具有优异的降血压和双向调节血压的功能,是一种新的心脑血管疾病治疗药物单体,还具有抑制细胞癌变、抗骨骼肌肉老化、增强免疫力等功效,曾被用作美国宇航员太空食品添加剂。

白藜芦醇

酒是用粮食、水果等含淀粉或糖的物质经发酵制成的含酒精（乙醇）的饮料。在传统的酿酒工艺中，酵母菌在高浓度酒精下不能继续发酵，所得到的酒醪或酒液中酒精浓度一般不会超过20％。我国古代发明的蒸馏器，可根据酒液中不同物质的挥发性的差异，将易挥发的乙醇蒸馏出来，蒸馏出来的酒汽中酒精含量较高，酒汽经冷凝、收集，就得到乙醇浓度为65％～70％的蒸馏酒。古代蒸馏器的发明不仅为酿酒工业带来一场革命，而且还奠定了现代化学工业特别是石油化工中蒸馏技术的基础，为人类文明立下了汗马功劳。今天的各种饮用酒里都含有乙醇。通常情况下，啤酒含乙醇3％～5％，葡萄酒含乙醇6％～20％，黄酒含乙醇8％～15％，白酒含乙醇32％～70％（均为体积分数）。

人喝下的酒中80％由十二指肠和空肠吸收；20％由胃吸收，吸收的速度很快，据测定，5分钟后酒精即进入血液，2.5小时后被全部吸收。当血液中酒精超过0.1％即进入醉态，醉酒伤肝不亚于轻型肝炎，而超过0.4％便可招致生命危险。据世界卫生组织（WHO）统计，全球因饮酒而死的人数超过因吸毒而死的，酒成为仅次于香烟的第二大杀手。世界卫生组织还将酒精和吗啡一起列为心理依赖性、生理依赖性和耐受性最强的毒品，其致依赖性是烟草的3倍，甚至远远大于可卡因和大麻。

世界卫生组织国际协作研究指出：为了预防酒精依赖症的发生，男性安全饮酒的限度是每天不超过20克、女性不超过10克纯酒精的饮用量。我国精神专家对此给予了通俗的解释：男性每天饮酒不超过2瓶啤酒或一两白酒，女性每天不超过1瓶啤酒，不可混饮。此外，每周至少应有两天滴酒不沾。莎士比亚曾经说过："每一杯过量的酒，都是魔鬼酿成的毒水。"

酒精依赖症

酒精依赖症（慢性酒精中毒）是长期过量饮酒引起的中枢神经系统严重中毒，表现为对酒的渴求和经常需要饮酒的强迫性体验，停止饮酒后常感心中难受、坐立不安，或出现肢体震颤、恶心、呕吐、出汗等戒断症状，恢复饮酒则这类症状迅速消失。由于长期饮酒，多数合并躯体损害，以心、肝、神经系统为明显，最常见的是肝硬化，周围神经病变和癫痫性发作，有的则形成酒精中毒性精神障碍及酒精中毒性脑病。近些年，慢性酒精中毒的患者有增多的趋势，已引起医学界和社会学界的重视。

3.4　烟草的化学和吸烟的危害

烟草中含有 3800 种成分,香烟燃烧时温度可达 1000℃,形成大量有害的化学物质。一支香烟燃烧时放出的烟雾中,92% 为气体,含有 400～500 种不同成分,主要有二氧化碳、一氧化碳、氢化氰、尼古丁、挥发性亚硝胺、烃类、氨、挥发性硫化物、腈类、酚类、醛类等;另外 8% 为颗粒物,主要有烟焦油和烟碱。

尼古丁不是致癌元凶?

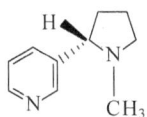

尼古丁(nicotine)在干烟草叶中的含量为 2%～8%。

近百年来一直与死亡、癌症等紧密联系的尼古丁最近得到了新的关注,有不少专家为它正名,认为香烟中的尼古丁并没有太多的危害,真正的致癌凶手应是焦油和一氧化碳等。尼古丁只有在纯度极高的情况下直接作用于人体才能导致癌变,而烟草中的尼古丁含量远达不到这个标准。尼古丁的主要危害在于可以使人对烟草上瘾。

微量的尼古丁不仅不会直接对人体造成危害,而且已有临床研究证明,尼古丁有望成为治疗老年痴呆症、帕金森症、抑郁症的有效药物。此外,尼古丁不仅仅存在于烟草之中,也存在于多种茄科植物的果实之中。例如,番茄、枸杞子等植物中就含有尼古丁,而这些蔬菜和药材却被公认为是对人体有益的健康食物,所以说微量的尼古丁不会对人造成大的伤害。

虽然现在有不少专家给尼古丁正名,但大多数人还是认为香烟中的尼古丁是导致癌症的主要凶手。如果一个人一天吸一包烟的话,那么也会有很多的尼古丁残留在人体中,而且会进一步地演变为可以致癌的物质。即便尼古丁在人体中的含量很少,它也会充当香烟中各种致癌物的"帮凶",为癌症的发病打开"方便之门"。

烟草中含有的致癌物不下 44 种,如一氧化碳、焦油、尼古丁、苯并芘、苯、4-氨基联苯、2-苯胺、N-亚硝基二甲基胺、放射性钋等,还有促癌物 10 余种,如酚、甲醛等。据测定,每 1000 支烟可产生苯并芘约 100 微克。若每日吸烟 20 支,则一年吸入苯并芘 700 微克。大大高于从中等工业城市污染大气中吸入的量 300 微克。这些致癌物质可通过不同的机制,导致支气管上皮细胞遗传物质的损害,引发一系列使细胞生长和调节失控的重要事件,最终导致细胞癌变。动物试验表明,鼠吸烟可诱发肺癌、胃癌等致命性疾病。

致癌芳烃苯并芘

经过长期实验证明,很多的多环芳烃是强致癌物,其中苯并芘最为常见。

垃圾及香烟等的不完全燃烧可以产生多环芳烃。用木炭火烤制牛排可以测出其中有 15 种不同的多环芳烃,把烤肉时的油

苯并芘

滴在木炭上,烤制出来的食品中致癌物苯并芘的含量更高,所以要少吃牛排、烤羊肉串等食品。此外,蛋白质、脂肪、胆固醇在烟熏、烘烤过程中,其中的致癌物苯并芘含量相当大,所以,应尽量少吃烟熏食品。即使食用烟熏食品,也要尽量避免与炭火直接接触。

吸烟不仅危害吸烟者本人健康,还会因为非吸烟者被动吸入大量环境烟草烟雾(ETS)而危害其健康。被动吸烟又称间接吸烟或非自愿吸烟,是指当不吸烟的人和吸烟的人在一起时,由于暴露于充满香烟烟雾的环境中而被迫吸进香烟烟雾。不吸烟者每天被动吸烟 15 分钟以上,则被定为被动吸烟者。被动吸烟者由于吸进了香烟烟雾,所以同样会给身体健康带来危害。由吸烟者自己从香烟尾部吸入的烟雾称为主流烟雾,它在吸烟者的肺中与空气混合后稀释而呼出;从燃烧着的烟头处产生、冒出的烟雾称为侧流烟雾或支流烟雾,释放到环境中后被周围的空气稀释。通常情况下,主流烟雾中焦油含量为 30 毫升/支、烟碱 1.3 毫克/支。由于一支燃烧着的香烟在未吸抽时烟头的自然温度为 288℃、吸烟时烟头温度为 732℃,即未吸烟时的侧流烟雾温度比吸烟时的主流烟雾温度低,致使侧流烟雾中烟焦油颗粒比主流烟雾中的小而有害物质浓度比主流烟雾高。通常情况下,一支香烟可以吸 10～12 口,总的抽吸时间约半分钟,但一支香烟的自然燃烧时间可长达 12 分钟,因此侧流烟雾的危害更大。对主流烟雾和侧流烟雾中的致癌物质含量进行测定,结果发现侧流烟雾中某些致癌物质含量超过主流烟雾中含量数倍至数十倍。

据 WHO 估计,全球有 11 亿烟民,其中 8 亿多在发展中国家。中国是世界上吸烟人口最多的国家,烟民约占世界吸烟人口的 1/3。目前,估计全球每年死于吸烟的人数为 500 万人,预计 2030 年将达到 1000 万～1500 万人。显而易见,烟草正成为人类健康的第一杀手。然而,吸烟的背后是烟草生产和烟草消费市场,以及某些地区对烟草经济的依赖。我国是世界上烟草的主要生产国,其产量相当于其他 7 个最大烟草生产国的总和。我国拥有世界上最大的烟草销售市场,每年销售的香烟多达 1.6 万亿支,消费量约占世界 1/3,是世界上烟草消费量最大的国家,而且增长迅速,从 20 世纪 70 年代初到 90

年代,人均香烟消费量增长了 260%。烟草生产促进烟草消费,由此带来的经济利益促使吸烟流行,引发肺癌等疾病,而后,社会出巨资为此"买单"。吸烟已成为我国严重的公共卫生问题。为此,2006 年 5 月 29 日我国卫生部发布了第一个吸烟与健康报告——《2006 年中国"吸烟与健康"报告》。这份报告以"控烟与肺癌防治"为主题,警醒社会各界关注烟草危害,倡导吸烟者采取健康的生活方式,以遏制我国肺癌发病率及死亡率迅速攀升的趋势。吸烟是肺癌的主要危险因素,众多的烟民成为推动肺癌发病率和死亡率不断攀升的主要原因。我国卫生部发布以"控烟与肺癌防治"为主题的报告,目的在于引起政府有关部门及社会各界的重视,以便制定相应政策,积极应对。

3.5　人类每天都在做的一类化学反应——美拉德反应

食品中存在众多化学成分,它们在食品加工或烧制过程中会发生变化。研究这种变化对于了解食品的品质、口感和安全性等至关重要。这是食品化学的一项重要任务。不管你是否懂得食品化学,人类每天都在做着一类化学反应——美拉德(Maillard)反应。红烧肉、咖啡、洋葱和面包的味道都来自这类反应,它能够让食物色香味俱全,如图 3-3 所示。

早在 1912 年,法国化学家美拉德(Louis-Camille Maillard)在研究氨基酸和糖的反应时,发现甘氨酸与葡萄糖混合加热会形成褐色的物质。后来,人们发现这类反应不仅影响食品的颜色,而且对其香味也有重要作用,并将此反应称为非酶褐变反应(nonenzymatic browning)。该反应发生在羰基化合物(还原糖类)和氨基化合物(氨基酸和蛋白质)之间,经过复杂的历程最终生成棕色或黑色的大分子物质,故又称羰氨反应。

图 3-3　红烧肉的色味香来自美拉德反应

20 世纪 50 年代以来,人们对在烹饪中的美拉德反应进行了更详细的研究,并获得了不少重要发现。美拉德反应能产生人们所需要或不需要的香气和色泽。例如,亮氨酸与葡萄糖在高温下反应,能够产生令人愉悦的面包香。而在板栗、鱿鱼等食品生产储藏过程中,以及制糖生产中,就需要抑制美拉德反应以减少褐变的发生。美拉德反应中产生的褐变色素对油脂类自动氧化表现出抗氧化性,这主要是由于褐变反应中生成醛、酮等还原性中间产物。

1973 年，美国化学家 John E. Hodge 报道了这类反应机理。反应的第一阶段是糖和氨基酸反应，生成糖胺化合物；第二阶段为 Amadori 重排，反应生成酮胺；第三阶段，生成的酮胺中间体在不同条件下进一步发生不同的反应，从而产生不同的化合物，它们具有不同的风味和诱人香气。美拉德反应能产生复杂的结果，可以在不同食物中形成不同化合物，而且烹饪条件也能影响其产生的味道，比如温度和 pH 值。

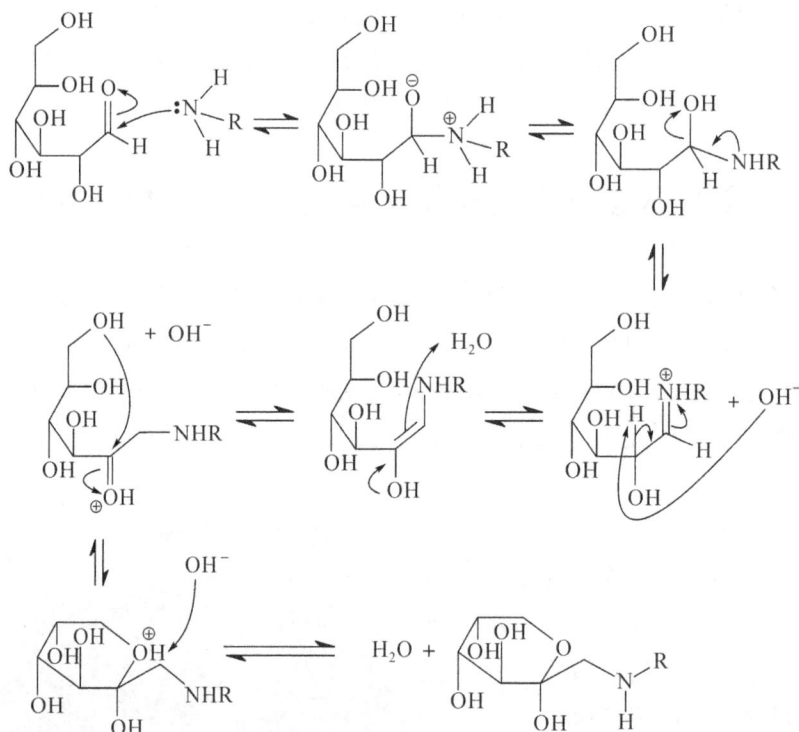

值得注意的是，美拉德反应产物并非全部都是好东西，比如致癌化合物丙烯酰胺，也是该反应产物之一。2002 年的一项研究发现，快餐的制作条件能产生具有高含量的致癌性丙烯酰胺。

3.6 化学与食品安全

食品是人类赖以生存和发展的物质基础，而食品安全是关系到人类健康和国计民生的重大问题。食品安全完整的概念和范围应包括两个方面：一是食品的充足供应（food security），即解决人类的贫穷、饥饿问题，保证人人有饭吃（需要政府，农牧渔业生产加工、社会服务部门的保证）；二是食品的卫生安全与营养（food safety），即人类摄入的食品不含有可能引起食源性疾病的污染物，无毒、无害，并能提供人体所需要的基本营养元素。随着我国经济和社会的发展，在基本解决食物供应问题的同时，食品的卫生安全问题越来越引起社会的关注。以下所讨论的食品安全仅限为第二种概念，即食品的卫生安全。食品安全的监测是一项成本高、技术性强的工作。化学对于食品中有毒有害污染物的认识和分析检测,发挥了不可替代的作用。

3.6.1　农药残留的检测

正如第 2 章所述,农药的发明对世界粮食生产发挥了重大作用,但由于农药的不合理使用(特别是过量使用),食品中的农药残留已经对人类健康构成威胁。2007 年 12 月至 2008 年 1 月,日本千叶和兵库两个县 3 个家庭 10 人在食用了中国河北省天洋食品加工厂生产的速冻水饺后先后出现了呕吐、腹泻等中毒症状。随后,日本方面在事发的"毒饺子"中检测出了高浓度的有机磷杀虫剂甲胺磷和敌敌畏。

甲胺磷是一种广谱、高效杀虫剂,但它对人和哺乳动物毒性也很大。因此,我国政府早就将其列为蔬菜上禁用的农药之一,同时规定了其在无公害蔬菜中的最大允许残留量(0.05 毫克/千克)。但 2006 年以来,农业部质监部门从蔬菜中仍然检测到甲胺磷超标的样品,超标率约 5%。"毒饺子"事件发生后,2008 年 1 月,我国政府发布公告,决定停止甲胺磷等 5 种高毒农药的生产、流通和使用。

我国是一个农业大国,农药残留引起的食品安全问题比较突出。对此,化学家能够在以下三个方面发挥作用:①发明更简便、更灵敏、易普及的检测方法和技术,提高农药检测水平和速度;②制定相关的标准,并帮助政府立法;③研发高效、无毒、无残留、无污染的无公害农药,从根本上杜绝农药残留,保障食品安全。

先进的检测方法是控制农药残留的关键。目前,已经开发出多种快速、灵敏的检测方法,如快速扫描检测法(CDFA-MRSM)、气相色谱法(GC)、高效液相色谱法(HPLC)、气相色谱-质谱法(GC-MS)、液相色谱-质谱法(HPLC-MS)以及免疫分析法等。

3.6.2　食品中非法添加剂的检测

2008 年 6 月,我国甘肃等地陆续报道了多例婴幼儿患泌尿系统结石病例,调查发现,这些患儿都有食用三鹿牌婴幼儿配方奶粉的历史。同年 6 月,在全国范围内爆发了三鹿牌婴幼儿奶粉严重受污染事件,导致不少食用受污染奶粉的婴幼儿患上了肾结石,甚至引发了危及生命的并发症。国家质检部门的分析检测结果表明,事件的主要原因在于奶粉中含有非法添加剂三聚氰胺。长期食用含有三聚氰胺的奶粉危害了婴幼儿的健康。这就是震惊中外的"三聚氰胺事件"。

三聚氰胺(melamine)是一种含氮杂环化合物,是重要的有机化工原料,主要用于合成三聚氰胺树脂,还可用作阻燃剂和化肥。三聚氰胺以及三聚氰胺甲醛树脂已被广泛地用于制造涂料、日用器皿、家具和包装材料等。三聚氰胺的广泛使用使它很容易进入食品中。据世界卫生组织估计,从包装材料迁移到婴幼儿食品中的三聚氰胺含量最高可达 0.5 毫克/千克。

20 世纪 50 年代,有人将三聚氰胺作为饲料添加剂以提高含氮量的方法申请了美国专利,但后来证实这个化合物在反刍动物体内水解缓慢,不如其他非蛋白氮化合物代谢完全,并且有可能对动物肾脏造成危害而被禁止加到饲料中。长期以来,食品中蛋白质含量的测定一直采用凯氏定氮法,这种方法是通过测定总氮的含量来间接推算食品中蛋白质含量的。通常情况下,蛋白质中氮的含量约 16%,但三聚氰胺中氮的含量高达66.6%,因此添加 1 克三聚氰胺可相当于 4 克粗蛋白。此外,三聚氰胺生产成本较低,售价比真奶粉便宜。因此,有人将这个非法添加剂加到奶粉中(其他食品中也曾检测到),以提升奶粉检测中表观蛋白质含量的指标。三聚氰胺就这样变成了"假蛋白"。

许多研究表明,三聚氰胺本身对哺乳动物毒性很低,但它可与人体正常代谢产物尿酸形成沉淀,从而产生结石(王丹等,2009)。

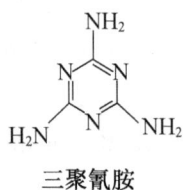

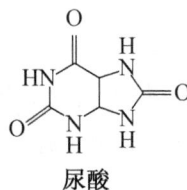

三聚氰胺　　　　　　　　尿酸

"三聚氰胺事件"发生后,我国政府质检部门和研究人员采用了多种现代分析化学方法和技术(如高效液相色谱法、气相色谱-质谱法、液相色谱-质谱法、免疫分析法等)对全国范围内的奶制品中的三聚氰胺进行了全面检测,排查出一些有问题的奶制品,很好地保护了人民群众的利益。

"三聚氰胺事件"的根源之一是目前食品质量检测中蛋白含量测定方法落后,不能区别真蛋白和假蛋白。因此,化学家不仅要开发快速、实用的三聚氰胺检测方法,而且还要建立新的蛋白质含量测定方法,以避免类似的食品安全事件再度发生。

3.6.3　食品加工过程中产生的有毒有害物质的鉴定以及形成机理的研究

2002 年,瑞典国家食品管理局和斯德哥尔摩大学的研究人员发现,富含淀粉类的食物经过 120℃或更高温度油炸或烧烤时能生成一种有毒的有机化合物丙烯酰胺。此后,瑞士、英国、挪威、美国等国家也报道了类似的结果。于是,食品中的丙烯酰胺污染问题一时间引起了国际社会和各国政府的高度关注,人们开始研究丙烯酰胺的毒理、形成机理和检测方法。

对于食品中丙烯酰胺的产生机理,许多化学研究表明,其最主要的途径是由食品中富含的天冬酰胺与还原糖通过美拉德反应而产生的。如图 3-4 所示,天冬酰胺与葡萄糖在高温(≥100℃)下反应,生成 N-(葡萄糖-1-基)天冬酰胺,后者经多步转化成为丙烯酰胺(Stadler R H, et al, 2002;Mottram D S, et al, 2002)。同位素示踪实验进一步证实丙烯酰胺的三个碳原子和一个氮原子均来自天冬酰胺。由此可见,天冬酰胺是这个反应不可缺少的原料。将等量的天冬酰胺与葡萄糖在 180℃下反应 30 分钟，以 0.0368％的产率得到丙烯酰胺。若反应物潮湿，则产率可提高到 0.096％。

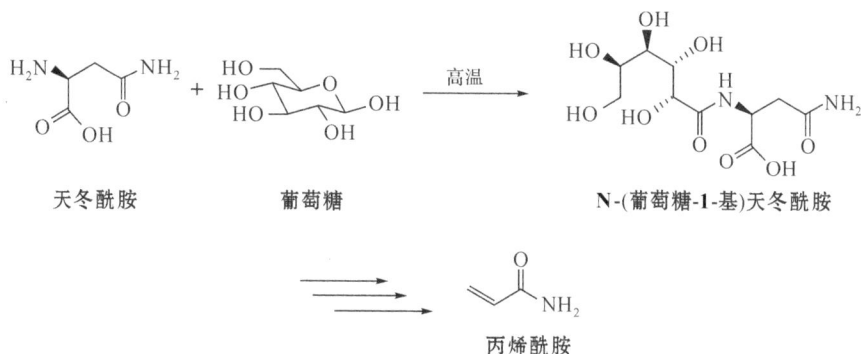

图 3-4　丙烯酰胺的产生机理

化学分析结果表明，在煮制和未加工的食品中没有检测到丙烯酰胺。此外，食品中丙烯酰胺的含量不仅取决于天冬氨酸的含量，而且与加工过程的多种条件密切相关，包括烹饪的温度、时间、油的种类等。

在对这一食品安全问题的研究中，化学家动用了气相色谱-质谱法、液相色谱-质谱法、液相色谱-质谱/质谱法等多种先进分析方法，同时还发展了一些新的分离和样品处理方法（周爽等，2009）。

参 考 文 献

[1] 徐任生，叶阳，赵维生. 天然产物化学[M]. 2 版. 北京：科学出版社，2004.

[2] 王丹，赵美萍. 食品中的假蛋白——三聚氰胺[J]. 大学化学，2009，24(1):9-13.

[3] 周爽，赵美萍. 食品中的丙烯酰胺污染问题及分析方法[J]. 大学化学，2009，24(1):45-49.

[4] Bokuchava M A, Skobeleva N I. The biochemistry and technology of tea manufacture[J]. *Critical Reviews in Food Science and Nutrition*, 1980, 12(4): 303-370.

[5] Mottram D S, Wedzicha B L, Dodson A T. Acrylamide is formed in the Maillard reaction[J]. *Nature*, 2002, 419(6906):448.

[6] Stadler R H, Blank I, Varga N, et al. Acrylamide from Maillard reaction products[J]. *Nature*, 2002, 419(6906):449.

第 4 章　化学与健康

据世界卫生组织统计,世界人口的平均寿命已从 20 世纪初的 45 岁上升到 2013 年的
71 岁(我国男性为 74 岁,女性为 77 岁)。"人生七十古来稀",这句话已经成为古董,如今
我们周围 70 岁以上的老人比比皆是。为什么人类寿命会如此显著延长呢?主要有两方
面的原因:一是医疗条件改善了,其中药物的使用是关键因素之一;二是人类生活质量提
高了,这包括营养状况、生活和工作环境的改善等。这两方面的原因都与化学紧密相关。
化学研究给人类提供了预防、治疗和诊断疾病的有效方法和技术。化学家发明了各种类
型的化学药物,使过去长期危害人类健康的常见病、多发病得到了有效控制;化学家合成
的杀虫剂减少了虫源性疾病对人类的困扰;以分析化学为基础的临床化验大大提高了疾
病诊断的准确性,而许多现代影像诊断技术(如核磁共振影像、CT、PET 以及 X 光影像
等)中还涉及了很多化学技术。化学与饮食的关系已在第 3 章中进行了讨论,本章将主
要介绍化学在药物和医用材料的发明以及临床诊断方面的贡献。

4.1　药物的发明

2015 年 10 月 5 日,诺贝尔生理学或医学奖评选委员会宣布,将 2015 年诺贝尔生理
学或医学奖授予中国女科学家屠呦呦,以及另外两名科学家坎贝尔(W. C. Campbell)和
大村智,以表彰他们在寄生虫疾病治疗研究方面取得的成就。诺
贝尔奖评选委员会的评价认为,由寄生虫引发的疾病困扰了人类
几千年,构成了重大的全球性健康问题。屠呦呦发现的青蒿素应
用在治疗中,使疟疾患者的死亡率显著降低;坎贝尔和大村智发明
了阿维菌素,从根本上降低了河盲症和淋巴丝虫病的发病率。这两
项获奖成果为每年数百万感染相关疾病的人提供了强有力的治疗
新方式,在改善人类健康和减少患者病痛方面的成果无法估量。

实际上,从 19 世纪解热镇痛药阿司匹林的发明到现在,化学
家通过化学合成或从动植物、微生物中提取而得到的临床有效的
化学药物已有上万种,其中目前常用的就有近千种,而且这个数
目还在快速增加。药物的发明,使过去长期危害人类生命和健康

屠呦呦
(2015 年诺贝尔
生理学或医学奖得主)

的各种常见病、多发病(如一些细菌性、病毒性疾病和寄生虫病等)得到了有效控制,大大降低了许多重大疑难疾病(如心脑血管疾病、恶性肿瘤等)的死亡率。以下仅通过几个典型的例子阐述化学家是如何发明药物、为人类健康做贡献的。

4.1.1　从植物中发现的药物(Ⅰ)——青蒿素的故事

疟疾是我们已知与人类共存最长时间的疾病,它是一种由单细胞寄生虫引发的蚊媒疾病,单细胞寄生虫侵入人类红细胞引起发烧,严重情况下造成脑损伤。世界上有超过34亿人口处于感染疟疾的风险之中,目前每年还有45万人被疟疾夺去生命,其中大部分是儿童。特别是,这种寄生虫病高发于世界上最贫穷的地区,是改善人类健康的一个巨大障碍。

疟疾的传统治法是奎宁(quinine,又称金鸡纳碱),以及它的类似物如氯奎宁(chloroquine)等。奎宁是一种来自金鸡纳树及其同属植物的树皮中的主要生物碱,它的使用可追溯到17世纪。在17世纪的欧洲,人们用金鸡纳树皮磨成的粉治好了许多疟疾病人,但一直不清楚其有效成分是什么。1826年,法国药师佩雷蒂尔和卡文顿从金鸡纳树皮中提取了奎宁和辛可宁生物碱。1944年,化学合成的奎宁才告问世。然而,化学合成奎宁的工艺甚为复杂,提供临床应用则成本太高,所以,奎宁和其他生物碱仍然完全来自天然药源。虽然目前有众多新的抗疟药物被发现和应用,且各有千秋,奎宁因此"退居二线"。但是这个"抗疟老英雄"——奎宁,在"新秀"如林的药坛中,依然占有一定的地位,至今还没有办理"离休"手续。

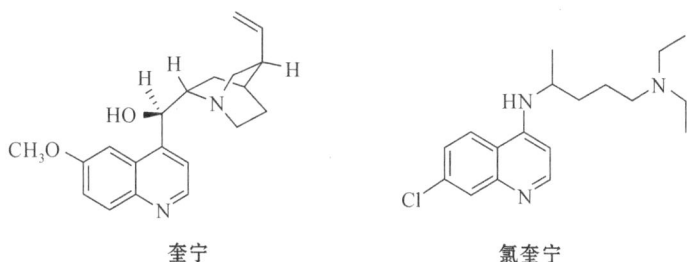

奎宁　　　　　　　　　　氯奎宁

然而,奎宁类药物的治愈成功率在逐渐下降。20世纪60年代末,全世界根除疟疾的努力都失败了,这种疾病的发病率有上升的趋势。1969年,数百位中国科技工作者响应国家号召,启动了一项全国性抗疟药物研究的绝密军事项目,代号为"523"(源于国家科技委员会与解放军总后勤部于1967年5月23日召开的"疟疾防治药物研究工作协作会议")。从传统中药中寻找抗疟新药是"523"项目的一个重要任务。时任中医研究院中药研究所的实习研究员屠呦呦负责的研究小组依据《肘后备急方》等中医药古典文献,从大量中草药中筛选对抗疟疾感染的药物。青蒿是其中的筛选对象之一,但起初的研究结果却与预期的并不一致,该研究小组发现传统的青蒿水煎剂无效,95%乙醇提取物的抗疟药效仅30%～40%。在经历了190多次失败之后,屠呦呦于1971年重新开始查找古典医书,并发现了引导她成功从青蒿中提取活性成分的一些线索,她提出了用有机溶剂乙醚提取青蒿活性成分的新思路。实验很快就证明了屠呦呦的预测是正确的——乙醚粗提取物的抗疟效果非常好。

1972 年,屠呦呦小组从青蒿乙醚粗提取物中分离纯化得到抗疟有效单体,命名为青蒿素(英文名为 artemisinine 或 qinghaosu),该物质对鼠疟、猴疟的原虫抑制率达到100%。1973 年,临床试验取得了与实验室一致的结果,抗疟新药青蒿素由此诞生。1973 年 9 月,青蒿素首次用于临床。然而,由于涉密,直到 1979 年关于青蒿素的研究成果才陆续发表。1986 年,青蒿素及其类似物双氢青蒿素获得我国一类新药证书。

青蒿素是从民间治疗疟疾草药中分离出来的、化学结构新颖的一种有机化合物,是目前世界上最有效的抗疟疾药物,具有快速、高效、无抗药性、低毒副作用的特征。目前,以青蒿素为基础的复方药物已经成为疟疾的标准治疗药物,世界卫生组织将青蒿素和相关药剂列入其基本药品目录。

青蒿素

青蒿素主要从黄花蒿(见图 4-1)中直接提取得到,或提取黄花蒿中含量较高的青蒿酸,然后通过半化学合成的方法得到。黄花蒿虽然系世界广布品种,但青蒿素含量随产地不同差异极大,除我国重庆东部武陵山脉生长的黄花蒿具有工业提炼价值外,世界绝大多数地区生长的黄花蒿中的青蒿素含量都很低,无利用价值。组织培养则因技术和实际应用投入产出比等缘故尚不成熟。因此,人工合成青蒿素成为一个重大课题。我国著名有机合成化学家、中国科学院院士周维善教授在青蒿素的全合成方面做出了开创性的工作,他的研究小组于 1983 年完成了青蒿素的首次全合成。继而,我国科学家通过对青蒿素的化学结构进行改造,得到了疗效更好的衍生物蒿甲醚,蒿甲醚于 1994 年开发上市,1995 年被世界卫生组织列入国际药典。

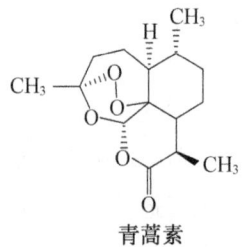

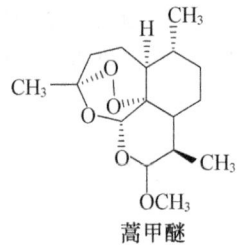

蒿甲醚

图 4-1　中草药黄花蒿

世界上每年大约有 2 亿人感染疟疾,在全球疟疾的综合治疗中,青蒿素的使用估计降低疟疾总体死亡率 20% 以上,在儿童中的治愈率更高达 30%,仅在非洲,青蒿素每年能挽救十多万条生命。青蒿素的发现开创了疟疾治疗新方法,全球数亿人因这种"中国神药"而受益,对人类健康做出了重大贡献。

我国利用中草药防病治病已有数千年历史,而且还有丰富的药用植物资源(约 11000种)。迄今,我国化学家和药学家已对数百种中草药的化学成分进行了系统研究,发现了上千种具有药理活性的成分,也发明了除青蒿素类药物(见图 4-2)之外的多种天然药物,比如麻黄素、延胡索素、葛根素、天麻素等,在治疗心血管疾病、感染性疾病、肺病、肝病等方面有很好的疗效,而砒霜(即三氧化二砷,As_2O_3)的口服和注射制剂均在抗白血病方面有很好的临床疗效。

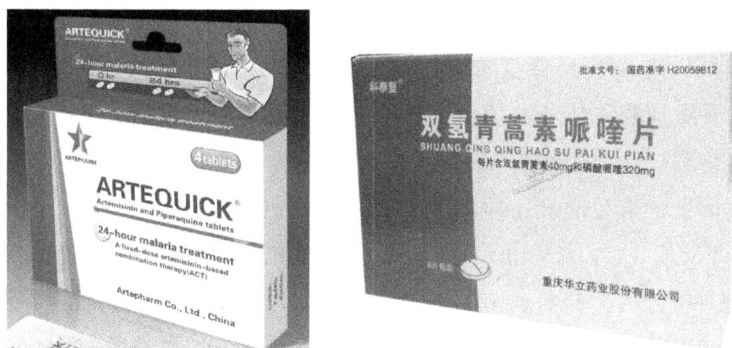

图 4-2 中国发明和制造的青蒿素类抗疟药物制剂

4.1.2 从植物中发现的药物(Ⅱ)——阿司匹林的故事

阿司匹林(aspirin)是最古老和著名的化学药物,具有解热镇痛作用,能使发烧病人的体温恢复至正常,而对正常人的体温无影响。早在公元前约 1550 年,古埃及的文献上就记载过用白柳的叶子来止伤痛;公元前约 400 年,希腊人用这种植物叶子的汁来镇痛和退热;在哥伦布之前的美洲、亚洲和欧洲,人们也都知道柳树的药用功效。1829 年,法国人第一次从柳树皮中提取出一种可以治病的活性物质——水杨酸。水杨酸在治疗发热、风湿和其他一些炎症方面很有效,但它酸性较强,故对胃肠道刺激性较大,可使胃部产生灼热感。1859 年,德国化学家霍夫曼(F. Hoffmann)将水杨酸与醋酸酐一起反应,合成出了酸性较弱的乙酰水杨酸,后经临床试验证实了其在镇痛和治疗风湿病方面的效果。1899 年,拜尔公司正式以阿司匹林的药名给乙酰水杨酸注册。

一个多世纪的临床应用,证明阿司匹林为一种有效的解热镇痛药,广泛用于治疗伤风、感冒、头痛、神经痛、关节痛、风湿痛等。20 世纪 80 年代以来,不断有临床报告发现阿司匹林具有稀释血液、防止血栓形成、降低和预防心血管疾病的作用。如今阿司匹林主

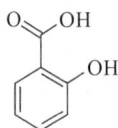
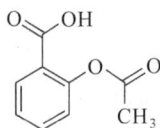

水杨酸　　　　　　　　阿司匹林

要用于降低脑卒中复发、治疗脑血栓、预防心肌梗死、预防心瓣膜术后血栓、预防静脉血栓、治疗痛经、防治糖尿病眼底病变、预防老年痴呆,并可能具有降糖作用、防癌作用等,从而使其获得了新生,成为全世界最常用的药物之一。据有关数据统计,现在每年全世界要消耗 1200 亿片阿司匹林药片。阿司匹林在它诞生一个多世纪之后的今天,仍然是一种生命力不减的药物,为人类的健康做出了重要贡献,因此被称为"世纪神药"。

4.1.3　从微生物中发现的药物(Ⅰ)——青霉素的故事

抗生素(antibiotics)是由微生物(包括细菌、真菌、放线菌属)或高等动植物在生活过程中所产生的具有抗病原体或其他活性的一类次级代谢产物,是能干扰其他生活细胞发育功能的化学物质。这类药物的发明是 20 世纪药物化学发展中又一项重大成果,是人类与细菌征战历史中谱写的又一曲凯歌。

1928 年,弗莱明(A. Flemming)在研究金黄色葡萄球菌变异时,偶然发现了青霉菌(一种真菌)能抑制金黄色葡萄球菌的生长,他把这种具有抗菌性能的青霉菌分泌物命名为盘尼西林(penicillins),即青霉素。1939 年,英国生物化学家柴恩(E. B. Chain)与英国药理学家弗洛里(H. W. Florey)合作,研究出分离和浓缩青霉素的方法,揭示了青霉素的化学组成。他们首次从青霉菌中分离得到了青霉素的粗品,并发现该粗品对葡萄球菌、链球菌、肺炎双球菌、脑炎双球菌、淋病双球菌和螺旋体等多种细菌有显著活性。柴恩所推论的青霉素化学结构后来由英国女化学家霍奇金(D. M. C. Hodgkin)通过 X 射线单晶衍射技术所证实。

1940 年,青霉素的临床试验开始进行,不久便获得成功。于是,人们开始为这种神奇药品寻找生产方式和公司。由于第二次世界大战期间英国处于战争状态,大规模生产青霉素非常困难,最终英国和美国政府选择了具有发酵技术经验的美国最大制药公司——辉瑞公司。1944 年,辉瑞公司开设了世界上第一个大规模生产青霉素的工厂,从而使青霉素的制备工业化。第二次世界大战后期,由于在治疗伤口感染方面的神奇功效,青霉素得以广泛使用。1945 年,弗莱明、弗洛里和柴恩三位科学家由于在青霉素研究方面做出的杰出贡献而共同获得了诺贝尔生理学或医学奖。

实际上,青霉素发酵液中含有 6 种以上天然青霉素:如青霉素 F、青霉素 G、青霉素 X、青霉素 K、青霉素 V 和二氢青霉素 F 等,其中青霉素 G 在医疗中用得最多。它们的差别仅在于侧链 R 基团的结构不同,而其母体结构都是 6-氨基青霉素烷酸。

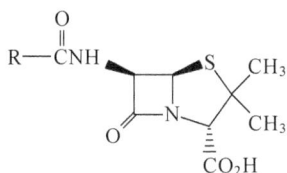

青霉素 F：R＝CH₃CH₂CH＝CHCH₂—

青霉素 G：R＝⬡—CH₂—

青霉素 X：R＝HO—⬡—CH₂—

青霉素 K：R＝CH₃(CH₂)₅CH₂—

青霉素 V：R＝⬡—OCH₂—

二氢青霉素 F：R＝CH₃(CH₂)₃CH₂—

　　青霉素 G 的主要来源是生物合成，即微生物发酵。化学家通过化学合成的方法，巧妙地将青霉素 G 的 R 侧链转变成其他基团，从而得到了许多效果更好的类似物。如目前临床上广泛使用的氨苄西林(ampicillin)和羟氨苄青霉素(又名阿莫西林，amoxicillin)等，它们不仅比天然的青霉素疗效高，而且性质稳定、可以口服。由于这样的抗生素是以天然抗生素为原料，经过"加工"(专业术语称为"结构改造"或"化学修饰")而得到的，故称为半合成抗生素。自 1959 年以来，化学家通过半合成得到的青霉素类化合物已达数千种。

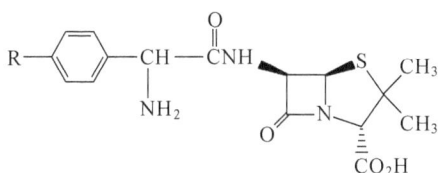

氨苄青霉素：R＝H
羟氨苄青霉素：R＝OH

　　青霉素在临床上主要用于治疗葡萄球菌传染症(如脑膜炎、骨髓炎等)、溶血性链球菌传染症(如腹膜炎、产褥热等)，以及肺炎、淋病、梅毒等。有研究认为，青霉素的抗菌作用与其能抑制细胞壁的合成有关。在细胞壁的生物合成中需要一种关键的酶(即转肽酶)，青霉素作用的部位就是这个转肽酶。现已证明青霉素内酰胺环上的高反应性肽键受到转肽酶活性部位上丝氨酸残基的羟基的亲核进攻形成了共价键，生成青霉素噻唑酰基-酶复合物(见图 4-3)，从而不可逆地抑制了该酶的催化活性。细胞壁的合成受到抑制，细菌的抗渗透压能力降低，引起菌体变形、破裂而死亡。青霉素选择性地作用于细菌并引起溶菌作用，但几乎不损害人和动物的细胞，所以青霉素是一类比较理想的抗生素。

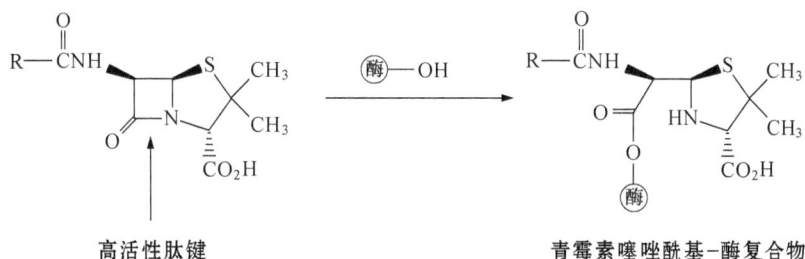

高活性肽键　　　　　　　　　　青霉素噻唑酰基-酶复合物

图 4-3　青霉素噻唑酰基-酶复合物的形成

青霉素的问世可谓 20 世纪医学发展中的一个里程碑,它使过去曾是致命的细菌性传染病得到了有效治疗,拯救了数以千万计的生命。到目前为止,青霉素 G 仍然是对敏感细菌最有效的抗生素。但是随着青霉素的大规模使用,越来越多的细菌对它产生了耐药性(例如,青霉素 G 开始使用时,只有 8% 的葡萄球菌对它有耐药性,到 1962 年,耐药的葡萄球菌增加到了 70%,其他抗生素也有类似的情况),使一些传染病又重新开始威胁人类生命。解决耐药性问题的途径之一是不断地创制新药物,使药物更新换代。由此可见,化学家与疾病的斗争任重而道远。

与青霉素结构相似的另一类抗生素叫作头孢菌素,它来源于与青霉菌近缘的头孢属真菌。虽然,在化学性质上这类化合物比青霉素稳定,但天然的头孢菌素的抗菌效力较低。为此,20 世纪 60—70 年代化学家根据半合成青霉素的经验成功地合成了一些高效、广谱、可供口服的半合成头孢菌素,如头孢氨苄(即先锋 IV 号)、头孢拉定(即先锋 VI 号)等。

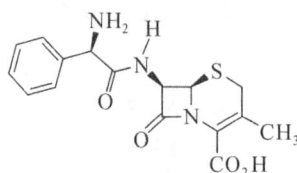 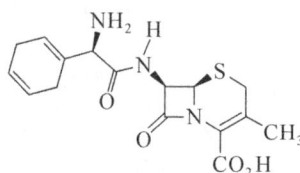

头孢氨苄　　　　　　　　　　头孢拉定

在抗生素发现以前,霍乱、伤寒、细菌性脑膜炎的死亡率高得惊人。除了细菌的肆虐,人类还遭受其他微生物(如原虫、病毒等)的侵害。天花、疟疾、梅毒等疾病同样夺去了无数人的生命。可见,抗生素对人类健康的贡献是多么巨大!

4.1.4　从微生物中发现的药物(Ⅱ)——阿维菌素的故事

寄生虫能引起各种各样的疾病。医学上重要的寄生虫是寄生蠕虫,它折磨着世界约 1/3 人口,特别是在撒哈拉沙漠以南的非洲、南亚,以及中美洲和南美洲等地区。与疟疾类似,河盲症(也称盘尾丝虫病)和淋巴丝虫病也是寄生虫引起的两种疾病。河盲症因导致眼角膜慢性炎症最终会导致患者失明,而困扰超过 1 亿人的淋巴丝虫病会引起慢性水肿,导致终生残疾,比如象皮肿(淋巴水肿)和阴囊鞘膜积液。

大村智是日本的微生物学家,是分离天然产物的专家,他专注于一个细菌群落——生活在土壤中的霉菌,这种菌类会产生很多抗菌活性的物质(包括 1952 年诺贝尔奖获得者塞尔曼·沃克斯曼发现的链霉素)。大村智教授用独特的技巧发明了大规模培养和表征这些细菌的方法,并从土壤样本中分离出新的链霉菌菌株,还成功地在实验室培养出来。从数千个不同的培养皿中,他选出大约 50 个最有希望的菌株,并进一步分析它们对付有害微生物的活性。

美国寄生虫生物学家坎贝尔获得了大村智的链霉菌培养菌株之后,继续探讨它们的功效。他发现其中一种培养菌株中的成分可显著地防止家养农场动物受到寄生虫的感染。这种活性成分后来被命名为阿维菌素（abamectin）。由链霉菌中的阿维链霉菌发酵产生的阿维菌素由阿维菌素 B_{1a} 和阿维菌素 B_{1b} 两个化学结构相似但不同的化合物组成，其中前者是主要的。此后，科学家对阿维菌素的化学结构进行了修饰，从而发展出一种更有效的化合物，称为伊维菌素（ivermectin）。对伊维菌素在感染寄生虫患者中的临床试验结果显示，它可有效杀死寄生虫幼虫。伊维菌素最初作为兽药（用于杀死家禽、家畜体内外寄生虫和农作物害虫），但后来发现它能够治疗人类的河盲症和淋巴丝虫病，由此在非洲、拉美地区广泛分发使用，有效抗击了线虫类寄生虫引发的疾病。

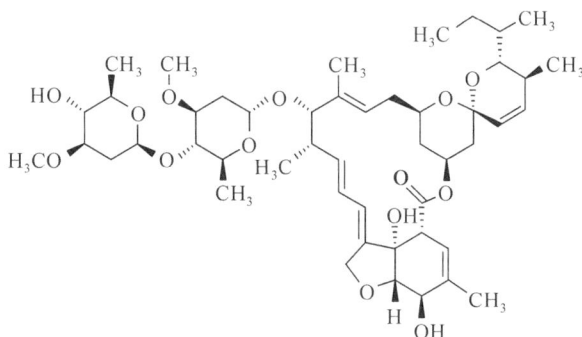

阿维菌素 B_{1a}

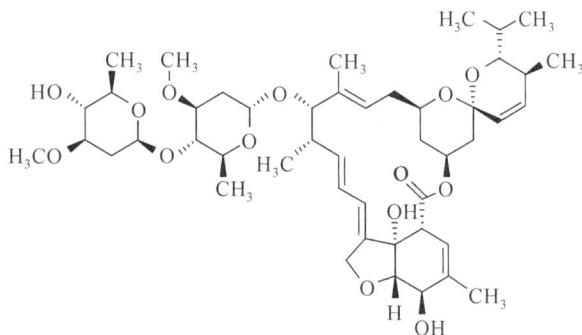

阿维菌素 B_{1b}

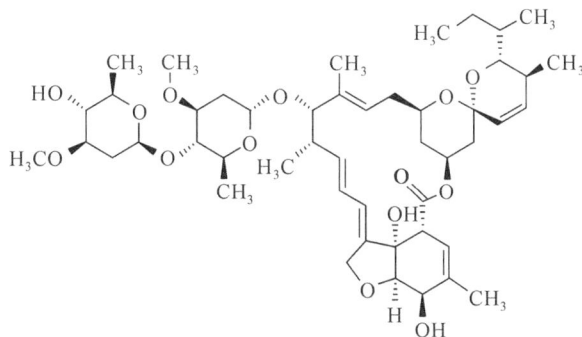

伊维菌素

阿维菌素的发现从根本上改变了寄生虫疾病的治疗方法。阿维菌素的衍生物伊维菌素在世界各地获得很好的应用,能够有效对抗各种寄生虫,不仅副作用有限,还免费在全球发放。伊维菌素临床应用改善了数以百万计的河盲症和淋巴丝虫病患者的健康状况,为世界最贫困地区带来福祉。治疗效果如此巨大,以至于这类疾病已经濒临绝迹,这是人类与疾病斗争史上的一大壮举。大村智和坎贝尔因发现了这样一类新的具有超强疗效的抗寄生虫药物而共同荣获 2015 年诺贝尔生理学或医学奖。

4.1.5 从染料中发现的药物——磺胺药的故事

20 世纪 30 年代以前,有些严重危害人类健康的细菌性传染病长期得不到有效治疗,可怕的瘟疫常常造成人类大量死亡。1904 年,德国科学家埃尔利希(P. Ehrlich,1908 年诺贝尔生理学或医学奖得主)发现,用来给细菌染色以便做显微镜检查的某些染料能够杀死细菌。1932 年,德国病理学家多马克(G. Domagk,1938 年诺贝尔生理学或医学奖得主)在对许多染料进行筛选试验之后,发现百浪多息对治疗小鼠细菌感染有一定效果。

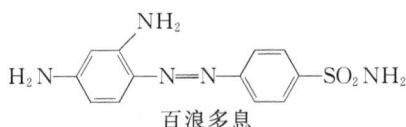
百浪多息

在百浪多息化学结构的基础上,1935 年法国巴斯特研究所合成出一种非常有效的杀菌剂——对氨基苯磺酰胺(SN)。这种药物含有磺酰胺官能团,故又称磺胺药。磺胺药是第二次世界大战前唯一有效的抗菌药物,这类药物的问世标志着人类在化学疗法方面的一大突破。到 1945 年,药物化学家合成、筛选过的磺胺类化合物就达 5000 多种,其中应用于临床的有磺胺噻唑(ST)、磺胺嘧啶(SD)、磺胺甲基嘧啶(SM_1)等。SD 在脑脊髓液中的浓度较高,对预防和治疗流行性脑炎有突出作用,故至今仍在使用。目前,药房里常见的磺胺药为磺胺甲噁唑(SMZ),是 1962 年首次合成的,其抑菌作用较强。

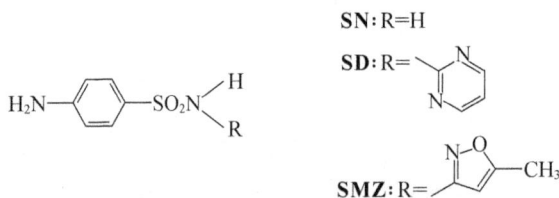

磺胺药靠阻止细菌生长所必需的维生素叶酸的合成来抑制细菌。磺胺药的这种能力显然在于它们与叶酸合成的关键成分对氨基苯甲酸具有相似的结构。磺胺药能够代替对氨基苯甲酸混入叶酸合成的酶反应链中。但由于生成的化学键很强,磺胺药切断了细菌机体内必需的叶酸的生物合成,结果导致细菌机体因缺乏维生素而死亡。在人和高等动物体内,对氨基苯甲酸并不是叶酸合成所必需的物质,因此,磺胺药对这一机制没有

影响。磺胺类药物的发明,曾使死亡率很高的细菌性疾病(如肺炎、脑膜炎等)得到了有效控制,为人类的健康做出了重要贡献。

4.1.6　后基因组时代的药物

新药研究是一项耗资大、周期长的艰巨工作。国外统计资料表明,要发明一种新药,需筛选 6000~10000 个化合物,耗时 8~12 年,耗资 3 亿多美元。另一方面,随着药理、毒理学研究的不断深入,人们对新药物的有效性和安全性的要求也越来越高,从而新药研究的难度也就越来越大了。面对诸如癌症、糖尿病、心脑血管疾病、艾滋病、老年性疾病等一系列重大疑难疾病的挑战,化学家除了采用传统的随机筛选的途径寻找新药物之外,还以生命科学(如病理学、药理学)的研究成果为依据,借助计算机辅助设计技术进行合理的药物分子设计,从而大大提高了药物筛选的概率。近年来,化学家还将高通量合成与高通量筛选技术相结合,发展了组合化学技术,极大地加快了新药开发的速度。

随着人类基因组计划的完成和功能基因组学计划的启动,人类对付疾病的手段(包括治疗和诊断)无疑会发生革命性的变化。在后基因组时代,人们对生命化学基础的认识正呈现爆炸式的增长,这为我们研究、开发新的治疗药物提供了千载难逢的机遇。化学家已经从最近批准的治疗非胰岛素依赖型糖尿病(即Ⅱ型糖尿病)的药物如罗格列酮(rosiglitazone)和吡格列酮(pioglitazone)中对未来的后基因组治疗有了一些概念。Ⅱ型糖尿病患者对胰岛素产生了抵抗力,从而失去了对血糖水平的控制。罗格利酮和吡格列酮的作用是增加患者胰岛素的敏感性,从而增强对血糖的控制。研究表明,它们能够作为激动剂与一种存在于脂肪和肝脏等关键组织中的细胞核受体 PPAR-gamma 相互作用,调控那些控制葡萄糖产生、运输和利用的胰岛素响应基因的转录。这些药物利用细胞的信号传导机制,帮助机体恢复细胞的正常状态,即对胰岛素敏感。

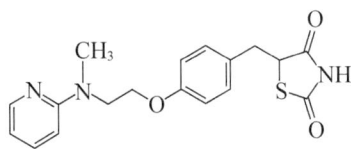

罗格列酮

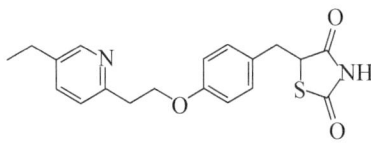

吡格列酮

需要指出的是,随着计算机技术的发展以及药物化学、分子生物学和计算化学的发展,计算机辅助药物分子设计已成为一个新兴和逐渐完善的研究领域,它的应用也提高了药物设计和新药开发的效率。它已成为帮助化学家"合理"设计药物不可或缺的手段,在药物设计中发挥了越来越重要的作用。

能延年益寿的分子

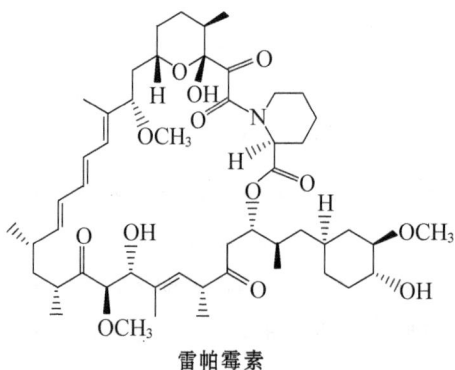

雷帕霉素

雷帕霉素(rapamycin)是从土壤放线菌中发现并提取的一种大环内酯类抗生素。在临床上,它能有效抑制器官移植带来的免疫反应。最近,美国缅因州杰克逊实验室 Harrison 教授发现雷帕霉素能延长小鼠的寿命（Harrison D E, et al, 2009）。此前,它已被证明在微生物、虫、蝇中有延长寿命的功效。现在,它在哺乳动物里的长寿功效也得到了肯定。雷帕霉素可以人工合成,全球有118家供应商,国内也可以大量生产。它将有望成为未来人类和其他生物的寿命延长剂或"长生不老药"。

4.2 医用高分子材料的发明

生物体内各种材料和部件有各自的生物功能,它们是"活"的,也是被整体生物控制的。生物材料中有的是结构材料,包括骨、牙等硬组织材料和肌肉、腱、皮肤等软组织,还有许多功能材料所构成的功能部件,例如眼球晶状体是由晶状蛋白包在上皮细胞组成的薄膜内而形成的无散射、无吸收、可连续变焦的广角透镜。生物体内生长着不同功能的材料和部件。在医用高分子材料研究领域,化学家与生物、医学和材料等多学科领域的科学家通力合作,通过模拟这些生物材料来设计和开发人工材料,它们可以做生物部件的人工代替物(如人工瓣膜、人工关节等)。植入体内的生物部件替代物首先必须具有生物相容性,而现代合成化学可以做到一定的生物相容性。例如,用聚乳酸作为可生物降解的类骨骼材料;用含氟人造血浆作为输血材料;用有机硅材料作为亲水性的隐形眼镜材料;用聚氨酯做成人造皮肤、人工血管等。高分子材料作为人工脏器、人工关节等医用材料正在逐步得到应用。

4.2.1 生物惰性高分子材料

第二次世界大战期间,英国眼科医生注意到由聚丙烯酸酯(如聚甲基丙烯酸甲酯,PMMA)做成的飞机窗体碎片戳入眼睛时,除外伤外,PMMA 本身对眼睛组织并没有造成任何由于排异反应而带来的副作用。于是,英国科学家里德利(H. Ridley)在 1949 年 11 月 29 日,内植了第一片用 PMMA 做成的人工晶体到白内障患者的眼睛里,这标志着人工晶体新技术的诞生。

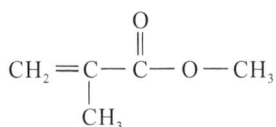

$$CH_2=\underset{\underset{CH_3}{|}}{C}-\overset{\overset{O}{\|}}{C}-O-CH_3$$

甲基丙烯酸甲酯

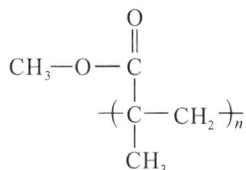

$$CH_3-O-\overset{\overset{O}{\|}}{C}-\left(\underset{\underset{CH_3}{|}}{C}-CH_2\right)_{\!\!n}$$

聚甲基丙烯酸甲酯,PMMA

　　自里德利发明第一片人工晶体以来,人工晶体取得了很大的进展。第一,在 2001 年全世界大约有 1500 万人次接受了白内障手术,手术成功率在 99% 以上,这是所有外科手术种类中接受手术人数最多的一种。第二,20 世纪 80 年代后期,可折叠式人工晶体问世,即形状记忆聚合物(shape memory polymer,SMP),它减小了手术剪切口的尺寸,降低了手术带来的伤害。

　　如图 4-4 所示,赋型后的热致感应型形状记忆高分子材料能够在加热到一定温度下受外力作用而变形,在变形状态下冷却,应力得到冻结,当再次加热到一定温度时,材料的应力得到释放,并能自动回复到原来的赋型状态(Lendlein A,et al,2002)。具有生物相容性的、形状记忆高分子材料为聚丙烯酸酯、硅橡胶等。

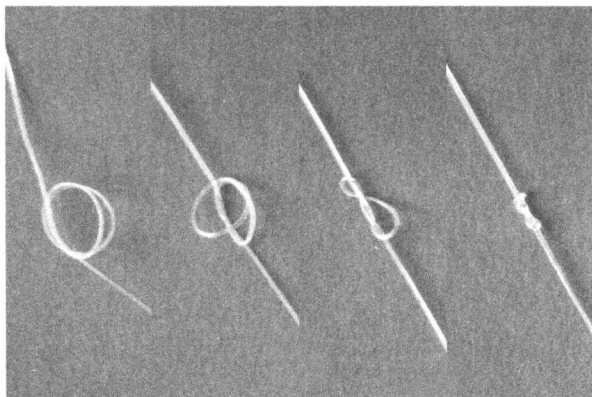

图 4-4　形状记忆效应

(引自:Lendlein A,et al,2002)

　　人工晶体不仅给白内障患者带来光明,而且给白内障病人的视力恢复带来极大的方便。例如,一个近视 1000 度(或远视 500 度)的白内障病人在手术后,就不需要戴 1000 度近视(或 500 度远视)的眼镜,因为人工晶体可以制成有屈光的光学镜体,纠正病人在手术前的屈光误差。

　　近几年来,为解决近视眼(或远视眼)患者摘下眼镜的问题,产生了许多新的屈光手术。例如,内植屈光透镜术就是将生物相容性的、具有热致感应型形状记忆的高分子材料制作成有一定屈光度的光学镜体,并植入眼睛(见图 4-5),可以植入于眼前房或眼后房,和自然晶体共同存在并起作用,达到矫正视力的目的,给近视(或远视)患者特别是高度近视(或高度远视)患者提供一种新的屈光矫正方法。和激光屈光矫正术(切除部分角膜)相比,它是一种可逆的屈光矫正术。

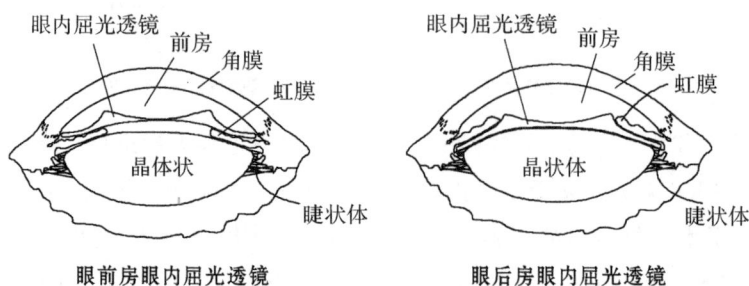

图 4-5　眼前房(左)和眼后房(右)的内植屈光透镜

从上述例子可以看出,形状记忆聚合物确实是一类特殊材料,它们可以被弯曲或扭曲成一种形状构型,并一直保持这种构型,直到在一定条件下再恢复其原来的形状。这种特性使其很适合应用于临床医学的许多领域,如根据患者的身体特征改变进入体内的导管或其他体内医用探头的形状,以减少这些医学器件对人体的不良作用。不过,当前的形状记忆聚合物有一个很大的缺点,那就是为了使其保持固定形状,其中的高分子链必须玻璃化成僵硬的材料,这样就与人体组织的机械特性差异很大,限制了它们在生物医学上的应用。

最近,化学家找到了一种简便的新方法来制备具有弹性的橡胶状形状记忆材料。他们将两种具有不同熔点和玻璃化转变温度的高分子材料组合在一起,这样在给定的温度下,一种高分子(热塑性聚氨酯)使该材料保持柔软的橡胶特性,而另一种高分子[熔点为 $56℃$ 的聚(ε-己内酯)]则会结晶硬化以支持材料的形状变化(Robertson J M,et al,2015)。如图 4-6 所示,这种新材料在加热至 $80℃$ 时会扭曲,一旦冷却就得到了另一种形状。如果再次加热,此材料又会恢复成原来的形状。通过选择不同的高分子材料组合,就可以控制得到一系列具有不同程度的刚度或硬度以及不同的转变温度的形状记忆体,可在很大适用范围内用于生物医学研究和检测治疗,而且可通过 3D 打印技术来加工。

图 4-6　一种柔而不软、塑而不僵的形状记忆聚合物

(引自:Robertson J M,et al,2015)

19 世纪中叶,冶金学、生物材料学、生物力学、矫形外科学等学科相结合诞生了人工髋关节置换术。20 世纪 50 年代初,人们用钴、铬和钼制成的金属(头)对金属(髋臼)的关节假体,虽然有效促进了人工髋关节的发展,然而由于金属对金属的磨屑太多而失败。1960 年,英国科学家强莱(J. Charnley)依据髋关节低摩擦理论设计出了由金属(钴、铬和钼)制作成股骨头和由聚四氟乙烯(商品名为 teflon)制作成髋臼的人工髋关节(见图 4-7 和图 4-8)。由于聚四氟乙烯的磨损率比较高,1962 年,他改用高密度聚乙烯研制成新型人工髋臼,手术置换时,用骨水泥(聚甲基丙烯酸甲酯)将金属柄固定,其成功促进了人工髋关节的临床应用和人工关节的生物力学研究,有效提高了股骨头坏死等病人的生活品质。

John Charnley
(现代人工髋关节置换术之父)

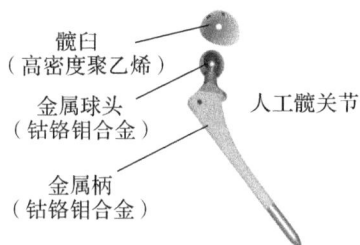

图 4-7　人工髋关节

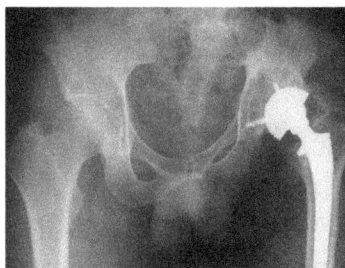

图 4-8　人体内的人工髋关节 X 光片

4.2.2　生物降解吸收性高分子材料

甲壳素(又称几丁质、壳多糖,chitin),化学名为 β-(1,4)-2-乙酰氨基-2-脱氧-D-葡聚糖(其外观见图 4-9),是来源于海洋无脊椎动物的外壳,以及真菌细胞壁、昆虫的外角质层和内角质层的一类天然高分子聚合物,它属于氨基多糖。甲壳素脱乙酰基后的产物称为壳聚糖(又称几丁聚糖,chitosan),化学名为 β-(1,4)-2-氨基-2-脱氧葡聚糖。

甲壳素

图 4-9　从蟹壳中提取的甲壳素

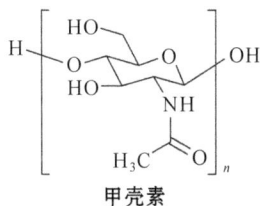

甲壳素和壳聚糖能为肌体组织中的溶菌酶所分解并被生物体所代谢,可用作吸收型

手术缝合线。它还具有促进伤口愈合的功能,可用作伤口包扎材料。甲壳素和壳聚糖经抽丝编织成膜后,可用于覆盖严重烧伤的皮肤创伤面,能减轻疼痛,并促进表皮形成,是一种高效的人造皮肤。临床试验表明,这种皮肤的移植成活率达 90% 以上。壳聚糖还可用作止血剂,经过壳聚糖溶液浸渍过的涤纶人工血管,植入人体后,很快就会形成凝血层。

虾、蟹壳是生产甲壳素的最主要途径之一。值得一提的是,蝇蛆也是优质甲壳素的来源之一。苍蝇作为人类天敌,传播疾病,但它自己从不生病。它含有抗菌肽、高蛋白、甲壳素、凝集素、溶菌酶等物质。美国加州的一个农场以养殖无菌蝇蛆为生,仅甲壳素分离提纯一项的年收入就达 30 亿美元。

虽然可生物降解并代谢的天然高分子材料具有良好的生物相容性和生物活性,但毕竟来源有限,不能适应快速发展的现代医疗事业的需求。因此,人工合成的生物可降解并代谢的高分子材料有了快速发展的空间。

乳酸(lactic acid,LA,其结构见图 1-15),分子中含有一个手性碳原子,有一对对映体(L-乳酸和 D-乳酸),由单纯 D-乳酸或 L-乳酸制备的聚乳酸具有光学活性,分别称为聚 D-乳酸(PDLA)和聚 L-乳酸(PLLA)。由消旋乳酸制备的聚乳酸称为聚 DL-乳酸(PLA),无光学活性。自然界存在的乳酸都是 L-乳酸,故用其制备的 PLLA 的生物相容性最好。聚乳酸能被生物体降解并代谢,具有一定分子量(约 100 万)的聚乳酸有一定的强度,能制作成可吸收钉和可吸收棒(见图 4-10)。可吸收钉和可吸收棒具有无须二次手术取出内固定物、安全可靠的生物相容性、不形成任何金属锈迹、无组织刺激性反应等优点。

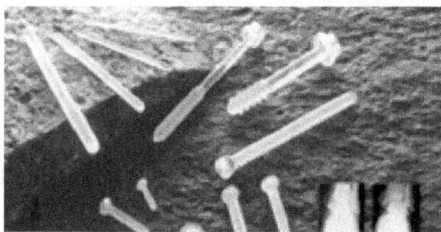

图 4-10　用聚乳酸制成的可吸收钉和可吸收棒

4.3　临床化学与医学影像

4.3.1　临床化学

临床化学包括对人体健康和患病时化学状态的研究,以及对用于诊断、治疗和预防疾病的化学实验方法的应用。早在 20 世纪初,许多化学家就开始对人体的化学组成以及体液相关化学成分含量的病理变化进行了系统研究。1918 年,第一本《临床化学》专著正式出版。1931 年,第一部《临床化学》教科书的问世标志着临床化学学科的形成。此后,国际上成立了相应的学术组织——国际临床化学学会(international federation of clinical chemistry，IFCC)。

临床生化检验是临床化学的主要内容之一。过去半个世纪以来,以分析化学和生物化学为基础的临床生化检验在全球各地医院里得到广泛应用,从而大大提高了医生诊断疾病的准确性。临床生化检验所应用的方法和技术主要是化学学科的成果。例如,在临床生化检验中常用的实验技术包括原子吸收光谱、发射光谱、离子选择性电极、各种免疫分析技术、毛细管电泳、飞行时间质谱等现代分析化学技术。

实际上,化学基础研究的许多成果已被用于临床生化检验中,其中包括 1993 年诺贝尔化学奖获奖成果——多聚酶链式反应技术(PCR 基因扩增技术)。利用这项技术,化验员只需抽取很少的病人血样就能检测到有关的生化指标。此外,临床化学家还发明了许多快速、灵敏、便捷的诊断试剂。

4.3.2　现代医学影像技术中的化学

现代临床诊断越来越依靠各种医学影像技术,如核磁共振影像(magnetic resonance imaging，MRI)、CT、正电子发射断层显像(positron emission tomography，PET)以及 X 光照相等。这些影像技术大多与化学密切相关,以下仅以 PET 为例来说明化学在这一重要应用领域的作用。

PET 是目前唯一用解剖形态学方式进行功能、代谢和受体显像并提供分子水平信息的医学影像技术,在临床诊断(Phelps M E，et al，1985；Phelps M E，2000)和药物研究等领域具有重要应用。PET 显像仪(见图 4-11)是利用回旋加速器加速带电粒子轰击靶核,产生带正电子的放射性核素。将正电子核素(它们多是人体组成的基本元素)及其标记的具有携带生物信息的人体生物活性物质(如糖、氨基酸、脂肪、核酸、配基或药物)等作为示踪剂引入机体,正电子核素在衰变过程中发射带正电荷的电子,正电子在机体组织中运行很短距离(2～3 毫米)后,即与体内的负电子结合,发生湮没辐射,产生一对能量相同但方向相反的 γ 光子。PET 采用复合探测技术探测到这一对光子,得到人体内不同脏器的核素分布信息,通过计算机进行图像重建处理,即得到人体内示踪剂的分布图像,从而反应机体组织功能、代谢信息。

PET 显像技术必须依赖化学家巧妙设计与合成的各种放射性标记的生物活性物质作为示踪剂。用于标记这些示踪剂的正电子同位素主要是半衰期较短的 $^{11}C(t_{1/2}=20.3$ 分钟)、$^{18}F(t_{1/2}=109.8$ 分钟)、$^{15}O(t_{1/2}=2.03$ 分钟)和 $^{75}Br(t_{1/2}=98.0$ 分钟)等,因此通常需要现制现用。用于受体显像的 PET 技术中所用的示踪剂大多是人或动物体内一些靶蛋白(如受体、转运蛋白、酶等)的放射性配体或底物。例如,L-DOPA 是多巴胺(这是人大脑中多巴胺受体的内源性激动剂)的一种衍生物,可通过血-脑屏障进入人的大脑,然后经脱羧酶水解后转化为多巴胺。用 ^{18}F 标记的 L-多巴,即 L-$[^{18}F]$多巴,已被用在临床上研究帕金森综合征。

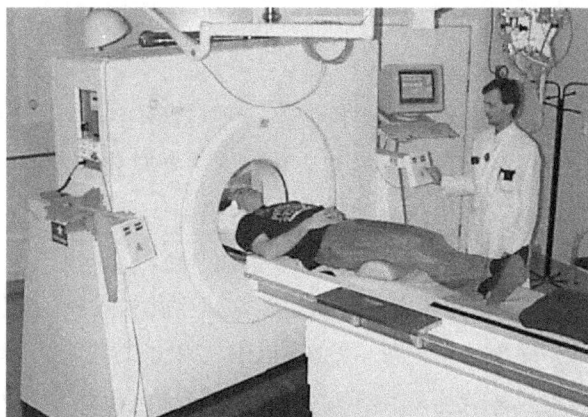

图 4-11　临床诊断中使用的正电子发射断层显像仪(PET)

用作功能、代谢显像的示踪剂一般是同位素标记的正常代谢物(如葡萄糖、氨基酸等)。例如,将葡萄糖分子中 2-位的羟基用 ^{18}F 取代而得到的氟代脱氧葡萄糖(18FDG)已被广泛用于测定人或动物的心肌血糖代谢。

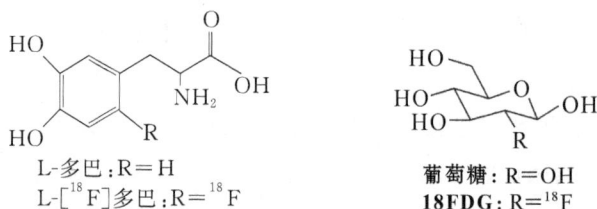

L-多巴:R＝H
L-[^{18}F]多巴:R＝^{18}F

葡萄糖:R＝OH
18FDG:R＝^{18}F

恶性肿瘤细胞由于代谢旺盛,导致对葡萄糖的需求增加,因此静脉注射 18FDG 后,大多数肿瘤病灶会表现为对 18FDG 的高摄取,从而可应用 18FDG PET-CT 显像早期发现全身肿瘤原发及转移病灶,准确判断其是良性还是恶性,从而正确指导临床治疗决策。

PET 技术具有许多优点:①发射正电子的核素 C、N、O 及 F(F 的生理行为类似于H)大多是人体组成的重要基本元素,应用正电子核素标记的生物活性物质做示踪检查合乎生理要求,不干扰人体组织代谢与内环境的平衡;②根据所用示踪剂的不同,PET 能够反映组织细胞的葡萄糖、氨基酸及核酸的代谢、血流分布、受体分布及 DNA 合成动力学,同时它也是基因研究、新药开发、活体大脑感觉及认知等了解生命活动的物质基础、探识疾病病因及本质的有力工具;③采用电子准直及复合探测技术,代替了铅栅准直,大大提高了探测效率,增加了图像的信息量,提高了空间分辨率(一般临床型 PET 的空间分辨率在 4～5 毫米);④一次成像可快速获得多层面的断层图像,从而可一目了然地了解机体生理或疾病的全身状况,尤其有利于肿瘤转移或复发的诊断;⑤可进行组织衰减校正、散射校正和时间衰变校正,从而可获得某一正常组织或病灶的多种功能参数,并对病变或正常组织、器官进行定量测定;⑥所用示踪剂的正电子核素为超短半衰期核素,人体检查所受的辐射剂量较低。

参 考 文 献

[1] Harrison D E，Strong R，Sharp Z D，et al. Rapamycin fed late in life extends lifespan in genetically heterogeneous mice［J］. *Nature*，2009，460（7253）：392-395.

[2] Lendlein A，Langer R. Biodegradable，elastic shape-memory polymers for potential biomedical applications［J］. *Science*，2002，296(5573):1673-1676.

[3] Phelps M E，Mazziotta J C. Positron emission tomography：human brain function and biochemistry［J］. *Science*，1985，228(4701):799-809.

[4] Phelps M E. Positron emission tomography provides molecular imaging of biological processes［J］. *Proceedings of the National Academy of Sciences of USA*，2000，97 (16):9226-9233.

[5] Robertson J M，Nejad H B，Mather P T. Dual-spun shape memory elastomeric composites［J］. *ACS Macro Letters*，2015，4(4)：436-440.

第5章　化学与生命

　　生命体系是最完美和最奥妙无穷的复杂体系。生命体系是以生命物质为基础而构成的,生命过程是无数化学变化的综合表现;活的生物体有储存和传递遗传信息、对内调节和对外适应、有效地利用环境中的物质与能量等功能,这些功能正是许多生物活性分子间有组织的化学反应的表现;在这些反应中,一种反应的产物构成了另一种反应的起点,而生命过程实质上就是一套在细胞内外发生的、由整体生物所调控的动态化学过程。在生命科学与化学的交叉领域里,化学家用自己的概念、原理和方法从分子水平上解码生命的奥秘。20 世纪以来,化学的直接参与导致了生物化学、分子生物学、化学生物学等一些新型交叉学科的兴起。

5.1　氨基酸与多肽的化学

　　人类对生命体中化学成分的研究早在 18 世纪就已经开始了。19 世纪后期,化学家已分离得到了一些纯的生物分子,还确定了一些单糖、氨基酸和嘌呤类化合物的分子结构。1899 年,德国化学家费歇尔(H. E. Fischer,1902 年诺贝尔化学奖得主)就已开始研究蛋白质的结构。此时,已知有十多种氨基酸是从蛋白质上水解得到的。费歇尔确信氨基酸是组成蛋白质的原材料。问题是如何从对水解产物的分析中推断出蛋白质的完整结构,这在今天仍然是蛋白质化学的一项重要工作,特别是蛋白质组研究。当时进行这项工作的主要困难是缺乏分离各种蛋白质水解产物的满意方法。1901 年,费歇尔发现通过酯化反应对水解产物(即氨基酸)进行酯化修饰后,所得衍生物可在不改变氨基酸组成的情况下用蒸馏法进行分开。费歇尔用这种方法不仅证明了某些氨基酸是蛋白质的水解产物,而且获得了比较纯的样品,还能估算出蛋白质中不同氨基酸的数量。此后,费歇尔还发展了肽键学说,指出各种氨基酸以肽键相连,形成各种各样的蛋白质。1907 年,费歇尔用他发明的方法合成出含有 18 个氨基酸的多肽,并相信随着人工合成的继续进行,人们将最终搞清蛋白质的内在结构。

　　蛋白质是生命活动的主要承担者,一切生命活动无不与蛋白质有关。新陈代谢是生命活动的主要特征,而构成新陈代谢的所有化学变化,都是在酶(enzyme)的催化下进行的。除最近发现的极少数具有催化功能的核酸以外,所有的酶都是蛋白质。生长、运动、呼吸、免疫、消化、光合作用,以及对外界环境变化的感觉,并做出必要的反应等,都必须依靠蛋白质来实现。虽然遗传信息的携带者是核酸,但遗传信息的传递和表达不仅是在蛋白质(酶)的催化之下,而且也是在蛋白质(调控蛋白)的调节控制下进行的。蛋白质的另一个主要生物学功能是作为有机体的结构成分。在高等动物里,胶原纤维是主要的细胞外结构蛋白,参与结缔组织和骨骼作为身体的支架。细胞内的片层结构,如细胞膜、线粒体和叶绿体等都是由不溶性蛋白质与脂质组成的。此外,有些蛋白质具有激素的功能,如胰岛素参与血糖的代谢调节,能降低血液中葡萄糖的含量;有些蛋白质如肌球蛋白和肌动蛋白则是肌肉收缩系统的必要成分;有些蛋白质被称为抗体或免疫球蛋白,它们能够通过免疫反应构成有机体的一种自我防御机能。

几乎所有的蛋白质都是由不同数目的氨基酸以肽键(即酰胺键)连接而成的生物大分子化合物。自然界中至少存在 500 种氨基酸,但从细菌到人,构成生物蛋白质的氨基酸仅有 20 种(见表 5-1),它们同时含有氨基($-NH_2$)和羧基($-COOH$)。这些氨基酸在结构上的共同特点是氨基均连在与羧基相邻的 α-碳原子上,因而称为 α-氨基酸,结构通式如下:

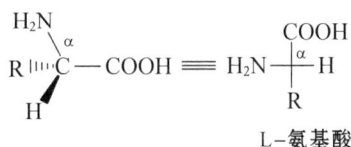

L−氨基酸

上式中:R 是每种氨基酸的特性基团。最简单的氨基酸是甘氨酸,其中的 R 是氢原子。除甘氨酸外,其他氨基酸为手性分子,有一对对映异构体,即 L-氨基酸和 D-氨基酸。然而,天然的手性氨基酸全部都是 L-氨基酸。

表 5-1　20 种常见氨基酸的结构和名称

结构式	中文名	英文名	三字符	单字符
CO_2H H_2N——H H	甘氨酸	glycine	Gly	G
CO_2H H_2N——H CH_3	丙氨酸	alanine	Ala	A
CO_2H H_2N——H $CH(CH_3)_2$	缬氨酸*	valine	Val	V
CO_2H H_2N——H $CH_2CH(CH_3)_2$	亮氨酸*	leucine	Leu	L

续表

结构式	中文名	英文名	三字符	单字符
CH_2CH_3 异亮氨酸*	isoleucine	Ile	I	
苯丙氨酸*	phenylalanine	Phe	F	
脯氨酸	proline	Pro	P	
酪氨酸	tyrosine	Tyr	Y	
色氨酸*	tryptophan	Trp	W	
丝氨酸	serine	Ser	S	
苏氨酸*	threonine	Thr	T	
天冬氨酸	aspartic acid	Asp	D	
谷氨酸	glutamic acid	Glu	E	
天冬酰胺	asparagine	Asn	N	
谷氨酰胺	glutamine	Gln	Q	
半胱氨酸	cysteine	Cys	C	

续表

结构式	中文名	英文名	三字符	单字符
$\begin{array}{c} CO_2H \\ H_2N-\!\!\!\!\!-\!\!\!\!\!-H \\ CH_2CH_2SCH_3 \end{array}$	蛋氨酸*	methionine	Met	M
$\begin{array}{c} CO_2H \\ H_2N-\!\!\!\!\!-\!\!\!\!\!-H \\ CH_2CH_2CH_2CH_2NH_2 \end{array}$	赖氨酸*	lysine	Lys	K
$\begin{array}{c} CO_2H \\ H_2N-\!\!\!\!\!-\!\!\!\!\!-H \quad\quad NH \\ CH_2CH_2CH_2NHCNH_2 \end{array}$	精氨酸	arginine	Arg	R
$\begin{array}{c} CO_2H \\ H_2N-\!\!\!\!\!-\!\!\!\!\!-H \\ CH_2 \quad NH \\ N \end{array}$	组氨酸	histidine	His	H

注:"*"表示必需氨基酸。

在如表 5-1 所示的氨基酸中,有 8 种是人体不能合成的,而必须从食物中得到,如果缺少这些氨基酸,会由于缺乏营养而引起病症,因此称为必需氨基酸(在表 5-1 中用"*"号表示)。人食用蛋白质后,蛋白质在消化道内全部水解为氨基酸,然后被各组织吸收,并用来合成各组织自身的蛋白质。人们可以从不同的食物中摄取不同的必需氨基酸,但不能从同一种食物中得到所有的必需氨基酸,因此平衡饮食是非常重要的。

在蛋白质的结构中,氨基酸通过肽键(即酰胺键)联结在一起。例如,由一分子甘氨酸的羧基与一分子丙氨酸的氨基失水缩合得到一个二肽,称为甘氨酰-丙氨酸(Gly-Ala);同样,由甘氨酸、苯丙氨酸和丙氨酸可形成一个三肽,称为甘氨酰-苯丙氨酰-丙氨酸(Gly-Phe-Ala)。每形成一个肽键就失去一分子水。

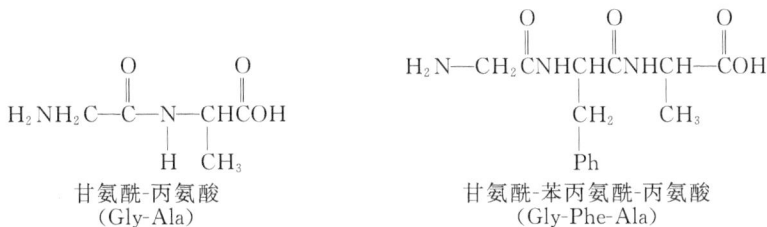

$$\begin{array}{ccc} & O & O \\ & \| & \| \\ H_2NH_2C-C-N-CHCOH \\ & | & | \\ & H & CH_3 \end{array}$$
甘氨酰-丙氨酸
(Gly-Ala)

$$\begin{array}{ccc} O & O & O \\ \| & \| & \| \\ H_2N-CH_2CNHCHCNHCH-COH \\ & | & | \\ & CH_2 & CH_3 \\ & | & \\ & Ph & \end{array}$$
甘氨酰-苯丙氨酰-丙氨酸
(Gly-Phe-Ala)

由 3 个氨基酸连成的肽叫作三肽,依此类推,由多个氨基酸连成的肽叫作多肽,所形成的链叫作肽链。由于肽链中的氨基酸已不是氨基酸的原形,因而被称为氨基酸残基。如果你怀疑千变万化、丰富多彩的生命世界怎么可能由仅仅 20 种氨基酸构成的蛋白质所体现,那么一个简单的计算就可以回答这个问题。首先,由两种不同的氨基酸如甘氨酸和丙氨酸形成二肽时,可形成如下两种不同的二肽:

$$\begin{array}{cccc} & O & O \\ & \parallel & \parallel \\ H_2NCH_2CNHCHCOH \\ & | \\ & CH_3 \end{array}$$

甘氨酰-丙氨酸（Gly-Ala）

$$\begin{array}{cccc} & O & O \\ & \parallel & \parallel \\ H_2NCHCNHCH_2COH \\ & | \\ & CH_3 \end{array}$$

丙氨酰-甘氨酸（Ala-Gly）

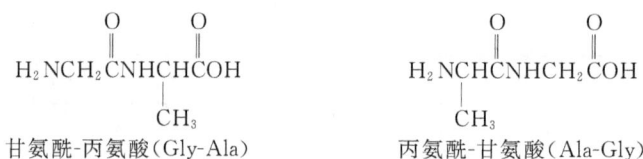

由 3 种不同的氨基酸组成的三肽有 6 种。一个仅含有 100 个氨基酸残基的蛋白质几乎是最小的蛋白质，但是在这样的一个小蛋白质中，20 种不同氨基酸的排列有 20^{100}（即 10^{130}）种不同的方式。也就是说，20 种不同的氨基酸可以构成 10^{130} 种不同的蛋白质，这是一个极其巨大的天文数字。即使每种蛋白质只有一个分子，它的总质量也将达到 10^{100} 吨。这个质量是地球质量的 10^{78} 倍，是太阳系总质量的 10^{72} 倍。不但在地球上生命进化的 40 亿年过程中所有的蛋白质不会超过这个质量，再过 40 亿年还是不会超过这个质量。何况这里只不过考虑了最小的蛋白质而已。在自然界中，虽然由一组氨基酸可能形成许多种不同的蛋白质，但活细胞将只选择制造相对少数的特殊种类蛋白质。生物界蛋白质的种类估计在 $10^{10} \sim 10^{12}$ 数量级。

5.2 揭秘胰岛素的化学结构

从 20 世纪 40 年代开始，化学家在氨基酸和多肽的分子结构与合成研究的基础上，开始向生物大分子蛋白质进军。化学家建立了蛋白质结晶、分离纯化的方法，进而测定蛋白质的结构，并进行人工合成蛋白质研究。在此方面，牛胰岛素的分子结构测定和人工合成就是一个很好的例子。

1948 年，英国化学家桑格（F. Sanger）选择了一种分子量小，但具有蛋白质全部结构特征的牛胰岛素作为实验的典型材料进行研究。1952 年，他确定了牛胰岛素分子的两条链上所有氨基酸的排列次序以及这两个链的结合方式。1951 年，他宣布破译出由 17 种 51 个氨基酸组成的两条多肽链牛胰岛素的全部结构。这两条链分别是：A 链为 21 肽，其中含 4 个半胱氨酸残基，B 链为 30 肽，有 2 个半胱氨酸残基，它们通过两个二硫键"桥"连接起来。这是人类第一次搞清一种重要蛋白质分子的全部结构。桑格也因此荣获 1958 年诺贝尔化学奖。

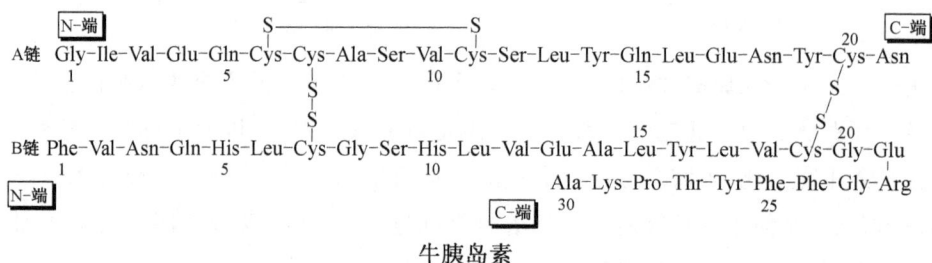

A链 Gly-Ile-Val-Glu-Gln-Cys-Cys-Ala-Ser-Val-Cys-Ser-Leu-Tyr-Gln-Leu-Glu-Asn-Tyr-Cys-Asn

B链 Phe-Val-Asn-Gln-His-Leu-Cys-Gly-Ser-His-Leu-Val-Glu-Ala-Leu-Tyr-Leu-Val-Cys-Gly-Glu-Ala-Lys-Pro-Thr-Tyr-Phe-Phe-Gly-Arg

牛胰岛素

　　人胰岛素与牛胰岛素的结构相似,只有三个氨基酸不同:A 链 8 位由苏氨酸(Thr)代替丙氨酸(Ala),10 位由异亮氨酸(Ile)代替缬氨酸(Val),B 链的 30 位由苏氨酸(Thr)代替丙氨酸(Ala)。胰岛素是人和动物胰腺中胰岛 β 细胞受内源性或外源性物质(如葡萄糖、乳糖、核糖、精氨酸、胰高血糖素等)的刺激而分泌出来的一种激素,其相对分子质量约为 6000,应只是一个多肽,但它在溶液中受金属离子(如 Zn^{2+})的作用,迅速结合为相对分子质量约 12000 的质点,故胰岛素被认为是最小的蛋白质。它能够增加肝、肌肉和脂肪细胞膜的通透性,促进葡萄糖等物质从细胞外向细胞内转运,加速了葡萄糖的代谢,使血糖水平降低。因此,胰岛素已被用来治疗糖尿病。

5.3　人工全合成牛胰岛素——与诺奖擦肩而过的中国传奇

　　在桑格荣获诺贝尔奖的当年,我国启动了一项重大研究计划——牛胰岛素的人工全合成。由中国科学院上海有机化学研究所、中国科学院生物化学研究所、北京大学化学系等单位近百人组成的"研究兵团"经过 6 年多的艰苦工作,终于在 1965 年 9 月 17 日第一次用人工方法合成了结晶牛胰岛素。小鼠惊厥实验证明了,人工合成的牛胰岛素确实具有和天然牛胰岛素相同的生物活性。

　　蛋白质研究一直被喻为破解生命之谜的关键。结晶牛胰岛素的人工合成标志着人类在认识生命、探索生命奥秘的道路上又迈出了关键性的一步,开辟了人工合成蛋白质的时代,在生命科学发展史上产生了重大的意义和影响。

　　牛胰岛素的人工合成在当时蛋白质化学研究领域处于世界领先地位,国内外不少著名科学家都认为,我国科学家所取得的这一重大成果应该是"诺贝尔奖级"的成果。然而,由于种种原因(其中也包括政治方面的原因),这项成果与诺奖擦肩而过。

　　牛胰岛素的人工全合成是中国科学家在 20 世纪 50 年代末至 60 年代中那个非常特殊的年代,在实验手段、资源信息基本匮乏的情况下,以国内自身力量最终完成的。这项成果无论从团结协作精神、无私奉献精神、科学探索精神,还是从严谨求实的科学作风的角度去解读,都会令人对老一辈科学家充满敬佩。在那个时代中国科学家能够完成这样赶超世界前沿的工作,这足以使其成为中国科学史上的一个传奇神话。2015 年 9 月 17 日,中国邮政"人工全合成结晶牛胰岛素五十周年"纪念邮票首发仪式在上海举行,该纪念邮票 1 套 1 枚,面值为 1.20 元(见图 5-1)。2015 年 9—11 月,北京、上海等地都举行了专门的人工全合成牛胰岛素 50 周年纪念活动。犹如当年的"两弹一星精神"一样,"胰岛素精神"也是新一代科技工作者需要发扬的科学精神。

图 5-1 "人工全合成结晶牛胰岛素五十周年"纪念邮票

5.4 蛋白质的高级结构

每一个蛋白质分子还有一定的空间结构。也就是说,蛋白质分子中的肽链并不是一条直链,而是卷曲、堆积成一定的三维结构。由于多肽链中的 C—C、C—N 单键可以绕着键轴自由旋转,从而形成蛋白质的三维结构。图 5-2 为肌红蛋白——一种球状蛋白的三维结构示意图。

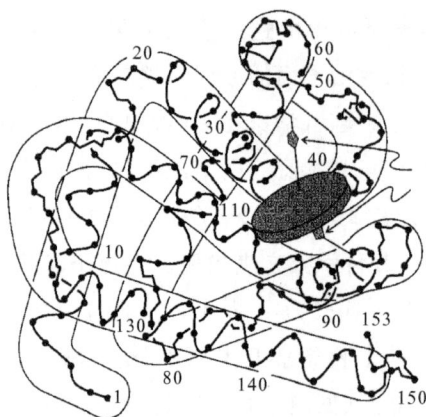

图 5-2 肌红蛋白的三维结构

研究蛋白质的三维结构具有非常重要的意义。蛋白质三维结构的揭示有助于从分子水平阐明其生理学功能,从而了解生命过程的细节。例如,在过去很长一段时间内,人们普遍认为细胞内外的水分子是以简单扩散的方式透过脂双层膜。后来,人们发现某些

86

细胞在低渗溶液中对水的通透性很高,这一现象很难以简单扩散来解释。人们将红细胞移入低渗溶液中,发现它很快因吸水膨胀而溶血,但水生动物的卵母细胞在低渗溶液中却不会膨胀。于是,人们推测水的跨膜转运除了简单扩散外,还存在一种称为"水通道"的途径。1988 年,美国科学家阿格雷(P. Agre)首次发现了一种疏水性跨膜蛋白,称为 CHIP28(channel-forming integral membrane protein)。1991 年,他得到 CHIP28 的 cDNA 序列,阿格雷将 CHIP28 的 mRNA 注入非洲爪蟾的卵母细胞中,在低渗溶液中,卵母细胞迅速膨胀,并于数分钟内破裂。他还发现,若将纯化的这种跨膜蛋白置入脂质体,也会得到同样的结果。细胞的这种吸水膨胀现象会被二价汞离子抑制,这正是已知的抑制水通透的处理措施。目前,在人类细胞中已发现的此类蛋白有十余种,它们被命名为水通道蛋白(aquaporin,AQP),均具有选择性地让水分子通过的特性。

2003 年,阿格雷与另一位美国科学家麦金农(R. MacKinnon)因发现了细胞膜水通道(见图 5-3 左),以及他们对离子通道(见图 5-3 右)结构及其机理研究做出的开创性贡献而荣获诺贝尔化学奖。这个重大发现开启了细菌、植物和哺乳动物水通道的生物化学、生理学和遗传学研究之门。然而,由于蛋白质的三维结构大多相当复杂,迄今为止测定蛋白质的三维结构对化学家来说仍然是一个极大的挑战。

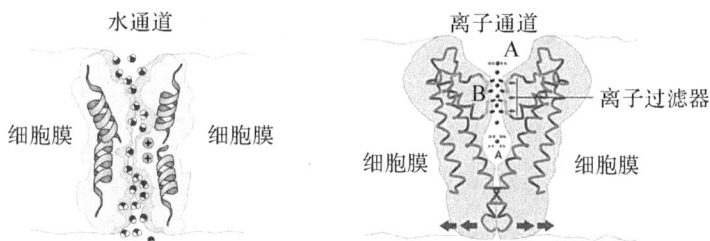

图 5-3　穿越细胞膜的水通道和离子通道结构

5.5　酶的化学

在生命活动中,构成新陈代谢以及遗传信息传递和表达的所有化学变化都是在酶的催化下进行的。除最近发现的极少数具有催化功能的核酸外,几乎所有的酶都是球状蛋白质。酶是天然的、最有效的生物催化剂,没有任何人工催化剂能够像酶那样在很温和的生理条件下具有那么强的催化效能。酶催化反应速率比与其相似的非酶催化反应速率高 $10^{10} \sim 10^{14}$ 倍。一个 β 淀粉酶分子每秒钟可催化断裂直链淀粉中的 4000 个键。除高效性外,酶反应还具有高度的专一性。麦芽糖酶只能催化麦芽糖水解为两分子葡萄糖,这是麦芽糖酶的唯一功能,而其他的酶却不能代替它。

酶结构的确定是酶化学的重要任务之一。研究表明,有些酶除了蛋白质部分外,还含有被称为辅酶的部分。辅酶可以是一种金属离子,如 Co^{2+}、Fe^{3+}、Mg^{2+}、Zn^{2+} 等,也可以是部分的由维生素组成的小分子化合物,如 B_{12} 辅酶。要使酶具有活性,酶的蛋白部分必须先与辅酶结合,但两者在催化反应中所起的作用不同。酶反应的专一性取决于酶蛋白本身,而辅酶则直接对电子、原子或某些化学基团起传递作用。

了解蛋白酶的三维结构可以为人类健康带来直接的帮助。虽然酶的精确分子结构赋予它识别其底物的高度选择性,但许多情况下酶的功能可以被与其底物结构相似的分子抑制,这样的分子就有可能发展成为治疗与它所抑制的酶有关的疾病。例如,1989 年化学家通过 X-射线单晶衍射技术确定了人体免疫缺陷病毒(HIV-I)中天冬氨酸酶的三维结构,这个蛋白酶是 HIV-I 病毒复制所必需的。将从 X-射线晶体结构分析得到的三维结构信息与计算机建模技术相结合,化学家设计出有效的选择性抑制剂来抑制这个蛋白酶。在计算机模型上,所设计的抑制剂分子能够"对接"到酶的活性中心靶点上。由此而发明的一些蛋白酶抑制剂已成为目前治疗艾滋病的主要药物。

化学学科在酶的发现、结构、作用机理以及模拟酶方面已经取得了很多进展,但迄今所研究的酶只是天然存在的酶中的一小部分。即使许多已研究过的酶,也只了解其一部分结构。

在酶的应用方面,化学家不仅能够利用纯化的酶来催化有机反应、合成所需要的化合物,而且还能够利用微生物发酵法大规模生产抗生素类药物,如青霉素、阿维菌素、辅酶 Q10 等。目前,随着固定化酶技术的发展,酶法合成已在工业应用中获得巨大效益,很多氨基酸、抗生素、有机酸等重要化工和医药产品都可用固定化酶技术来生产。生物催化高效、污染少,因而在工业上具有广阔应用前景。今后,发现新的酶,深入研究其结构,开发其在药物筛选领域和在工业催化方面的应用功能,仍将是化学家的重要任务。

5.6　DNA 双螺旋结构的故事

核酸是遗传信息的承担者,核酸分子是由许许多多核苷酸通过磷脂键相连接的长链,就像蛋白质是由氨基酸通过肽键连接而成的一样。而每一个核苷酸又由碱基、戊糖和磷酸三部分组成。根据戊糖的结构不同,核酸被分为两大类:含核糖的核糖核酸(RNA)和含脱氧核糖的脱氧核糖核酸(DNA)。DNA 和 RNA 分别含四种碱基。在DNA 分子中的碱基是腺嘌呤(A)、鸟嘌呤(G)、胸腺嘧啶(T)和胞嘧啶(C)。RNA 分子中的碱基除以尿嘧啶(U)代替胸腺嘧啶外,其余三种与 DNA 分子中的完全相同(见表5-2)。DNA 主要存在于细胞核中,是组成染色体的主要成分,而 RNA 主要存在于核外细胞质中。

表 5-2　两类核酸的基本化学组成

核酸	DNA				RNA			
核苷酸 （基本单元）	腺嘌呤脱 氧核苷酸	鸟嘌呤脱 氧核苷酸	胞嘧啶脱 氧核苷酸	胸腺嘧啶 脱氧核苷酸	腺嘌呤 核苷酸	鸟嘌呤 核苷酸	胞嘧啶 核苷酸	尿嘧啶 核苷酸
碱基	腺嘌呤 （A）	鸟嘌呤 （G）	胞嘧啶 （C）	胸腺嘧啶 （T）	腺嘌呤 （A）	鸟嘌呤 （G）	胞嘧啶 （C）	尿嘧啶 （U）
戊糖	D-2-脱氧核糖				D-核糖			
酸	磷酸				磷酸			

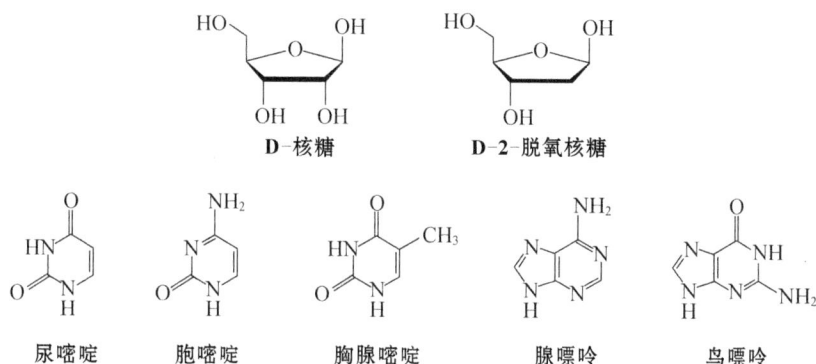

D-核糖　　　D-2-脱氧核糖

尿嘧啶　　胞嘧啶　　胸腺嘧啶　　腺嘌呤　　鸟嘌呤

核酸的一级结构是指组成核酸的诸核苷酸（DNA 和 RNA 的重复单元）之间连键的性质以及核苷酸排列的顺序。DNA 的一级结构是由数量极其庞大的 4 种脱氧核糖核苷酸彼此连接起来的直线型或环型分子，如图 5-4 所示。RNA 的一级结构与 DNA 相似。

DNA 分子中简单的字母排序（即一级结构顺序）只能提供一部分生命的信息，三维结构的细节对于理解生命的化学过程更为重要。1953 年，《自然》杂志发表了美国学者沃特森（J. Watson）和英国学者克里克（F. H. C. Crick）提出的 DNA 双螺旋结构的分子模型，称为 Watson-Crick 双螺旋（见图 5-5），他们还利用 X-射线单晶衍射分析确定了这一重要生命物质的空间结构。根据此模型，DNA 以双股核苷酸链形式存在，在双链之间存在着根据其碱基性质严格的两两配对关系：一条链上的碱基 A 与另一条链上的碱基 T 之间通过两个氢键配对，同时，G 与 C 之间通过三个氢键配对。这种碱基之间相互匹配的关系称为碱基互补。DNA 的两条链为反方向的，都呈右手螺旋。链之间的螺旋形成凹槽，一条较深，一条较浅。碱基层叠于螺旋内侧，其平面与螺旋的纵轴垂直，此称为碱基堆积。碱基之间的堆积距离为 0.34 纳米。磷酸基与脱氧核糖在双螺旋的外侧，构成双螺旋的骨架。双螺旋的直径为 2 纳米，沿中心轴每旋转一周有 10 个核苷酸，距离（即螺距）为 3.4 纳米。

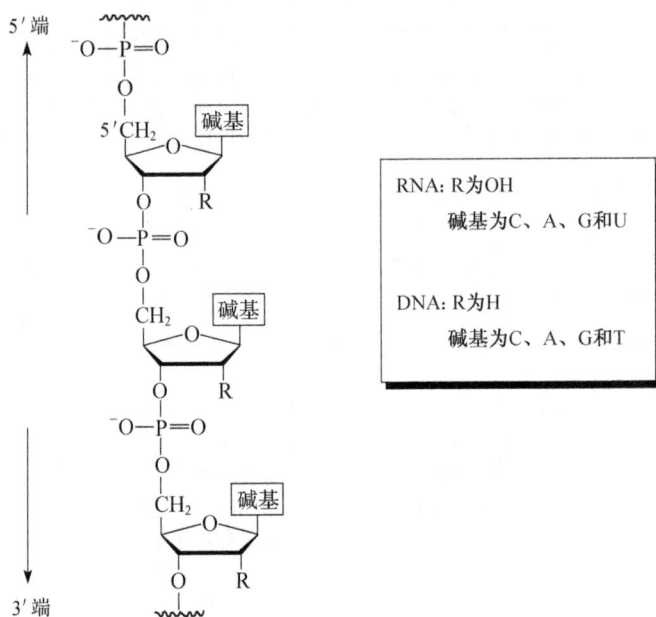

图 5-4　DNA 和 RNA 多核苷酸链的一个小片段

　　DNA 双螺旋结构在生理状态下是很稳定的。首先,维持这种稳定性的主要力量是碱基堆积作用。嘌呤与嘧啶碱基形状扁平,呈疏水性,分布于双螺旋结构内侧。大量碱基层层堆积,两个相邻碱基的平面十分贴近,于是使双螺旋结构内部形成一个强大的疏水区,与介质中的水分子隔开。其次,大量存在于 DNA 分子中的其他弱键在维持双螺旋结构的稳定上也起一定作用。这些弱键包括互补碱基对之间的氢键、磷酸基团上的负电荷与介质中的阳离子之间形成的离子键和范德华力等。

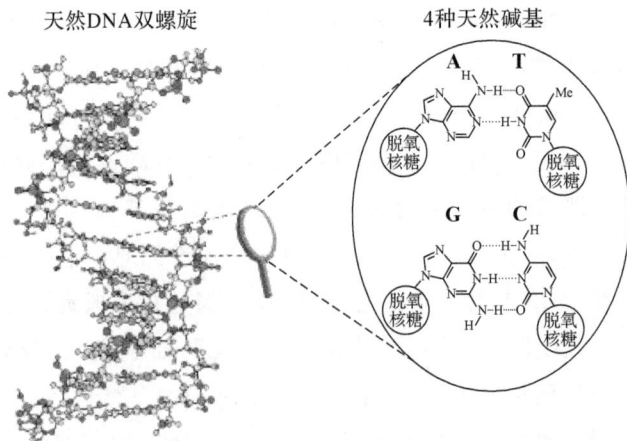

图 5-5　DNA 双螺旋结构模型

　　DNA 双螺旋结构是基因复制和基因表达的基础,它把基因复制与蛋白质的生物合成联系了起来,从分子水平上揭示了生命现象的一部分奥秘。这是生命科学发展的一个里程碑。沃特森和克里克因此而获得了 1962 年诺贝尔生理学或医学奖。

　　多年来,科学家一直致力于发展完全人造的 DNA 双螺旋结构,以利用其惊人的信息储存能力来制造未来的纳米电脑和其他高科技装备。日本富山大学的化学家用百分之百的人造碱基(非天然碱基)代替天然碱基合成出人造 DNA,同时发现这种人造 DNA 能够形成非常稳定的双螺旋结构,并且像天然 DNA 一样,也是右手螺旋结构(见图 5-6)(Doi Y,et al,2008)。

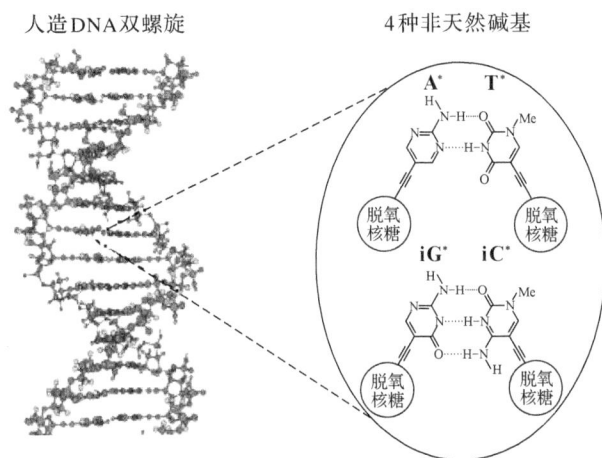

图 5-6　人造 DNA 双螺旋结构

DNA 分子有多长?

　　DNA 分子的长度可用电子显微镜直接测量。天然 DNA 分子往往很长。大肠杆菌染色体 DNA 由 4×10^6 个碱基对组成,分子量为 2.6×10^9,长度为 1.4mm。人的 DNA 分子由 2.9×10^9(约 30 亿)个碱基对组成,长度为 0.99m。若把组成我们每一个人体的约 3×10^{14} 个细胞中的 DNA 长度总加起来,其长度可以自地球到太阳来回 100 次以上,这是一个多么惊人的天文数字。可是,当这么长的 DNA"云梯"分散在一个人体的几千亿细胞中时,若不借助电子显微镜是无法找到它们的。

5.7 遗传密码的破译与中心法则的揭示

化学家对活细胞中生物分子的分析导致了 20 世纪 60 年代分子生物学领域的两项重大发现:一是遗传密码的破译,二是信息流程图——中心法则(genetic central dogma)的揭示。

首先,生物体的遗传信息以密码的形式储存在 DNA 分子上,表现为特定的核苷酸排列顺序;并通过 DNA 的复制由亲代传递给子代。所谓复制,就是以原来 DNA 分子为模板合成出相同分子的过程。DNA 双螺旋结构两条链之间的碱基彼此互补,复制时双链解开,每条链都可以作为模板,按照 Watson-Crick 碱基对原则,合成出一条互补的新链。这样新形成的两个子代 DNA 分子就与原来 DNA 分子的碱基顺序完全一样。在此过程中(见图 5-7),每个子代双链 DNA 分子中的一条链来自亲代 DNA,另一条则是新合成的,这种复制方式称作半保留复制。

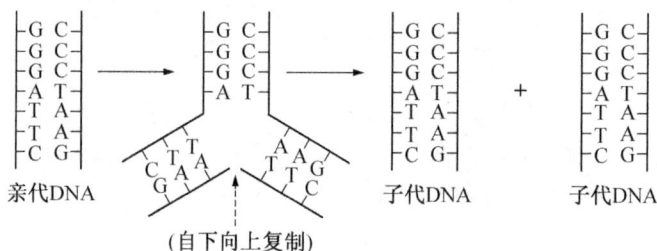

图 5-7 DNA 分子半保留复制

蕴藏于 DNA 的遗传信息传递给 RNA 分子,然后再传递给蛋白质,蛋白质是遗传信息的体现者或产物,这就是基因表达的基本步骤。与 DNA 的复制类似,RNA 分子也可以与 DNA 分子互补配对,只是以尿嘧啶替换胸腺嘧啶来与腺嘌呤配对。这样以 DNA 为模板,就可以合成出与 DNA 序列完全互补的 RNA 分子,这种 RNA 分子也就具有了从 DNA 来的遗传信息,称为信使 RNA(即 mRNA)。这是基因表达的第一步,也是最关键的一步。

作为生命活动承担者的蛋白质是怎样接受遗传信息的呢? 它的结构与核酸完全没有相似之处。后来人们发现在核酸中的核苷酸序列与蛋白质中的氨基酸序列之间,存在着以三个一定顺序的核苷酸决定一个氨基酸的对应关系,这就是遗传密码问题。遗传密码的破译先后经历了 20 世纪 50 年代的数学推理阶段和 1961—1965 年的实验研究阶段。

核酸是由 4 种含不同碱基的核苷酸构成的多核苷酸,而蛋白质是由 20 种氨基酸构成的多肽。核酸密码问题就是 mRNA 分子中的 4 种核苷酸决定蛋白质上的 20 种氨基酸的问题。显然,如果一种碱基决定一种氨基酸,那就只能决定 4 种氨基酸。如果 2 种碱基配合来决定一种氨基酸,也只有 16(即 4^2)个配合,还不够决定 20 种氨基酸。因此,至少要有 3 个碱基的组合(即 4^3)才能决定 20 种氨基酸。3 个碱基的组合有 64 个。这就是以 4 个碱基为字母(即 U、C、A、G 4 个碱基字母),组成 3 个字母的"字",可写出 64 个"字"。如果每个"字"说明一种氨基酸,64 个"字"就应该说明 64 种氨基酸。但氨基酸只有 20 种,因此应该有几个不同的"字"都可说明同一种氨基酸的情况存在。三个碱基组合在一起的编码方式,称为三联体密码或密码子。1961 年,Brenner 和 Crick 根据 DNA 链与蛋白质链的共线性,首先肯定了三个核苷酸的推理。1962 年,Crick 用 T4 噬菌体侵染大肠杆菌,发现蛋白质中的氨基酸顺序是由相邻三个核苷酸为一组遗传密码来决定的。由于三个核苷酸为一个信息单位,有 $4^3＝64$ 种组合,足够 20 种氨基酸用了。

1965 年,科学家完全确定了编码 20 种天然氨基酸的 60 多组密码子,编出了遗传密码字典(见表 5-3)。从表中可以看出,除甲硫氨酸和色氨酸各由一种密码子编码外,大多数氨基酸可由两种以上的密码子来决定,例如,亮氨酸有 UUA、UUG、CUU、CUC、UCA、CUG 6 个密码子。这种现象称为密码的"兼并"。此外,还有三种密码子 UAA、UAG 和 UGA,它们不编码任何氨基酸,而起着终止密码的作用。AUG 除为多肽链中蛋氨酸编码外,还起到起始密码的作用。

表 5-3　遗传密码字典

5′-磷酸末端的碱基	中间的碱基				3′-OH 基末端的碱基
	U	C	A	G	
U	苯丙氨酸	丝氨酸	酪氨酸	半胱氨酸	U
	苯丙氨酸	丝氨酸	酪氨酸	半胱氨酸	C
	亮氨酸	丝氨酸	终止信号	终止信号	A
	亮氨酸	丝氨酸	终止信号	色氨酸	G
C	亮氨酸	脯氨酸	组氨酸	精氨酸	U
	亮氨酸	脯氨酸	组氨酸	精氨酸	C
	亮氨酸	脯氨酸	谷氨酰胺	精氨酸	A
	亮氨酸	脯氨酸	谷氨酰胺	精氨酸	G
A	异亮氨酸	苏氨酸	天冬酰胺	丝氨酸	U
	异亮氨酸	苏氨酸	天冬酰胺	丝氨酸	C
	异亮氨酸	苏氨酸	赖氨酸	精氨酸	A
	蛋氨酸	苏氨酸	赖氨酸	精氨酸	G
G	缬氨酸	丙氨酸	天冬氨酸	甘氨酸	U
	缬氨酸	丙氨酸	天冬氨酸	甘氨酸	C
	缬氨酸	丙氨酸	谷氨酸	甘氨酸	A
	缬氨酸	丙氨酸	谷氨酸	甘氨酸	G

遗传信息由 DNA 到 RNA 再到蛋白质的过程是分子生物学的核心,这个规律被称为"中心法则"(见图 5-8)。由于 DNA 和 RNA 都是由四种核苷酸(字母)组成的,好像是同一种文字的两种写法,因此从 DNA 到 RNA 的过程称为基因的转录。而从 RNA 到蛋白质的过程,由于两者分别由不同种类的字母(核苷酸与氨基酸)构成,好像是从一种语言翻译成另一种语言,因此称为翻译。由上述基因表达的过程可以看出,蛋白质一级结构中的氨基酸顺序,归根结底是由 DNA 上的基因决定的。此前人们一直认为,从 DNA 到 RNA 再到蛋白质的过程是单方向的、不可逆的。直到 1970 年,科学家在某些病毒中发现了逆转录酶之后,这一观念才发生了改变。逆转录酶能以 RNA 分子为模板合成 DNA 分子,再以 DNA 为模板合成新的病毒 RNA。

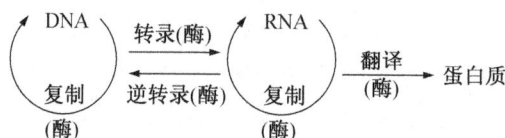

图 5-8 "中心法则"

20 世纪下半叶,生命科学通过对基因复制、转录、翻译及遗传密码的分析与破译,最终形成了统一生命世界各层次、生命科学各分支的"中心法则"。

5.8 多聚酶链式反应技术和 DNA 重组技术的发明

1993 年,美国科学家穆里斯(K. B. Mullis)因发明了多聚酶链式反应(polymerase chain reaction,PCR)技术而荣获诺贝尔化学奖。PCR 是一种在体外快速扩增特定基因片断的技术,也被称为基因扩增技术。在进行 PCR 实验时,系统中含有微量的目的基因样品(作为起始模板)、待扩增基因序列的两端互补的引物(作为下一轮模板)、构成 DNA 分子的 4 种核苷酸(作为合成原料)以及耐热的 DNA 聚合酶(作为催化剂)。PCR 通过一个自动循环过程进行,每个循环由高温变性、低温退火及引物延伸等 3 个步骤组成。新合成的引物延伸链又可作为下一轮反应的模板。PCR 每循环一次,目的基因的数量就增加到原来的 2 倍,循环两次目的基因就增加到原来的 4 倍(即 2^n 倍),依此类推,循环 n 次目的基因的数量就扩增到原来的 2^n 倍。一般进行 20～30 个循环(只需要几小时),就可以使目的基因扩增 100 万倍。

在基因工程中,PCR 技术被用作获得扩增基因的有效手段。这一技术的问世,给整个分子生物学领域带来了一场革命,并已在生物学、医学、考古学以及法医学等领域得到广泛应用。例如,城市中心血站利用 PCR 技术可快速、有效地对献血者的血液进行安全性普查,每天至少可测试 3000 个血液样本,并在 8 小时内完成。在献血者没有任何症状或血液样本中没有发现任何抗体的情况下,PCR 技术能够检测出可能用常规方法难以检测到的乙型肝炎、丙型肝炎或艾滋病等病毒。

1973 年,美国斯坦福大学科恩研究小组首次将大肠杆菌中两个不同抗药性的质粒(一种在细菌染色体以外的遗传单元,通常由环形双链 DNA 构成)结合在一起,构成一个杂合质粒,再引入大肠杆菌。结果发现这种杂合质粒不但能够复制,而且能够同时表达出原来的两种抗药性。第二年,科恩等人又用金黄色葡萄球菌中的抗药性质粒与大肠杆菌的抗药性质粒结合,得到了同样结果。接着,他们又进一步用高等动物非洲爪蟾的决定核糖体 RNA 结构的基因(rRNA)与大肠杆菌的质粒重组到一起,并引进到大肠杆菌中去,结果发现爪蟾的基因在细菌细胞中同样可以复制与表达,产生出与爪蟾核糖体 RNA 完全一样的 RNA。科恩等人的工作证明,人们可以根据自己的意愿、目的,通过对基因的直接操纵而达到定向改造生物遗传特性,甚至创造新的生物类型的目的。这种将不同的 DNA 片段按人们的设计方案定向连接起来,并在特定的受体细胞中,与载体一起得到复制与表达,使受体细胞获得新的遗传特性的技术称为 DNA 重组技术。从某种意义上说,DNA 重组技术也可理解为基因工程。严格地说,基因工程的含义更为广泛,还可以包括除 DNA 重组技术以外的一些其他可使生物基因组结构得到改造的技术。限制性内切酶和 DNA 连接酶的发现与应用是 DNA 重组技术得以建立的关键。现在,人们能够在体外直接操作基因,改造其遗传特性,使基因在不同个体,甚至在不同生物种属之间实现转移。这为某些遗传疾病的治疗和新品种的培育提供了前所未有的可能性,从而为人类健康、农业增产,以及控制和改造整个地球上的生物界展现了无限广阔的美好前景。

基因工程一般要经过以下五个步骤。

第一步,目的基因的分离与制备。其方法主要包括从细胞中分离提纯和人工合成目的基因。人工合成是指先通过化学合成出一个小的 DNA 片段,然后再用连接酶把这些小片段连接成为一个完整的基因。

第二步,目的基因与载体的连接。虽然直接把目的基因引入受体细胞也不是不可能的,但多数情况下因每种生物经过漫长的进化演变,已具有抗拒异种生物侵害而保存自己种族的本领。所以,当外源 DNA 赤裸裸地进入细胞后往往会被一种叫作限制性内切酶的酶类破坏分解。这就需要一种能够把目的基因安全送进受体细胞的运载工具,即载体。这些载体除能比较方便地进入受体细胞外,还要能在受体细胞中复制自己,以便扩增。此外,基因工程中所应用的载体往往带有一定的选择标记和特定的酶切位点,这样可以方便地选择和装拆外源 DNA。最常用的载体是质粒(如大肠杆菌质料 Pbr322)和病毒(如 λ 噬菌体——一种细菌病毒,为双链 DNA)。外源 DNA 与载体 DNA 连接即形成重组 DNA。在连接过程中,通常需要两种酶:限制性核酸内切酶(能特异性切断 DNA 链)和连接酶。

第三步,将重组 DNA 引入受体细胞。重组 DNA 分子建立之后,还要引进到受体细胞中去,使细胞获得新遗传特性,此过程称为转化或感染。目前基因工程的受体细胞主要是细菌,因为细菌具有操作方便、易于培养、繁殖迅速等优点。

第四步,筛选出含有重组体的克隆(即复制)。由于细胞转化的频率较低,转化率一般在 10^{-6} 水平。即转化后的带有重组 DNA 的细菌只占其总数的百万分之一,所以必须用一些方法进行检测和筛选,然后对筛选出的含有重组体 DNA 的细胞进行克隆。图5-9为 DNA 重组体的构建与克隆示意图。

通过以上步骤,便得到了带有异源目的基因的细菌。第五步,使这些带有异源目的基因的细菌得到表达,生产出人类所需要的产品。

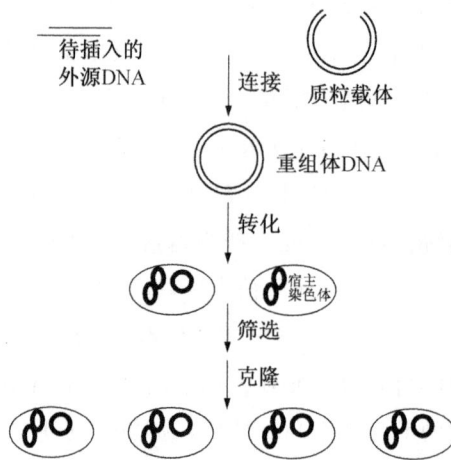

图 5-9　DNA 重组体的构建与克隆

长期以来,人们用动植物和微生物手段(即杂交和选择)来培养植物和动物新品种,后来又发展到人工诱变。但是,不同物种之间的生殖隔离给种间杂交带来了极大的困难。同时,人工诱变又不能定向,所以以往的育种工作带有很大的盲目性,效率极低。许多育种专家倾其一生的心血也只能培育出几个优良品种。从理论上讲,基因工程可以把任何不同种类生物的基因组合到一起,使得它具有所需要的遗传特性。这是人类向育种的自由王国迈出的一大步,使得在定向改造生物本性方面具有了前所未有的预见性和准确性。

在农作物中,已成功地利用基因工程对马铃薯进行了改造,不但使其获得了抗病毒基因,而且也得到了高蛋白质含量的马铃薯新品种。把一个蛋白水解酶抑制剂基因引入烟草之后,使得以烟叶为食的害虫不能消化其中的蛋白质而无法繁殖,从而使得这一烟草品种获得了抗虫害的能力。人们对番茄进行基因改造得到了比较不易软化和擦伤的品种,因此可以在番茄成熟后收获且保存较长时间,也避免了过去在成熟前收获而口味不好的缺点。该产品已经在美国上市。植物基因工程的应用虽然才刚刚开始,但它为农作物的大量增产和品种改造提供了无法估量的发展前景。

基因工程在医药领域也有广阔的应用前景。水蛭素是从水蛭中提取到的一种抗凝血、抗血栓药物,它是由 65 个氨基酸组成的多肽。由于医用水蛭来源有限,直接从中大量分离水蛭素供给治疗需要是不可能的。现在人们可以利用基因工程的方法大量生产水蛭素。重组水蛭素与天然水蛭素的药理活性基本相同。

组织血栓溶酶活化蛋白(TPA)是另一种有助于溶化血栓的蛋白质,但在生物体中含量甚微,不可能用天然来源制备这种药物。现在 TPA 已经能够用基因工程技术大量生产,并被用于中风的预防和治疗中。仅此一产品,年产值已达 2.3 亿美元。治疗糖尿病的药物胰岛素,也已用基因工程的方法来生产,年销售额约 5.7 亿美元。

目前,世界上的生物工程公司已经在原有的基础上又取得了更大发展,基因工程药物和疫苗,如各种疫苗(如乙肝疫苗)、抗生素、激素、酶等 600 多种产品均可利用基因工程技术大量生产。

5.9 人类基因组计划——基因测序

2000 年,经过全世界科学家的共同努力,人类基因组中 30 亿个碱基对的测序工作基本完成(McPherson J D, et al,2001;Venter J C, et al,2001)。这项标志性成果意味着人类基因组计划(human genome project,HGP)初步目标的实现。在这个启动于 1986 年的全球性重大研究计划中,科学家一个碱基一个碱基地测定了人类 23 对染色体中 DNA 的完整化学结构,正是这些结构信息编码了我们的生命。这是化学对生命科学的又一重大贡献。

人类基因组计划的提前完成(原计划 2005 年前后完成)是建立在过去 30 年化学学科许多重大发现(如 DNA 测序方法、聚合酶链式反应技术等)基础上的。20 世纪 80 年代初,人们仅能用化学方法直接测定小片段 DNA 的序列。到了 90 年代,随着 DNA 自动测序仪开发成功并得到广泛应用,基因测序工作的步伐大大加快。现在,一个完整的基因组测序可以在几个月内完成。

人类基因组计划被誉为 20 世纪的三大科技工程之一,其划时代的研究成果就是人类基因组序列草图的完成。实际上,除了人类基因组外,科学家还测定了一些昆虫、植物、简单的多细胞有机体、微生物的基因组序列,并且还在不断地测定更多的基因组序列。据统计,到 2001 年底,就有不少于 75 种生物的基因组全序列测定完成。在人类基因组计划结束的同时,宣告了一个新纪元——"后基因组时代"的到来。在这个后基因组时代,我们可以期待什么呢? 就像 19 世纪末发现的元素周期律为 20 世纪做好准备,使化学工业、量子力学理论出现了大发展一样,人类基因组计划将为 21 世纪的发展做好准备,它能够产生治疗现在还不能控制的各种危及人类生命的常见病、遗传病以及癌症等的根本方法和技术。有了这个巨大的基因数据库,人们就可以知道每个基因所发挥的作用,并确定哪些基因与疾病有关。通过这种方法可以找到致病的原因,然后对有关的基因进行修复、校正等特异性的"治疗",从而达到根治疾病的目的,这就是基因治疗。

人类的遗传疾病是由于基因上的缺陷导致某些蛋白质制造能力丧失而引起的。例如,镰刀状贫血病是由于血红蛋白基因中的一个核苷酸 T 突变为 A(遗传密码由 CTT 变为 CAT),造成蛋白质中的一个谷氨酸被缬氨酸代替,从而引起脱氧血红蛋白溶解度下降,在细胞内成胶或聚合,使红细胞变形成为镰刀状,并且丧失结合氧分子的能力。另外一种比较常见的遗传病是由于编码苯丙氨酸羟基化酶的基因丢失,人体不能合成苯丙氨酸羟基化酶,造成苯丙氨酸在人体内的积累而引起的痴呆症。可以设想,利用 DNA 重组技术,人们用正常功能的基因片段去替换或插入有缺陷的基因片段,可以治疗遗传性疾病。这种方法由于涉及对异常基因的"修补",所以称为基因修补。基因修补可望在 21世纪中叶成为根治遗传疾病的实用手段。

预计在不远的将来,许多遗传疾病和癌症可通过基因治疗得到根治。当然,这些都不会发生在明天或明年。我们还需要在生命的化学上取得更多概念性的进展。尽管已经获得了人类基因组序列的信息,但我们还不能从这个序列中读出哪些化学反应和化学功能使我们成为人类。基因组序列的信息在没有得到正确的解读之前是没有用处的。正确的解读就是要把线性的序列信息与细胞和生物体的功能关联起来。因此,人们在欢呼基因组计划辉煌业绩之际就已经意识到另一项更加艰巨和宏伟的任务即基因组功能的阐明已经摆在面前,化学家和生物学家几乎在转瞬之间开始了新的征程——功能基因组学(functional genomics),其重心是蛋白质组学(proteome)。这是未来 50 年科学家面临的一个重大挑战。

5.10 DNA 自修复与疾病防治

在破译了遗传物质的分子机制、遗传密码、中心法则之后,还有一些与遗传有关的生命现象仍然是个谜。例如,人类的 DNA 每天都会在紫外辐射、自由基和其他致癌物质的作用下发生损伤,但即使没有这些外部伤害,细胞内的基因组时时刻刻都要发生数千次的自发变化,而且每当细胞产生分裂、DNA 发生复制时,缺陷都会产生,这样的事情每天都在人体中重演上百万次。然而,我们身体内的各种遗传物质并不会因这些活动而瓦解、演变成为一场化学混乱。原因何在?原来,存在着一系列的分子机制持续监视并修复着 DNA。

2015 年诺贝尔化学奖授予瑞典科学家林达尔(T. Lindahl)、美国科学家莫德里克(P. Modrich),以及拥有美国和土耳其双重国籍的科学家桑贾尔(A. Sancar),以表他们发现了细胞修复自身 DNA 的机制,并为创新癌症治疗手段提供了广阔前景。

这三位科学家分别从三个不同的途径揭示了细胞修复自身 DNA 的机制。林达尔的发现称为碱基切除修复,即细胞里有一些蛋白质(尿嘧啶糖苷水解酶、糖苷酶等),专门寻找某些特定的 DNA 碱基错误,然后把它从 DNA 的链上切掉,从而修复它。莫德里克的发现称为 DNA 错配修复,即细胞会对 DNA 链进行标记,蛋白质可以凭借这种标记来判断哪条是旧有的、哪条是新加的,从而知道该去修复谁。桑贾尔的发现称为核苷酸切除修复,指的是细菌的 DNA 在致命的紫外线照射之后,如果再用可见蓝光照射,它们能死里逃生,复苏过来。把细菌 DNA 从紫外线的损伤中解救出来的功臣是光解酶,所以这个过程被称为核苷酸切除修复。

这在三种 DNA 修复的机理中,任何一种出现问题都会导致疾病,如癌症的产生。碱基切除修复如果有缺陷,会增加患肺癌的风险;DNA 错配修复如果出问题,会增加患遗传性结肠癌的风险;核苷酸切除修复如果遭受先天性损伤,会让人对紫外线极为敏感,并且在阳光下暴露后会发展为皮肤癌。此外,DNA 修复系统缺失还会导致神经退行性疾病(如老年痴呆等)以及衰老。

DNA 修复机理可为人们防治疾病提供一些线索和途径。例如,吸烟和酗酒会改变和影响细胞中的 DNA,从而影响 DNA 修复系统的蛋白质,然后削弱和抑制上述三种 DNA 修复系统以及其他 DNA 修复系统。所以,从生活方式上着手可以增强 DNA 修复系统,从而减少疾病的发生。

此外,DNA 修复系统和机理的发现也早就应用于疾病治疗,如对乳腺癌和其他多种癌症的治疗。在 DNA 修复系统和机理的指导下治疗癌症的方式之一是,利用癌细胞已经受损或削弱的 DNA 修复系统,加速癌细胞凋亡,从而攻克癌症。

目前,根据 DNA 修复机理研发的药物中最著名的是聚腺苷酸二磷酸核糖转移酶(PARP)抑制剂,这既是当今癌症治疗的一个新靶点,也是利用 DNA 修复原理形成的一种新化疗药物。在 DNA 修复机理的启示下,如今已有 10 种左右的 PARP 抑制剂在临床使用或进行临床试验。

5.11　活细胞与单分子的监测

生命体系中痕量活性物质的分析与检测对获取生命过程中的化学与生物信息、了解生物分子及其结构与功能的关系、阐明生命现象的原理以及疾病的诊断和治疗等都具有重要的意义。细胞是生物体形态结构和生命活动的基本单位。了解生物体生命活动的规律,必须探索细胞的生命活动,研究细胞中发生的事件。当今,随着化学和物理技术的发展,科学家对生命现象的研究已深入到了单个细胞和单个分子的层次上,他们能够在更加微观的尺度上对活体进行原位、实时地分析和检测。

由于细胞极小(一般直径 $7 \sim 100$ 微米),样品量很少(体积 $10^{-12} \sim 10^{-9}$ 毫升),胞内组分十分复杂(最简单的红细胞含蛋白质上千种),胞内生化反应速度快(毫秒至秒量级),

对于单细胞的检测要求超小体积、灵敏度高（$10^{-15} \sim 10^{-21}$ 摩尔/升）、选择性好、响应速度快的分析技术。这是对科学家的极大挑战。荧光探针的广泛使用，使得科学家借助各种荧光显微以及单细胞操纵技术，在单个细胞水平上对细胞进行成像分析和实时动态检测已成为现实（陈宜章等，2005）。

探针（probe）是针对某种特定目标物（生物分子）的探测器，它能够特异性识别目标物。与一般的检测方法相比，探针技术具有许多特点，包括灵敏度高、专一性强、快速准确，特别是适合于实时检测和分子影像。这些特点使得探针成为现代生物学、医学和药学等领域中不可缺少的重要技术。探针通常由识别功能和信号输出功能两部分构成。具有识别功能的部分可以是某种核酸或蛋白质等生物大分子，也可以是某种配体、底物、药物等有机小分子，在探针中它们负责识别待测的生物靶标。具有信号输出功能的部分通常是某种标记（labels），常用的标记有同位素标记和荧光标记等，它们负责将探针探测到的生物学信息以物理学信号（如光学、磁学、电学参数）的形式传输并记录下来。第 1 章中所述绿色荧光蛋白（GFP）及其变种如黄色荧光蛋白（YFP）等就是当今生命科学领域广泛使用的荧光探针。

化学家面临的另一个挑战是研究单个分子的化学行为和性质，称为单分子检测。1989 年，美国斯坦福大学化学系的莫尔纳（W. E. Moerner）教授研究小组在低温下首次观察到固体基质中的单个分子的荧光。单分子检测是一种考察细胞系统内动力学变化以及物质相互作用的精妙方法，可以区分静态不均一性和动态不均一性，还可以检测罕见事件以及被集团平均和分子的不同步所掩盖的事件。为了说明单分子实验和集团平均实验之间的不同，让我们作这样一个比喻：当你在一个大火车站观察数以千计的到达的乘客时，你并不能够回答每个火车走的什么路径，多少乘客在哪一站在何时搭乘了火车，或每列火车停了多少次之类的问题。你仅仅观察到了一个平均数，只能得出通常火车一次可以输送数百名乘客这个结论。如果你跟踪某一位乘客的行踪，你就可以轻松地回答上述问题了。如果用单分子技术来监测生物学的反应，就可以检测到单个个体的性质；而在一般的实验中，只能观察到平均结果。

单分子研究的最大技术难题是分辨率问题。光学显微镜的分辨率极限大致为可见光波长的一半，即 0.2 微米左右。这意味着科学家们可以分辨单个细胞，以及部分细胞器，但无法用这样的显微镜分辨尺寸更小的物体，如常规尺寸的病毒，或者单个的蛋白质。20 世纪 80 年代末至 21 世纪初，白兹格（E. Betzig）、黑尔（S. W. Hell）和莫尔纳（W. E. Moerner）三位科学家发展了超高分辨率荧光显微镜技术，将光学显微镜分辨率推进到了纳米尺度。因此，这种超高分辨率荧光显微镜也被称为纳米显微镜。

借助纳米显微镜，科学家们可以在细胞中观察到单个分子的运动，可以绘出细胞内分子动力学的全景图，可以看到分子在两个神经细胞之间产生突触的全过程，可以观察到导致帕金森病和亨廷顿舞蹈病的蛋白质聚集过程，可以在受精卵分裂成胚时跟踪单个蛋白质的走向。在对 DNA 聚合酶的催化机制进行的可视化实时监测实验中发现,当 DNA 聚合酶像火车头一样在互补 DNA 模板链上移动的时候,通过不断插入核苷来合成 DNA 的一个单链。科学家不再需要借助考查 DNA 的平均长度来计算结合速率,而是直接追踪单个酶分子。此外,通过单分子研究人们还对酶的工作机制和性能有了更新的了解。

鉴于在发展超高分辨率荧光显微镜技术方面的杰出贡献,白兹格、黑尔和莫尔纳三位科学家获得 2014 年的诺贝尔化学奖。

5.12 探索生命起源的化学

40 亿年前的地球上到底发生了什么化学反应,才导致了生命分子的诞生? 这个亘古未解之谜可望随着现代化学研究的深入而破解。

经过多年的研究,遗传信息由 DNA 到 RNA 再到蛋白质的过程已基本清楚。现在的问题是,这一过程是怎样得到调节和控制的。这不但是细胞发育分化的基础,也和生物体与各种环境因素的相互作用有密切关系。现在看来调节主要发生在转录阶段,通过某些特定蛋白(称为调节蛋白)与 DNA 的结合,从而控制 mRNA 的合成。

鸡蛋是鸡的产物,而鸡又诞生于鸡蛋之中;没有鸡蛋,鸡不能从天而降;而没有鸡,鸡蛋又从何而来? 先有鸡还是先有蛋的问题使人类迷茫了数千年。随着人类对自身存在的世界认识的不断深入,越来越多的"鸡与蛋"的现象被提示出来,蛋白质与核酸之间就存在着这种现象。既然蛋白质的合成依赖于核酸的编码,而核酸的合成又是在蛋白质酶的催化下进行的,因此,在生命起源问题上长期存在着先有核酸还是先有蛋白质的疑问:假如没有为蛋白质酶编码的核酸,酶怎么会出现? 而没有装配并复制核酸的酶,核酸又怎么会出现?

20 世纪 80 年代初,Cech(Zaug A J,et al,1986)和 Altman(Guerrier-Takada C,et al,1983)两个研究小组意外发现某些 RNA 具有转换酶和水解酶的活性,可以把 DNA 的转录产物加工成成熟的 mRNA。这种作为催化剂的 RNA 被称为核酶(ribozyme),它不像一般的蛋白质,它可在自身分子上起作用。这一发现改变了生物催化剂的传统概念,为此,Cech 和 Altman 两人共同获得了 1989 年的诺贝尔化学奖。1993 年,又有人发现一种小分子 RNA 能够像调控蛋白那样调节真核基因的表达。2007 年,化学家进一步通过 X-射线单晶衍射技术证明了一种核酶具有 RNA 连接酶的催化功能,它能够将两个 RNA 分子片段连接起来(Robertson M P,et al,2007)。这个反应(见图 5-10)正是 RNA 合成和自复制所必需的,因而也是生命起源所必需的(Everts S,2007)。

RNA 既能携带遗传信息,又具有酶和调控基因表达功能的发现,为 RNA 或某些类似于 RNA 的分子在生命起源过程中首先出现,而 DNA、蛋白质和酶都是 RNA 分子进化

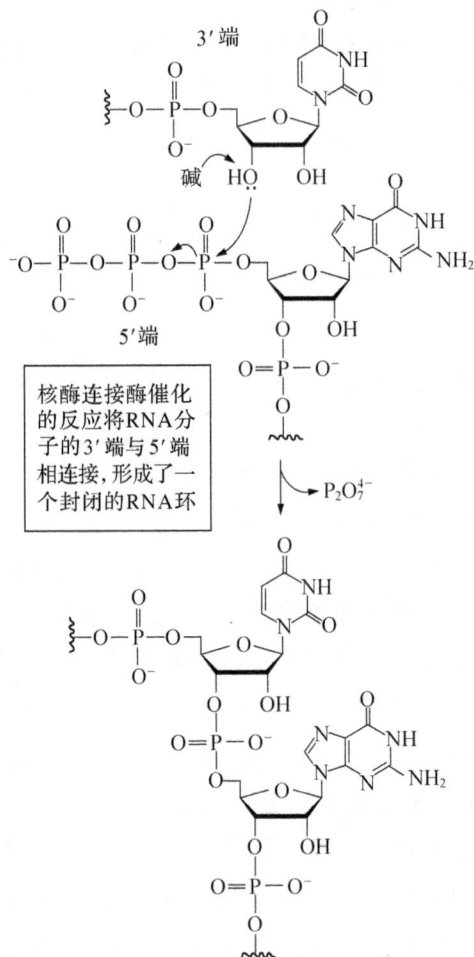

图 5-10　RNA 连接酶催化的 RNA 合成反应

产物的假设,提供了有力证据。RNA 具有催化能力,而至今却未发现 DNA 有催化能力。因此科学家认为,在生命进化过程中第一个复制的核酸是既有催化能力又有遗传功能的RNA 分子。此外,DNA 的前体——脱氧核糖核酸是由 RNA 的前体——核糖核酸还原而成的。因此科学家推测,最早的生命体系中或许只有 RNA 或类似于 RNA 的分子,经过长期的进化出现了 DNA,由于 DNA 较 RNA 稳定,故贮存遗传信息的任务就由 RNA转交给了 DNA。这种发生在 3.5 亿年以前的古老反应的详细过程今天已能够在化学家的实验室里再现了(Everts S,2007)。

实际上,对于地球上生命起源的各种可能性,科学家们已经争论了多年,最近几年,这个话题的争论更加激烈。有一些人提出了新的观点,地球上的生命是从天外飞来的,即生命的起源没有发生在地球上,生命是彗星或其他天体带到地球上的。其争论主要集中在先有鸡还是先有蛋的三种学说上:①上述 RNA 世界论;②代谢优先模型论;③细胞

102

膜优先发展论。

对于 RNA 世界论,需要通过化学实验来证实,在加热的试管或反应烧瓶中能够由简单的、"原始的"化学物质来合成组成核酸的前体。科学家目前已经取得了一些进展,他们发现一些简单的化学物质可以自发排列,形成更加复杂的结构,其中包括氨基酸和核苷酸等。最近,英国剑桥大学的一个化学家研究团队(Patel B H,et al,2015)通过实验证实,在"原始汤"中确实存在自发的核苷酸合成过程。若要生成核酸的前体,只需要氰化氢(HCN)、硫化氢(H_2S)和紫外线就够了,它们能够产生超过 50 种的核酸前体。此外,能够生成核酸前体的化学反应条件也适合于生成蛋白质的前体(即氨基酸)和脂质的前体。这个反应产生了二碳糖、三碳糖、氨基酸、核糖核酸和甘油,它们都是代谢、构成蛋白质与产生核糖核酸分子所不可或缺的物质,同时也能够用于形成细胞膜的脂质。其中的一部分化学反应如图 5-11 所示。

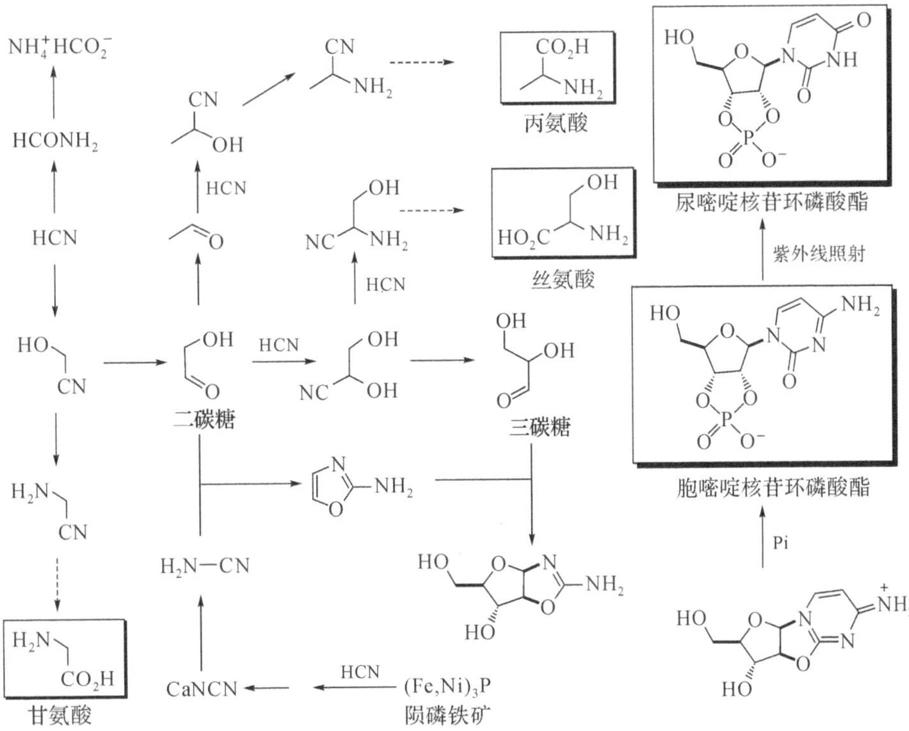

图 5-11　"原始汤"中核苷酸前体的形成反应

既然生命进化所需的一切可能是这样进行的,仅仅是氰化氢、硫化氢和紫外线,以及在当时已经存在的构建生命模块,化学家做出了一个大胆的猜测,称为后陨石撞击情境中的化学(chemistry in the post-meteoritic-impact scenario):40 亿年前的冥古宙地球在受到陨石撞击时,陨石所携带的含碳成分与大气中的氮气发生高温反应,产生大量的氰化氢和磷酸盐,并溶解在水中(见图 5-12a);陨石所携带的陨磷铁矿[$(Fe,Ni)_3P$]的缺氧腐蚀导致了磷酸铁盐[如蓝铁矿 $Fe_3(PO_4)_2 \cdot 8H_2O$]的产生,后者与氰化氢反应生成氰化亚铁以及磷酸盐等无机盐。水体的蒸发导致地表上形成了含氰化物、磷酸盐、盐酸盐等无机盐的沉淀,这样的无机盐在地热或撞击热条件下发生热分解,产生了一系列氰化物,如氰化钠(NaCN)、氰化钾(KCN)、氰化亚铁[$Fe(CN)_2$]、氰氨化钙(CaNCN)等,此外还有碳化铁(Fe_3C)、碳化钙(CaC_2)和碳等(见图 5-12b 和图 5-12c)。雨水可将这些无机盐带入河流和湖泊之中(见图 5-12d 左)。如图 5-12d 右所示,在太阳紫外线的照射下,氰化钠或氰化钾很容易与河流和湖泊中的金属硫化物作用生成硫化氢(H_2S),生命小分子的产生由此而启动。这个过程也许就是生命起源所经历的最初的化学变化。这项研究的结果为解开 40 亿年前地球上生命起源之谜提供了重要的实验依据。

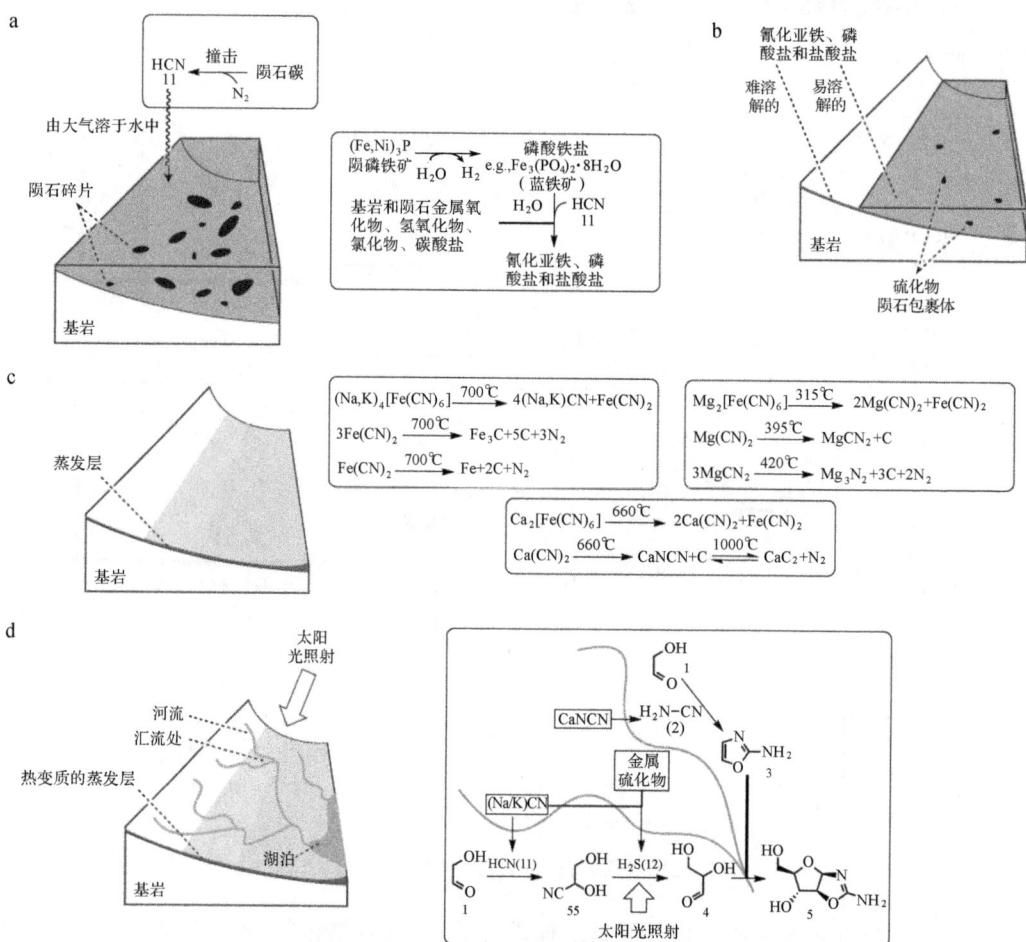

图 5-12　后陨石撞击情境中的化学

(引自:Patel B H,et al,2015)

参 考 文 献

[1] 陈宜章,林其谁. 生命科学中的单分子行为及细胞内实时检测[M]. 北京:科学出版社,2005.

[2] Chalfie M，Tu Y，Euskirchen G，et al. Green fluorescent protein as a marker for gene expression[J]. *Science*, 1994，263(5148):802-805.

[3] Doi Y, Chiba J, Morikawa T, et al. Artificial DNA made exclusively of nonnatural c-nucleosides with four types of nonnatural bases[J]. *Journal of the American Chemical Society*, 2008, 130(27):8762-8768.

[4] Everts S. RNA world: crystal structure supports notion of RNA as first biological molecule[J]. *Chemical & Engineering News*, 2007, 85(12): 12.

[5] Guerrier-Takada C，Gardiner K，Marsh T，et al. The RNA moiety of ribonuclease P is the catalytic subunit of the enzyme[J]. *Cell*, 1983, 35(3 Pt 2): 849-857.

[6] McPherson J D, et al. A physical map of the human genome[J]. *Nature*, 2001, 409:934.

[7] Robertson M P，Scott W G. The structural basis of ribozyme-catalyzed RNA assembly[J]. *Science*, 2007, 315(5818):1549-1553.

[8] Venter J C, et al. The sequence of the human genome [J]. *Science*, 2001, 291:1304.

[9] Zaug A J，Cech T R. The intervening sequence RNA of tetrahymena is an enzyme[J]. *Science*, 1986, 231, 470.

[10] Patel B H，Percivalle C，Ritson D J，et al. Common origins of RNA, protein and lipid precursors in a cyanosulfidic protometabolism[J]. *Nature Chemistry*, 2015, 7(4):301-307.

第6章　化学与婚育

在化学家看来,生命体是由一系列生命物质组装而成的有序的超分子体系,生命现象是发生在这个超分子体系中的一系列化学反应的组合。人的爱情、婚恋、生育等都与这些化学反应及其所产生的生命分子息息相关。在此方面,化学不仅帮助人们从分子水平上认识这些神秘的生命现象,而且还通过创造新的分子来调控生育,帮助人类优生优育。如今,化学家还能够在单个细胞和单个分子水平上对胚胎基因进行检测和筛选,从而将优生优育的标准提高到"精准"生育的水平,这将为造福人类做出新的、更大的贡献。

6.1　爱是一种绝妙的分子

人常说爱是一种缘分,"百年修得同船渡,千年修得共枕眠"。爱情的确是我们生命中最奇特、最强烈的情感经历。然而,在相当长的时间里,人们无法解释为什么在千万人中我们遇到的是这个人而不是那个人? 近年来,科学家发现人类的种种情绪来源于我们体内一些确切的生物化学反应,而这些反应的产生都有赖于我们身体中存在的一些神经介质,它们使得神经细胞(神经元)之间可以互相交流,于是就有了爱情来临时的种种征候。

在大自然中,异性昆虫之间的相互吸引可以通过化学分子传递,这种分子称为性外激素,即费洛蒙(pheromones),又称信息素(见第2章)。信息素是一种能随风飘散,以空气为介质进行传播,用于交流信息的化学物质。例如,昆虫的性外激素是雌昆虫腹部末端或其他部位的腺体所分泌的一种能引诱同种异性昆虫前来交配的化学物质,交配后,雌昆虫即停止分泌。性外激素有专一性,结构大多属于酮类、醇类和有机酸类。

对性外激素的认识要追溯到19世纪70年代,法国昆虫学家法布尔(J. Fabre)做过一个对照实验,他观察到雄蛾会对隔着铁丝网的雌蛾展开疯狂追逐,却对密封在玻璃瓶中的雌蛾熟视无睹。由此可见,触觉和视觉对于天蚕蛾的性活动没有任何作用,雌蛾是靠气味吸引雄蛾而完成交配的。

1959年,德国慕尼黑大学的生化学家布特南特(A. F. J. Butenandt)宣布发现了第一个性外激素——蚕蛾醇。布特南特本是一位著名的人类激素研究专家,是他第一个发现了人类雌激素,并因此获得了1939年的诺贝尔化学奖。发现蚕蛾醇的研究工作进行得非常严谨,布特南特不仅从雌蚕蛾中成功地分离出了天然蚕蛾醇,搞清了它的分子结构,还利用人工合成的办法合成了蚕蛾醇,并证明人造蚕蛾醇同样对雄蚕蛾具有吸引力。从此以后,任何新发现的费洛蒙也都必须经历这四个步骤才会被承认。昆虫的性外激素含量极微(0.005～1 微克),因此布特南特当年用了 50 万只蚕蛾才提取了 12 毫克的蚕蛾醇,确定了它的结构。雌蛾产生的蚕蛾醇可以引诱远方的雄蛾来交配——这是昆虫求爱的"化学语言"。信息素可以在小剂量和长距离的情况下产生最大的效果。

蚕蛾醇

据统计,自 1959 年第一个昆虫信息素——蚕蛾醇被鉴定出来后,目前全世界已经分离鉴定和合成的天然及人工昆虫信息素超过 2000 种。它们中的一些已被用于害虫的监测和防治等方面。

动物靠嗅觉来选择对象,人类作为哺乳动物,在这个器官上,也存在着动物本能的、想要彼此交流的化学成分。我们爱上某个人,从某个角度上来说,是因为我们在芸芸众生中辨认他(她)的味道,气味在两个人没有意识到的情况下相互撞击,而这种味道,本身就是一种传递性愿望的分子。这些分子被人体中的犁鼻器官(vomeronasal organ)捕获,而犁鼻器官实际上是一部分体式电话,作为外在的感应器官,它将收到的信息深入传导到大脑中的中枢神经系统这个总机上,在这个总机上,有大脑中控制情感和支配人感情冲动的区域——丘脑、焦虑系统、下丘脑等。由大脑的这些区域发射出的电脉冲传向垂体,继而转为激素,在这些激素的作用下,人们狂喜、激动、焦虑、失望、痛苦、恐惧或逃避,这就是激情。

在所爱的人的身旁,人们通常会产生一种幸福感。心理学上将这种感觉称之为"欣快反应"。欣快反应也来源于垂体分泌出来的激素分子,这些分子令人在爱情来临时产生愉快的感觉,让人废寝忘食、不知疲倦。爱情的冲动和狂热,反过来又可以促使另一种激素产生,这种激素是一种负责加强大脑感觉的神经介质,即让大脑接收某种东西,令其重复感受到愉快。当然,这些激素产生和作用的过程,不受我们主观愿望所支配,所以,爱情往往让人们觉得无法控制和难以捉摸。

女性在排卵期分泌的性外激素数量要比平时高,这些性外激素甚至会改变周围人体的内分泌系统,从而使住在一起的女性的生理周期逐渐同步。最早发现这一现象的是一位名叫玛莎·麦克林托克(M. McClintock)的美国女科学家。她在马萨诸塞州卫斯理女子学院上学期间就注意到同宿舍的女生经期会逐渐趋于一致,她的这篇论文于 1971 年发表在著名的《自然》杂志上,迅速引发了广泛的争议。1998 年,麦克林托克又发表了一篇论文,进一步证明了这一现象的存在,她从女性的腋窝处提取气味让志愿者闻,结果发现后者的经期确实受到了影响。英国牛津大学动物学系教授怀亚特(T. D. Wyatt)为了纪念性外激素发现 50 周年,于 2009 年 1 月 15 日在《自然》杂志上发表了一篇综述,对麦克林托克的试验持肯定的态度,相信她确实发现了这么一个真正存在的现象(Wyatt T D,2009)。所以,人类除了生理学上五种感觉(视觉、听觉、嗅觉、味觉和触觉)外,还真的存在第六感觉——对性外激素的感觉。怀亚特是国际公认的费洛蒙研究权威,他写过一本专门讲述费洛蒙的书——《费洛蒙与动物行为》。

6.2 激素

激素,即荷尔蒙(hormone),是细胞自己产生和分泌的一些特殊的化学信使物质。它们可以经血液循环、局部弥散或细胞间的传递,作用于受体,来调节自身、周围或远隔细胞和组织的功能,以保持内环境的恒定。人的激素按其化学结构可分为五大类:①肽及蛋白质激素,这是人体内最大的一类激素,它们都是由氨基酸组成的多肽,不同激素的氨基酸排列各不相同;②类固醇激素,又称甾体激素;③胺类及氨基酸衍生物激素,包括肾上腺髓质激素、甲状腺素、降黑素等;④固醇类激素,它们都是维生素 D_3 的衍生物,由皮肤、肝、肾等组织产生,分子结构近似类固醇,如 25-羟胆钙化醇,其进一步羟化为 1,25-双羟胆骨化醇,故称固醇类激素;⑤脂肪酸衍生物,如前列腺素类,其结构为不饱和脂肪酸,几乎所有的组织细胞均可产生。在这些激素中,有些与恋爱有关,有些则与生育有关。

6.2.1 激素的发现

早在 1889 年,法国生理学家 Brown-Squard 指出睾丸可能有内分泌作用,他将动物(狗、豚鼠)的睾丸提取物注入自身皮下,这使得 72 岁的他体力及工作能力增强,引起人们对内分泌的注意。1895 年,Oliver 和 Schafar 报道了用肾上腺提取物可明显提高动物血压,进而确定内分泌腺具有刺激作用,自此科学地探索激素药理学有了开端。1902 年,英国生理学家 W. M. Bayliss 和 E. H. Starling 发现肠黏膜接触酸性物时,会产生一种物质(一种 27 肽),它能促使胰液分泌增多,称为肠促胰液素(secretin),并对具有这种作用的物质首先赋予了"激素"的名称。1901—1920 年,Takamine 和 Aldrich 从肾上腺提取出纯结晶物,发现其有显著升高血压的作用,命名为肾上腺素。1909 年,de Mayer 首先将胰岛分泌的物质命名为胰岛素(见第 5.2 节)。1920 年,加拿大生理学家 Banting 创造了胰岛素提取方法,他与 Best 合作把高效胰岛素提取液注入去除胰腺而患糖尿病的狗体内,狗血糖下降、糖尿转阴。1921 年 1 月,首次将胰岛素用于处在死亡边缘的患糖尿病的 14 岁少年身上,结果病人奇迹般地康复。1928 年,Aschheim 和 Zondek 发现垂体前叶对卵巢功能的调节作用,提出垂体前叶有两种促性腺激素,即促卵泡成熟激素(FSH)和促黄体生成激素(LH)。1932 年,Hohlweg 和 Junkman 证实了下丘脑存在高级"性中枢",

并阐明了下丘脑、腺垂体、靶腺的关系。1933 年,Adam 确定了雌激素的化学结构为雌二醇。1934 年,Slotta 和 Pusching 从猪卵巢中提取得到黄体激素;同年,Butenundt 和 Westphal 确定其分子结构,并命名为孕酮。1935 年,Butenundt 和 Lozmer 从睾丸中分离出睾酮。1934 年,化学家肯达尔(W. Kendell)首次从肾上腺分泌的物质中提取到 4 种皮质激素的粗品,其中之一为可的松(cortisone)。1936—1942 年,瑞士化学家赖希施泰因(T. Reichstein)将从动物的肾上腺获得的可的松粗品进行了纯化、精制,确定其分子结构,并进行了人工合成。1948 年,默克制药

可的松

公司的科学家攻克了大规模分离提纯可的松的难关,并将所得样品提供给药学家亨奇(P. Hench)用于临床试验。1948—1949 年,亨奇将可的松用于治疗患有严重风湿性关节炎的妇女,发现其各种病症奇迹般地消失,进一步发现可的松对变态反应和感染等多种病有奇效。

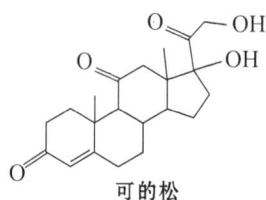

可的松能够调节糖、脂肪和蛋白质的生物合成及代谢,后来发展成为一种广泛使用的抗炎药。目前,人们能够通过化学合成大量生产可的松。赖希施泰因、肯达尔和亨奇由于在激素分离、鉴定和人工合成方面的贡献,获得 1950 年诺贝尔生理学或医学奖。1954 年,维尼奥(V. du Vigneaud)分离出纯的催产素和加压素,并获得人工合成品,他因此获 1955 年诺贝尔化学奖。1951 年,桑格阐明了胰岛素的化学结构(见第 5.2 节),并因此获 1958 年诺贝尔化学奖。1965 年,中国化学家首次完成了牛胰岛素的人工合成。1961—1964 年,Copp 发现降钙素,确定其分子结构并完成人工合成。从 20 世纪 70 年代至今,随着基础理论、激素测定技术的突破,激素药理学进入了崭新的时代,新激素药物、新概念不断出现。1971 年,美国的萨塞兰(E. W. Sutherland)因阐明了激素作用的细胞内机制,创立"第二信使学说",获得了诺贝尔生理学或医学奖。1982 年,有三位研究前列腺素(PGs)的科学家获诺贝尔生理学或医学奖,他们分别是瑞典的贝格斯特隆(Bergstrom)和萨米埃尔松(Samuelson)及英国的万恩(Vane)。1998 年,佛契哥特(R. F. Furchgott)、伊格纳罗(L. J. Ignarro)、慕拉德(F. Murad)因发现一氧化氮(NO)作为心血管系统信息传递的第二信使而获诺贝尔生理学或医学奖。

6.2.2 与爱情有关的激素

在幽默温情的电视连续剧《王贵与安娜》中,王贵有一句经典台词:"什么是爱情? 爱情是激素上升产生的化学反应。"在我们的生命中,只有那么一次,我们不知道为什么就陷入了对一个人的迷恋。一对男女之间的一见钟情,从生命更深、更本质的层次来讲,是一场激素所引起的暴风雨。

科学家们研究发现,恋爱中人大脑里的下丘脑会分泌出一些具有爱恋作用的激素。这些激素会使他们的神经突然激发,产生对异性的亲近、追求、甜蜜的神经活动和幸福的

感觉。我们感受到爱的激情,是因为大脑中特定的神经化学物质让我们产生这些情感。肾上腺素、去甲肾上腺素等就属于这样的化学物质。

肾上腺素(adrenaline, epinephrine)是肾上腺髓质分泌的主要激素,肾上腺髓质也分泌少量的去甲肾上腺素(norepinephrine),但去甲肾上腺素主要由交感神经末梢分泌。肾上腺素和去甲肾上腺素是交感神经末梢的化学介质。肾上腺素具有与交感神经兴奋相似的作用,能使血管收缩、心脏活动加强、血压升高等。它对全身各部分血管的作用,不仅有作用强弱的不同,而且还有收缩或舒张的不同;对皮肤、黏膜和内脏(如肾脏)的血管呈现收缩作用;对冠状动脉和骨骼肌血管呈现扩张作用等。由于它能直接作用于冠状血管引起血管扩张,改善心脏供血,因此是一种作用快而强的强心药,主要用于抗休克等。去甲肾上腺素在体内通过甲基化可转变为肾上腺素,它本身也具有肾上腺素类似的生物学功能。

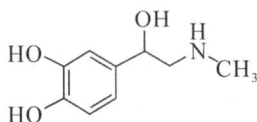

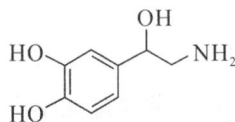

肾上腺素   去甲肾上腺素

有了肾上腺素和去甲肾上腺素这些化学物质作用于神经系统,人们就会进入爱情的美妙境地。同时科学家们也发现,一些早在童年时被切除脑下垂体的病人,到了成年时,他们在体格上同正常人没有多少差别,然而在爱情上却是麻木不仁,几乎没有爱情的感受,不会持久地对异性产生爱恋,永远不会堕入情网。于是,科学家们建议他们上医院去请教医生,医生就会建议他们服用甲苯喹唑酮,又称安眠酮(甲喹酮)——一种国家管制类精神药物,它也能很好地激起人们的爱情感。

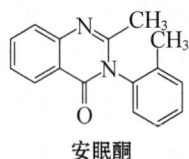

安眠酮

还有一种神奇的爱情激素是催产素,它是大脑产生的一种九肽,男女都有。对女性而言,它能在分娩时引发子宫收缩,刺激乳汁分泌。此外,它还能减少人体内肾上腺酮等压力激素的水平,以降低血压。

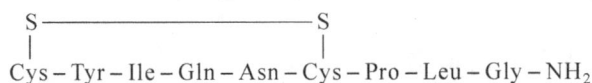

$$S \text{————————} S$$
$$Cys - Tyr - Ile - Gln - Asn - Cys - Pro - Leu - Gly - NH_2$$

催产素

情侣、伴侣之间的拥抱、爱抚、亲吻,都能促进这种激素的释放,帮助他们建立起奇妙却异乎寻常的亲密感。催产素与雌激素也有特殊关系。没有雌激素,催产素就无所作为;雌激素含量升高,催产素的"本领"也越大。这可以解释为什么女性比男性更容易受到爱抚的影响,因为她们体内的雌激素水平要比男性高得多。当体内雌激素水平较高时(排卵期),轻轻的爱抚就会产生强烈的反应。而在雌激素较低的月经期,她们对爱抚的反应就不那么敏感了。如果平时得不到足够的爱抚,女性可能会对直接性触摸反感,变得抑郁和厌烦。另外,美国北卡罗来纳大学的一项研究发现,婚姻幸福的女性在思念伴侣时,血液中的催产素水平会迅速升高。

催产素的力量和影响范围令人着迷,但它对人类情感的作用却决非简单的话就可以概括。很多人说催产素是爱情激素或亲热激素,其实,催产素的作用要比人们想象的复杂得多,毕竟"爱"并不是一两个分子就能完全决定的。

6.2.3　与生育有关的激素

有一类激素称为性激素,它们与性别和生育有关。性激素由性腺分泌,在化学分类中属于甾族化合物,由雌激素(estrogen)、孕激素(progestogen)和雄激素(androgen)构成。性激素是具有促进性器官成熟、副性征发育及维持性功能等作用的化学物质。通常情况下,所有男性或雄性动物的雄性激素浓度远远高于雌性激素浓度;与此相反,所有妇女或雌性动物的雌性激素浓度远远高于雄性激素浓度。

雌激素由卵巢泡膜细胞分泌,是引起哺乳动物动情的物质,并促进雌性性器官和第二性征的发育和维持。雌二醇是迄今发现的天然雌激素之一,是天然雌激素中活性最强的一个,被称为动情素或求偶素。人工合成的雌二醇的衍生物——炔雌甲醚,则是第一个口服避孕药的主要成分之一。目前,许多人工合成的雌激素已广泛应用于避孕,以及治疗妇女更年期综合征、男子前列腺肥大症等由内分泌失调引起的疾病。

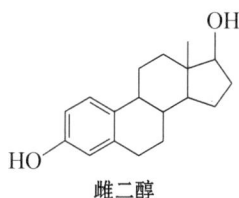

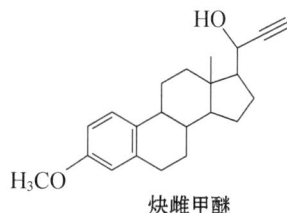

雌二醇　　　　　　　　炔雌甲醚

孕激素由黄体、妊娠后胎盘分泌。黄体酮(又称为孕酮)是一种天然的孕激素,其主要功能在于使哺乳动物的副性器官做好妊娠准备,是胚胎着床于子宫,并维持妊娠所不可少的激素。妇女在受孕以后释放出孕酮,这一动作可传递两种化学信息:一是子宫做好受精卵着床的准备;二是阻断刺激排卵的脑垂体释放荷尔蒙,避免怀孕期间排卵。

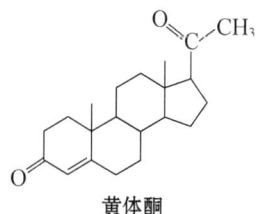

黄体酮

孕激素通常要在雌激素作用的基础上才能发挥其作用。孕激素和雌激素在机体内的联合行动,保证了月经与妊娠过程的正常进行。雌激素促使子宫内膜增厚、内膜血管增生。排卵后,黄体所分泌的孕激素作用于已受雌二醇初步激活的子宫及乳腺,使子宫肌层的收缩减弱,内膜的腺体、血管及上皮组织增生,并呈现分泌性改变。孕激素使已具发达管道的乳腺腺泡增生。这些作用也依赖于细胞质中的孕酮受体,而雌二醇对孕酮受体的合成具有诱导作用。在雌激素作用的基础上,孕激素促进乳腺发育,并在怀孕后为泌乳准备条件。孕激素还有产热作用,能使基础体温在排卵后升高 1℃ 左右。由于体温在排卵前先表现短暂降低,排卵后升高,故临床上将这一基础体温的改变作为判定排卵日期的标志之一;孕激素还能抑制排卵,常用孕激素治疗先兆流产和习惯性流产。使用一定量的雌激素和孕激素可造成人工月经周期,以治疗继发性闭经。改变雌激素和孕激素的比例,可影响月经周期中卵巢、子宫、阴道等器官的变化,从而干扰生育。目前,国内外普遍采用的口服避孕药就是人工合成的不同类型和不同比例组成的雌激素和孕激素。

雄激素由睾丸、卵巢及肾上腺分泌。雄激素作用于雄性副性器官如前列腺、精囊等,促进其生长并维持其功能。它也是维持雄性副性征所不可少的激素,如家禽的冠、鸟类的羽毛、反刍动物的角,以及人类的须发、喉结等。雄激素还具有促进全身合成代谢、加强氮的滞留等功能,这在肝脏和肾脏尤为显著。1935 年,从公牛睾丸中分离出的睾丸素(又称为睾酮)是睾丸分泌的最重要的雄激素。

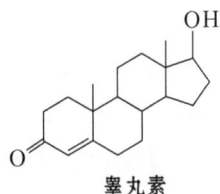

睾丸素

6.3　排卵期预测试纸的发明

排卵期预测试纸的发明对于指导怀孕具有重要意义。这项发明与促黄体激素(luteinizing hormone,LH)的研究密切相关。促黄体激素是由垂体前叶分泌的一种糖蛋白激素。化学家已经揭示了这种糖蛋白分子结构的部分信息,包括一级结构(氨基酸序列)和部分高级结构(三维结构)等。现在已经知道,促黄体激素的相对分子质量约为30000,它由两条多肽链组成:α 亚单位和 β 亚单位。人类促黄体激素的 α 亚单位由 92 个氨基酸残基组成,与促卵泡生成素(follicle stimulating hormone,FSH)的 α 亚单位的结构相同;而 β 亚单位(由 121 个氨基酸残基组成)则与 FSH 不同。生物学研究表明,LH和 FSH 一起能促使发育成熟的卵泡分泌雌激素并排卵。

促黄体激素的水平是能否受孕的关键。图 6-1 显示了女性周期性促黄体激素和促卵

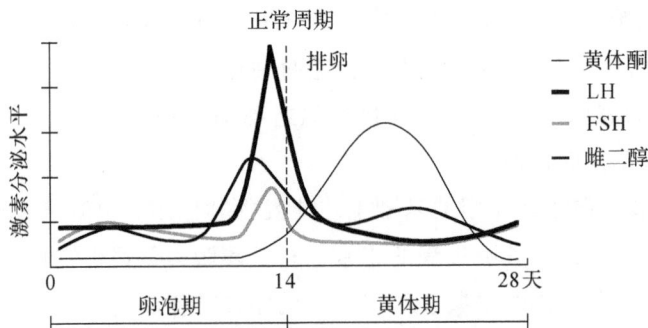

图 6-1　女性周期性促黄体激素和促卵泡生成素的分泌与调节

泡生成素的变化过程。成年妇女在非妊娠的状态下,周期性地排卵(每月一个),血液中 LH 的浓度也有周期地显著变化。LH 浓度在排卵前 36～48 小时突然大幅度上升,排卵前8～12小时猛增(为基值的 5～20 倍),经过短时间后再猛减。高峰后 14～28 小时卵泡膜破裂,排出成熟卵子。我们把这种 LH 的分泌情况可喻为一进一退的浪潮,故称为 LH 浪潮。

排卵期预测试纸,也称促黄体激素试纸,是通过检测黄体生成激素的峰值水平,来预知是否排卵的。女性排卵前 24～48 小时内,尿液中的微量黄体生成激素会出现高峰值,用排卵试纸自测,结果就会显示为阳性。因此,这些测试纸也叫 LH 检测盒。将几滴尿液放在测试纸的一头,通过化学反应带来的颜色变化确定 LH 是否已经在尿液中达到足够的量。检测 LH 含量可以采用化学发光免疫分析法(chemiluminescence immunoassay, CLIA),它是将化学发光体系或生物发光体系与免疫反应相结合,用于检测微量抗原或抗体的一种新型标记免疫测定技术。

6.4　化学与计划生育

20 世纪 70 年代,计划生育在我国全面推行,1982 年定为基本国策,2001 年通过《中华人民共和国人口与计划生育法》,成为国家的法律。计划生育的实施有效地控制了人口数量的快速增长,缓解了人口数量过快增长和环境、资源不足的矛盾,保证了社会的和谐与稳定。据统计,20 多年来,我国少生了 2 亿多人。在实现这一重要国策的过程中,化学做出了重要贡献。

早在 1937 年,科学家就已证明给实验动物注射雌激素黄体酮,会抑制动物排卵。或许是由于皮下注射听起来不是一种有吸引力的节育方法,又或许是由于当时黄体酮是一种极其昂贵的化学物质,最终这项发明没有引起节育倡导者的兴趣。

20 世纪 50 年代,为了使怀孕有困难的妇女提高生育能力,妇科专家罗克(J. Rock)向患者注射黄体酮,以造成人体受孕的假象,抑制排卵;当停止注射黄体酮后,患者出现"Rock 反弹",并正常排卵,从而达到受孕的目的。该项研究最终演变成避孕药的研制,研究的目的变为阻止受孕。此后,一些化学家对黄体酮的分子结构进行了改造,得到 19-去甲黄体酮和异炔诺酮等一系列合成孕激素。异炔诺酮分子能结合在受体位点处,从而减缓了肝脏对它的快速分解,实现了口服。异炔诺酮与炔雌甲醚的复方在 1960 年批准生产,是人类生育史上第一个口服避孕药。

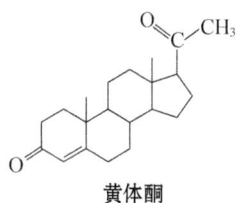

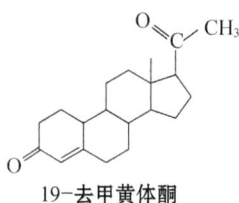

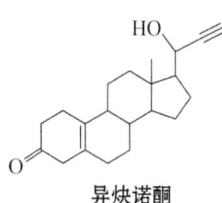

黄体酮　　　　　　19-去甲黄体酮　　　　　　异炔诺酮

人们可能还会认为异炔诺酮的发明并不真正值得大力赞颂,因为使用它会给健康带来一些危害,而且最终被更新、更安全的药物或用具所取代。但是从事物的本质来看,后来发明的避孕方法也只能代表比较微小的进步,因异炔诺酮已被广泛接受而且基本上令人满意。值得注意的是,在过去的几十年中(即全世界妇女广泛使用这种避孕药的时期里),妇女的寿命却大大延长了,仅这一事实就不难看出,异炔诺酮不是危害健康的主要因素。历史已经证明,20 世纪 50 年代异炔诺酮的发明是人类节育方法中的突破性进展。

另一种甾族化合物屈螺酮(drospirenone)是 2000 年开发上市的第四代口服避孕药,它具有高效、低毒、无副作用,对骨代谢有良好影响等特点。它的分子中有两个并着的三元环和十个手性中心。它和天然黄体酮的分子结构非常接近,是第四代复方口服避孕药"优思明"的主要成分之一。优思明的另一主要成分为炔雌醇。每片优思明含 3 毫克屈螺酮和 0.03 毫克炔雌醇。

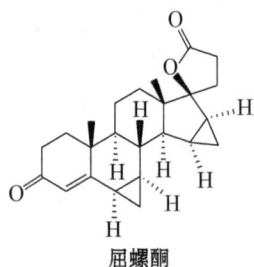

屈螺酮

除了优异的避孕效果,优思明对女性的身体健康还有许多积极的影响。它独有的抗盐皮质激素活性,能够对水钠潴留引起的体重增加,从而有效控制体重,摆脱使用者所担忧的增胖问题,令女性保持窈窕身姿。它还具有抗雄激素效应,能有效减轻痤疮,令皮肤更为光洁。此外,它还可帮助使用者维持规律的月经周期,减少月经出血量,缓解痛经,并对经前期综合征(PMS)有积极作用。

目前的口服避孕药分为三类:短效避孕药、长效避孕药和紧急避孕药。短效避孕药由人工合成的孕激素和长效雌激素(炔雌醇)混合而成,它们主要是通过以下四个方面来达到避孕的效果:①利用激素对下丘脑的调控来抑制排卵;②增加宫颈黏液厚度,减少精子的穿透力;③抑制输卵管收缩;④抑制子宫内膜生长,防止受精卵着床。长效避孕药由人工合成的孕激素(甲基炔诺酮或次甲氯地孕酮)和长效雌激素(炔雌醚)配伍而成。这类避孕药中的长效雌激素炔雌醚进入人体后储存在脂肪组织内,被缓慢地释放出来并起作用,其机制与短效避孕药相同,但起长效避孕作用。这类避孕药会产生头晕、呕吐、体重增加、出血等副作用,已被淘汰。紧急避孕药是大剂量的孕激素,它使宫颈黏液增厚,干扰受精过程,促使子宫内膜向分泌期转变并脱落,阻止受精卵着床。因此,受精卵一旦成功在子宫内着床,紧急避孕药便不能再产生避孕作用。它剂量大,对肝脏损伤大,若服用频率高则对身体有伤害。

口服避孕药之父卡尔·杰拉西

卡尔·杰拉西(Carl Djerassi),美国科学院院士,美国科学与艺术学院院士,瑞典皇家科学院外籍院士,美国发明家名人堂成员。1923 年生于奥地利,1945 年获威斯康星大学博士学位,1959 年起任美国斯坦福大学教授。杰拉西在化学领域卓有建树,共发表过 1200 篇学术论文。他是唯一一位先后获得美国国家科学奖章和美国国家技术奖章的科学家,并获得首届国际沃尔夫化学奖、美国化学界最高奖——普里斯特利奖等多项荣誉,1999 年被《泰晤士报》评为"千年最有影响力的三十大人物"之一。杰拉西在退休后致力于用文学形式帮助公众了解科学界的"部落文化",先后出版 5 部小说和 3 部剧本,其中《诺贝尔的囚徒》一书在美国出版后已先后 13 次重印,并被翻译成德文、法文、西班牙文、日文、葡萄牙文、意大利文等多种文字。

卡尔·杰拉西

6.5 化学与精准生育

对于患有某种遗传性疾病的人来说,生育一个健康的宝宝是多么渴望的一件事情。从理论上讲,如果采用胚胎植入前遗传诊断(PGD),即在体外受精过程中对有遗传风险的胚胎进行遗传学分析,选择基因正常的胚胎移入宫腔,则可生出一个健康的孩子。这样的遗传学诊断和筛选必须做到百分之百的"精准"。然而,这在几年前几乎是不可能做到的。

2012 年,美国哈佛大学华人化学家谢晓亮的一项重大发现有望让人类"精准"生育的梦想变为现实。这项专利成果被称为多次退火环状循环扩增技术(multiple annealing and looping based amplification cycles,MALBAC),它是目前最先进的全基因组扩增技术(Zong C,2012;Lu S,et al,2012)。

谢晓亮实验室长期致力于单细胞和单分子研究。发明这项技术的初衷是测量单个 DNA 分子的基因序列。这是一项非常有挑战的工作,因为只有一个拷贝,样品量实在太少,而 DNA 测序的第一步就是要将样品扩增,一旦复制中出现微小错误,在接下来的指数复制过程中,错误就会被不断放大。要做到精确复制,办法之一就是要让测序的复制程序中每一个拷贝都来自最初的母本。谢晓亮研究团队在尝试过一些方法而失败后,终于找到了一种解决途径:用某种环状结构将拷贝锁定,让拷贝无法复制自己,所有的拷贝只能来自母本。MALBAC 技术显然达到了精准的要求。

MALBAC 方法使得检测单细胞中较小的 DNA 序列变异变得更容易,因此能够发现个别细胞之间的遗传差异。这样的差异可以帮助解释癌症恶化的机制、生殖细胞形成机制,甚至是个别神经元的差异机制。在 2012 年发表于《科学》杂志的论文《基因水平上对单细胞中单核苷酸和重复片段的检测》中,谢晓亮及其合作者指出,新方法尤其适用于样本少或对测序精确度要求高的情况,如胚胎的植入前筛选,以及癌症的致病突变检测。这是一个非常诱人的发现,因为这项新技术意味着,人类可以对体外受精过程中有遗传风险的胚胎进行植入前筛选,去除具有不正常基因的胚胎,找到优秀的胚胎,从而使下一代免于该遗传疾病的困扰。

据说,人类大概有超过 7000 种遗传性的罕见病,这些疾病的很大一部分缘于单基因突变。目前,北京市北医三院生殖医学中心利用 MALBAC 技术已经为 30 多对夫妇进行了植入前胚胎的遗传筛选,并已产下了至少 6 个健康的"MALBAC 宝宝"。

显然,这是比以前我们所说的"优生优育"更加"精准"的生育科学。而这一造福人类的事情,正是源自化学家基础研究的成果。

参 考 文 献

[1] Wyatt T D. Fifty years of pheromones[J]. *Nature*,2009,457(7227):262-263.

[2] Zong C,Lu S,Chapman A R,et al. Genome-wide detection of single-nucleotide and copy-number variations of a single human cell[J]. *Science*,2012,338 (6114):1622-1626.

[3] Lu S,Zong C,Fan W,et al. Probing meiotic recombination and aneuploidy of single sperm cells by whole-genome sequencing[J]. *Science*,2012,338(6114): 1627-1630.

第 7 章　化学与环境保护

从 2013 年开始,"雾霾"一词成为年度关键词。这一年的 1 月份,4 次雾霾笼罩了中华大地 30 个省(市、区),400 多个城市"沦陷",世界上污染最严重的 10 个城市中有 7 个在中国,其中在北京仅有 5 天不是雾霾天。于是,举国上下开始了一场轰轰烈烈的环境保卫战。20 世纪是人类社会高速发展的 100 年,在这 100 年间科技进步为人类带来了巨大的物质和精神财富,但同时在环境和资源方面也为人类留下了一系列巨大的难题:由于工业发展太快而导致资源特别是不可再生资源趋于枯竭,陆地可用淡水急剧减少,大量河流、湖泊、近海海域以及大气被污染,二氧化碳的排放造成全球气温变暖,导致全球性干旱、大量生物种类灭绝、冰山融化与水土流失等。过去,人类过于自信,认为自己的创造力一定能够无限地战胜自然,但是,正如恩格斯所说:"对于每一次这样的胜利,自然界都报复了我们。"因此,既要保持人类进步与生活质量提高,又要保证人类的生存安全,保护环境的问题十分严峻。在这一重要领域里,一方面,化学家利用化学的技术和方法研究环境中物质间的相互作用,包括物质在环境介质(大气、水体、土壤、生物)中的存在、化学特性、行为和效应,并在此基础上研究控制污染的化学原理和方法;另一方面,化学家利用化学原理从源头上消除污染,即采用无毒、无害的原料和洁净、无污染的化学反应途径与工艺,生产出有利于环境保护与人类安全的环境友好的化学产品,如可降解的塑料、可循环使用的金属和橡胶、对臭氧层不构成威胁的新型制冷剂、能控制害虫而不危害人类和有用生物的农药等。前者的研究领域已经发展成为一门新兴的交叉学科,称为环境化学;后者则是一个新兴的化学分支,称为绿色化学。作为一门基础的中心学科,化学不仅已为环境问题的解决做出了重要贡献,而且它还掌握着彻底解决这个问题的关键。

7.1　自然环境中水和氧的循环

自然环境由生物圈、大气圈、水圈和岩石圈四个圈层构成,总称生态圈。各圈层之间有着复杂的物质交换和能量交换。根据放射性同位素方法推算,地球的年龄大约为 46 亿年,自然环境发展历史可划分为地球的形成、生物的形成和人类的出现三个阶段。地壳内部大量放射性元素的裂变和衰变所释放出的能量积聚和迸发、陨星对地表的频繁撞击等,导致了地球火山的强烈活动,使地球温度升高到出现局部熔融,重元素沉入地心,轻物质浮升到地表,逐渐形成地壳(岩石圈)、地幔和地核等层次。与此同时,被禁锢在地球内部的气体不断迸发出来,形成原始大气圈,其主要成分为水(H_2O)、一氧化碳(CO)、二氧化碳(CO_2)、甲烷(CH_4)和氮气(N_2)等。当时的大气中不含氧气(O_2),地表水呈酸性。上述过程历时 15 亿年。显然,早期地表环境的显著特征是缺氧,也没有臭氧层,太阳辐射中的高能紫外线可直接射到地面上。地球形成后,在太阳能和地热能的作用下,简单无机化合物和甲烷等化合物形成了简单有机化合物(如氨基酸、单糖等),并逐步演化为生物大分子(如蛋白质、多糖等),为生命的产生创造了条件。大气中 O_2 的积累主要依赖于生物的光合作用。原始海洋中的蛋白质、氨基酸首先形成无氧呼吸的细菌(原生物),并逐步演化为含有叶绿素的藻类,它们在水体中进行光合作用放出游离氧。经历了20 多亿年的进化,终于在 6 亿年前出现了海洋的生物群,4 亿年前形成了水陆生物和藻类的生命系统,逐渐形成了生物圈。游离氧的出现促进了生命的进化,并使地球在 4 亿年前出现了能屏蔽太阳强烈紫外线辐射的臭氧层,保护了陆地植物的生长。陆地植物的生长和微生物的作用,产生了土壤层。土壤是岩石与植物相互作用下的产物。土壤层的形成,又使易于流失的养分在地表上富集起来,从而促使陆地植物更加繁盛,保证了生物圈的发展与繁荣。

人类和其他生物生存的生物圈是在大气圈、水圈和岩石圈的交汇处。生态系统的物质循环就是自然界的各种化学元素,通过被植物吸收而进入生物界,并随着生物之间的营养关系而流转,又通过排泄物和尸体的降解再回到环境中去,如此周而复始,循环不息。生态系统中各种元素的循环是非常复杂的,氮的循环已在第 2 章中讨论过,碳的循环将在第 8 章中讨论。以下就水和氧的循环作简要介绍。

所有生物体组成中都含有水,自然界中绝大多数生物及非生物的变化多在水中进行。没有水参与循环,就没有生态系统的功能,生命就不能维持。水约占地球表面的70%,水为物质间的反应提供了适宜的场所,成为物质传递介质。水参加植物的光合作用,既制造了维持生命的必需营养物,同时又为生命提供了必需的氧气。

地球上的海洋、河流等水体不断蒸发,生成的水汽进入大气,遇冷凝结成雨、雪等返回地表,其中一部分汇集在江、湖,重新流入海洋;另一部分渗入土壤或松散岩层,有些成为地下水,有些被植物吸收。被植物吸收的部分,除少量结合在植物体内外,大部分通过叶面蒸发返回大气。由此可见,水的自然循环是依靠其气、液、固三态易于转化的特性,借助太阳辐射和重力作用提供转化和运动能量来实现的。

水循环系统既受气象条件(如温度、湿度、风向、风速)和地理条件(如地形、地质、土壤)等自然因素的影响,也会受到人类活动的影响。例如,构筑水库、开凿河道、开发地下水等,会导致水的流经路线、分布和运动状况的改变;发展农业或砍伐森林会引起水的蒸发、下渗、径流等变化。人类的生产活动和生活中排出的化学污染物,以各种形式进入水循环后,将参与循环并进而迁移和扩散。如排入大气的二氧化硫和氮的氧化物形成酸雨；土壤和工业废弃物经雨水冲刷，其中的化学污染物随径流和渗透又进入水循环而扩散等。总之，水的循环会对生态系统，对人类生存的环境质量带来显著影响。

由于氧在自然界中含量丰富、分布广泛，而且性质活泼，环境中处处有氧（游离态或化合态），所以氧在自然界中的循环最复杂。水、氮、碳的循环中都包含了一部分氧循环。

应当指出，参与循环的物质仅是该物质总储量的很少部分，大部分则存留于其各自的"储库"之中。海洋是水的总储库，岩石是碳和氧的总储库，大气是氮的总储库。因为参与循环的物质的量极少，所以各种物质总体循环一周所需要的时间很长，且根据各类物质总储量的不同，循环周期的长短差别亦很大。据估计，如把所有地球上现存的水为植物光合作用所裂解，再为动植物细胞的生物氧化而重新形成，大约需时 200 万年。在这过程中产生的 O_2 进入大气，并约在 2000 年内进行再循环；CO_2 为动植物细胞所呼出进入大气中，平均停留 300 年，再为植物细胞固定。

总之，自然界中各种物质的循环都按一定的过程进行，而且由此形成自然界中物质的平衡。生物体则参与所处环境的物质循环，成为平衡着的自然环境整体中的一个组成部分，而且是一个主导部分。

7.2　保护大气环境的化学

1943 年 7 月 26 日，美国西海岸城市洛杉矶突然笼罩在一片刺鼻的烟雾之中，数千人出现咳嗽、流泪、打喷嚏的症状，严重者眼睛刺痛、呼吸不适，甚至头晕恶心。这至少是7 月来第四次出现这样的情况，也是最严重的一次。起初，洛杉矶人还以为是日本人针对洛杉矶的"毒气攻击"。1952 年，美国加州理工学院化学教授哈根-斯密特（Haagen-Smit）和退休化学家布伦内尔（Brunelle）首次发现，烟雾是在大气中经光化学作用形成的，并非直接来自工业排放。1952 年 12 月，英国伦敦出现了连续五天的大雾，当时能见度仅有数米远。大雾引发的直接死亡人数达到 4000～6000 人，其中主要是儿童和患有呼吸疾病的人群，由于大雾带来的影响还加剧了人们已有的病情，而且死亡人数并非都立即进行了登记，因此最终死亡人数估计 1.2 万人。这是一场全国性的灾难。此后，世界多个国家也出现过一些严重空气污染的情况。近年来，我国随着工业化进程加快，空气污染情况日益加剧，雾霾出现的范围、频率和严重程度还在进一步发展。实际上，自从洛杉矶烟雾和伦敦烟雾发生以来，世界各国都在研究大气污染的原因和治理办法，以及相关的法律法规。在此过程中，化学发挥了关键作用。

7.2.1　大气圈的化学组成与雾霾

通常把随地球旋转的大气层叫作大气圈，大气圈包围着地球，它是由空气、少量水汽、粉尘和其他微量杂质组成的混合物，其高度可达 1000 千米，总质量约 550 万亿吨。

其 99％的质量在海平面上 30 千米以下,海平面上 3.5 千米以内才有足够的氧维持生物的生命。通常把能影响地球气候的气层称之为对流层,这可以延伸到海平面上 11.2 千米处。对流层的大气密度最大,占大气层总重量的 95％左右,其中除了有纯净的干空气外,还含有一定量的水蒸气。空气的主要成分按体积之比依次为:氮气 78.09％、氧气20.09％、氩气 0.93％、二氧化碳 0.03％。除此之外,还有 0.1％的稀有气体,如氦、氖、氙、甲烷、氮的氧化物、氨、臭氧等。风、云、雨、雪等天气现象均发生在这一层内。大气中的水汽主要来自水体、土壤和植物中水分的蒸发,大部分集中在低层大气中,其含量随地区、季节和气象因素而异。水汽在天气现象和大气化学污染现象中扮演重要角色。大气中的固体是悬浮体,主要来自工业烟尘、火山喷发和海浪飞逸带出的盐质等。

对流层上面是平流层,其可延伸到 50 千米处。在这一层中,气体的温度先随高度上升有缓慢地增加,在 30～35 千米的高度时,气温约为－55℃,再继续升高到 50 千米处,气温可达－3℃以上,这是由该层中的臭氧会强烈吸收太阳紫外线所致。在平流层和平流层以上的大气层里,几乎不存在水蒸气和尘埃,极少出现云、雨、风暴等气候现象。该层中的主要化学物质是 O_2、N_2、O_3 等。由于该层大气的透明度较好,气流也稳定,是现代超音速飞机飞行的理想场所。

平流层上面是中间层,可延伸到 80～85 千米,再上面就是非均质层,在非均质层里又可分为热层(电离层)和外层(散逸层)。这些层以外就是宇宙空间了。

人类生活在大气圈中,依靠空气中的氧气而生存。一般成年人每天需要呼吸 10～12 立方米的空气,它相当于一天进食量的 10 倍、饮水量的 3 倍。人可几周不进食,几天不喝水,但断绝空气几分钟生命就难以维持。这充分表明空气对维持生命的重要性,而清洁的空气则是人类健康的重要保证。但大气中总是含有一些对人体有毒的物质,如一氧化碳(CO)、一氧化氮(NO)、二氧化氮(NO_2)、二氧化硫(SO_2)等,它们被视作大气污染物,现在能监测到的污染物有近百种。

燃料的燃烧是造成大气污染的主要原因。人类生活和工业、科学技术的现代化,使燃料用量大幅度上升,从而造成大气的污染日趋严重。随着交通运输业的发展,大都市中大量汽车的排气也对环境造成了严重的污染。另外,大气中还有来自工业生产的其他污染物,石油工业和化学工业大规模的发展也增加了空气中污染物的种类和数量。在农业方面,由于各种农药的喷洒而造成的大气污染也是不可忽视的问题。大气污染对建筑、树木、道路、桥梁和工业设备等都有极大危害。对人体健康的危害也日益明显,更大的威胁是通过呼吸道疾病削弱人的体质,并进一步引起心脏及其他器官的机能障碍而导致疾病甚至死亡。下面就某些公认的综合性大气污染现象,介绍其污染源和对人类的危害。

从化学角度看,大气污染物主要有 8 类:含硫化合物、碳的氧化物、含氮化合物、烃类化合物、卤素及其化合物、氧化物、颗粒物质(煤尘、粉尘及金属微粒)和放射性物质。这些污染物又可分为一次污染物(原发生污染物)和二次污染物(继发性污染物)。直接从各类污染源排出的物质称为一次污染物。这中间又有反应性物质和非反应性物质之分。前者不稳定,在大气中常与其他污染物发生化学反应,或者作为催化剂促进其他污染物之间发生化学反应;后者不发生反应或反应速度缓慢,是较为稳定的物质。二次污染物是指不稳定的一次污染物与大气中原有成分发生反应,或者污染物之间相互反应而生成一系列新的污染物质,如 H_2S、SO_2 和 NO 等被氧化而生成新的污染物,NO_2 和 HNO_3 就是由 NO 被氧化而生成的。大气污染物的分类如表 7-1 所示。

表 7-1　大气中污染物的分类

污染物	一次污染物	二次污染物
含硫化合物	SO_2、H_2S	SO_3、H_2SO_4、MSO_4[a]
碳的氧化物	CO、CO_2	无
含氮化合物	NO、NH_3	NO_2、HNO_3、MNO_3[b]
烃类化合物	$C_1 \sim C_3$ 化合物	醛、酮、酸
卤素及其化合物	HF、Cl_2、HCl、卤代烃	无
氧化物	—	O_3、过氧化物
颗粒物质	煤尘、粉尘、金属微粒	—
放射性物质	铀、钍、镭等	—

注:[a] MSO_4:硫酸盐;[b] MNO_3:硝酸盐。

有些空气中的颗粒物质非常细小,以至于人的肉眼几乎看不见。这些细颗粒物是指空气动力学当量直径小于等于 2.5 微米的颗粒物,因此又被称为 PM 2.5。它能较长时间悬浮于空气中,其在空气中含量越高,就代表空气污染越严重。虽然 PM 2.5 只是地球大气成分中含量很少的组分,但它对空气质量和能见度等有重要的影响。与较粗的大气颗粒物相比,PM 2.5 粒径小,面积大,活性强,易附带有毒、有害物质(如重金属、微生物等),且在大气中的停留时间长、输送距离远,因而对人体健康和大气环境质量的影响更大。2013 年 2 月,全国科学技术名词审定委员会将 PM 2.5 的中文名称命名为细颗粒物。PM 2.5 的化学成分主要包括有机碳、元素碳、硝酸盐、硫酸盐、铵盐、钠盐等。PM 2.5 是雾霾天气的罪魁祸首。

"雾霾"是"雾"和"霾"的组合词。霾,也称阴霾、灰霾,是指原因不明的大量烟、尘等微粒悬浮而形成的浑浊现象,其核心物质是空气中悬浮的灰尘颗粒,气象学上称为气溶胶颗粒。近些年来,随着霾天气出现频率越来越高,导致空气质量逐渐恶化。霾中含有数百种大气化学颗粒物质,它们在人们毫无防范的时候侵入人体呼吸道和肺叶中,从而引起呼吸系统疾病、心血管系统疾病、血液系统疾病、生殖系统疾病等,诸如咽喉炎、肺气肿、哮喘、鼻炎、支气管炎等炎症,长期处于这种环境还会诱发肺癌、心肌缺血及损伤。而霾也常常引发交通事故。

2012 年以来,我国用空气质量指数(air quality index,AQI)来代替以前的空气污染指数。空气质量指数是定量描述空气质量状况的无量纲指数。参与空气质量评价的主要污染物为 PM 2.5、可吸入颗粒物、二氧化硫、二氧化氮、臭氧、一氧化碳等六项。

空气质量按照空气质量指数大小分为六级,指数越大,级别越高,污染情况越严重,从一级优(0~50)、二级良(51~100)、三级轻度污染(101~150)、四级中度污染(151~200),直至五级重度污染(201~300)、六级严重污染(300 以上)。根据相关标准,当 PM 2.5日均浓度达到 150 微克/立方米时,AQI 即达到 200;当 PM 2.5 日均浓度达到 250 微克/立方米时,AQI 即达到 300;当 PM 2.5 日均浓度达到 500 微克/立方米时,对应的 AQI 达到 500。

7.2.2 光化学烟雾之谜

汽车是近代重要的交通运输工具,随着汽车数量的激增,城市汽车尾气造成的环境污染也日益严重。汽车尾气中的有害成分主要有 CO、NO、NO_2、烃类化合物、颗粒物和臭氧等。

CO 是汽油燃烧不完全的产物,是尾气的主要成分。它无色、无臭、无味,当被吸入人体后,极易与血红蛋白结合(其亲合力比 O_2 大 200~300 倍),使血红蛋白失去携氧能力。CO 浓度低时会使人慢性中毒,浓度高时则会导致窒息死亡。

NO 和 NO_2 对人体也有危害。它们进入人体后,开始是刺激呼吸器官,然后逐渐侵入肺部,与细胞液中的水分结合成亚硝酸和硝酸后,产生强烈的刺激与腐蚀作用,引起肺水肿。NO_2 的毒性高于 NO,NO_2 气体呈红棕色,有特殊刺激臭味。NO 既有害于人体健康,还会腐蚀建筑物,并能导致酸雨和光化学烟雾,被列为大气中的重要污染物。

汽车尾气排放的未经燃烧的汽油和燃烧不完全而产生的多种烃类衍生物成分极其复杂,其中有饱和烃、不饱和烃、芳香烃以及这些烃类的含氧衍生物(如醛、酮等),不仅成分种类多,且组成变化也大。烃类污染物对自然界的危害,主要是破坏了生态系统的正常循环,它们还是诱发产生光化学烟雾的成分。

汽车尾气中的颗粒物包括铅化合物、碳颗粒和油雾等。铅是大气的重要金属污染物中毒性较大的一种,铅尘来自汽油的抗爆添加剂,这是一种含铅的有机化合物——四乙基铅$[(C_2H_5)_4Pb]$。四乙基铅是引起急性精神性疾病的剧毒物质,它可以在人体中不断积累,当血液中铅含量超过 0.1 毫克时,可造成贫血等中毒症状。目前,已普遍使用无铅汽油。碳颗粒是燃料燃烧不完全的产物,而油雾通常是由于油箱及化油器的逸漏而造成的。

汽车排放到大气中的烃类化合物、NO、NO_2 等为一次污染物,它们在紫外线照射下能发生化学反应,生成多种二次污染物。由一次污染物和二次污染物的混合物(气体和颗粒物)所形成的烟雾污染现象,称为光化学烟雾。NO、NO_2 是这种烟雾的主要成分,又因其 1946 年首次出现在美国洛杉矶,因此又叫洛杉矶型烟雾,以区别于煤烟烟雾(伦敦型烟雾)。

这种洛杉矶烟雾是由汽车的尾气所引起的,而日光在其中起了重要作用:

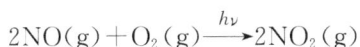

$$2NO(g) + O_2(g) \xrightarrow{h\nu} 2NO_2(g)$$

$$NO_2(g) \xrightarrow{h\nu} NO(g) + O(g)$$

$$O(g) + O_2(g) \xrightarrow{h\nu} O_3(g)$$

当 NO_2 光分解成 NO 和氧原子时,光化学烟雾的循环就开始了。氧原子会和氧分子反应生成臭氧(O_3),O_3 是一种强氧化剂,它与烃类发生一系列复杂的化学反应,其产物中的烟雾含有刺激眼睛的物质,如醛类、酮类等。在此过程中,NO 和 NO_2 还会形成另一类有强烈刺激性的物质,如 PAN(硝酸过氧化乙醛)。另外,烃类中一些挥发性小的氧化物会凝结成气溶胶滴,构成 PM 2.5。

汽车排放的 PM 2.5 的粒度很小,通常在 0.04~0.3 微米,远小于 2.5 微米,它们不但能进入人的肺部,而且能进入人的血液,对人体危害巨大。汽车排放的 PM 2.5 中含有多环芳烃等 16 种高致癌物质(如芘、苯并芘、萘、蒽等),为毒性和危害最大的污染物。

近年来,我国迅速的城市化伴随机动车数量的快速增长,在许多大中城市出现了严重的空气污染,并导致大半个中国出现雾霾天气,或者受到雾霾的威胁。据报道,2014年,在北京和上海地区 PM 2.5 的主要来源中,汽车尾气污染占比分别达到 31.1% 和 25.8%。

目前,化学家已研制出很有效的汽车尾气净化器,这种反应器与发动机的排气管相连,其中装有固体催化剂,可使汽车尾气中的氮氧化物转化成无毒的 N_2,使烃类化合物和 CO 转化成对人体无害的 CO_2 和 H_2O。例如,用金属铑(Rh)作催化剂的净化器能够有效地除去汽车尾气中的氮氧化物,以减少其对空气的污染。在这一领域,化学家最感兴趣的是研制高效而又廉价的新型催化剂。对于汽油车,现在主要是采用三效催化剂的净化技术,也称为三元催化。如图 7-1 所示,三效催化剂由蜂窝体和催化剂涂层组成,而催化剂由稀土储氧材料(由氧化铈、氧化镧和氧化锆制备)、稀土稳定的氧化铝材料,以及贵金属(如铂、钯和铑)组成。这些氧化物催化剂具有特殊的储存和释放氧的功能,与贵金属结合,在平燃时储存氧、富燃时则提供氧。这种采用三效催化剂的尾气净化器的转化性能很高,在一些发达国家,已经能够达到零排放的水平。

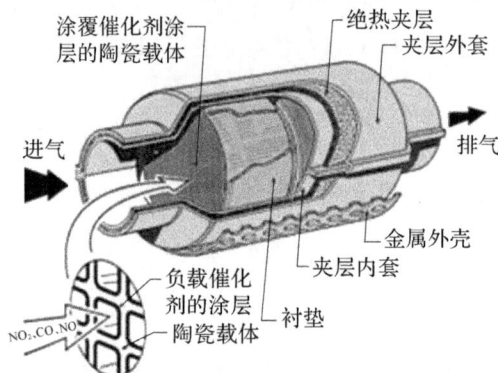

图 7-1 汽车尾气净化器

7.2.3 臭氧层空洞之谜

环绕地球的大气中含有少量的臭氧,若将大气中所有的臭氧压缩到相当于地球表面的大气压力,则臭氧层只有 3 毫米的厚度。虽然其存在量很小,但它对生命起着至关重要的作用:臭氧和氧气一起能够吸收由太阳辐射的大部分紫外线,使它们不能到达地球表面。一旦失去了臭氧层的保护,将导致皮肤癌和白内障等疾病的发病率提高,甚至动植物将无法生存。因此,了解调节臭氧含量的过程显得非常重要。

早在 1930 年,英国物理学家查普曼(S. Chapman)首先提出了大气中臭氧形成和分解的光化理论。该理论描述了在阳光作用下,氧的各种形态间是如何相互转化的。该理论认为,在距离地面 15~24 千米的高层大气中,由氧吸收太阳紫外线辐射而生成可观量的臭氧(O_3)。光子首先将氧分子分解成氧原子,氧原子与氧分子进一步反应生成臭氧:

$$O_2 \longrightarrow 2O$$

$$O+O_2 \longrightarrow O_3$$

O_3 和 O_2 属于同素异形体,在通常的温度和压力条件下,两者都是气体。当 O_3 的浓度在大气中达到最大值时,就形成厚度约 20 千米的臭氧层。臭氧在地平面上肯定是有害的,会产生烟雾,并破坏许多其他物质。然而,在高空中臭氧是非常重要的,它能吸收太阳光中的高能量紫外线,从而防止紫外线对地球上包括人在内的所有生物的伤害。

研究结果证实,臭氧层已经开始变薄,乃至出现空洞。1985 年,科学家发现南极上方出现了面积与美国大陆相近的臭氧层空洞,1989 年又发现了北极上空正在形成的另一个臭氧层空洞。此后,科学家发现空洞并非固定在一个区域内,而是每年在移动,且面积不断扩大。臭氧层变薄和出现空洞,就意味着有更多的紫外线到达地面。紫外线对生物具有破坏性,对人的皮肤、眼睛甚至免疫系统都会造成伤害,强烈的紫外线还会影响鱼虾类和其他水生生物的正常生存,乃至造成某些生物灭绝,还会严重阻碍各种农作物和树木的正常生长,又会因 CO_2 量增加而导致温室效应加剧。

20 世纪科学家们对大气层的化学研究发现,人类活动产生的微量气体,如氮氧化物和氯氟烃(CFCs,即氟利昂)等,对大气中臭氧的含量有很大的影响。引起臭氧层被破坏的原因有多种解释,其中公认的原因之一是 Rowland 和 Molina 在 1974 年提出的 CFCs 理论,即臭氧层的破坏来自氟氯烃(CFCs)气体。CFCs 被广泛应用于制冷系统、发泡剂、洗净剂、杀虫剂、除臭剂、头发喷雾剂等。CFCs 化学性质稳定,易挥发,不溶于水。但进入大气平流层后,受紫外线辐射而分解产生 Cl 原子,Cl 原子则可引发破坏 O_3 循环的反应:

$$Cl + O_3 \longrightarrow ClO + O_2$$

$$ClO + O \longrightarrow Cl + O_2$$

上述第一个反应消耗的 Cl 原子,在第二个反应中又重新产生,又可以和另外一个 O_3 起反应。因此每一个 Cl 原子能参与大量破坏 O_3 的反应,这两个反应加起来的总反应式为:

$$O_3 + O \longrightarrow 2O_2$$

反应的最后结果是将 O_3 转变为 O_2,而 Cl 原子本身只起了催化剂的作用。就这样,O_3 被 CFCs 分子所释放出的 Cl 原子引发的反应而破坏。

当然,破坏臭氧层的化学物质并非只有氟利昂,而且影响臭氧层的也并非全是化学品。1970 年,Crutzen 提出了 NO_x 理论,氮的氧化物 NO 和 NO_2 可以对臭氧的分解起催化作用,从而造成臭氧含量的迅速减少。大型喷气机的尾气、火山爆发和核爆炸的烟尘均能到达平流层,其中含有各种可与 O_3 作用的污染物,如 NO 和某些自由基等。人口的增长和氮肥的大量生产等也可以危害到臭氧层。在氮肥的生产中会向大气释放出各种氮的化合物,其中一部分可能是有害的氧化亚氮(N_2O),它会引发下列反应:

$$N_2O + O \longrightarrow N_2 + O_2$$

$$N_2 + O_2 \longrightarrow 2NO$$

$$NO + O_3 \longrightarrow NO_2 + O_2$$

$$NO_2 + O \longrightarrow NO + O_2$$

其中,NO 按后两个反应式循环反应,最终使 O_3 分解:

$$O_3 + O \longrightarrow 2O_2$$

大气化学研究揭开了臭氧层空洞之谜,从而提出了保护臭氧层的途径。1995 年,Molina、Rowland 和 Crutzen 三位化学家因为在研究大气化学,特别是臭氧层的形成和破坏机理方面所做出的杰出贡献而荣获了诺贝尔化学奖。正是在这些化学家研究成果的基础上,国际社会为保护臭氧层免遭破坏,于 1987 年签订了《蒙特利尔协定书》,即禁止使用 CFCs 和其他的卤代烃的国际公约。

然而,迄今为止臭氧层仍在变薄。不论是南极地区上空,还是北半球的中纬度地区上空,O_3 含量都呈下降趋势。与此同时,关于臭氧层破坏机制的争论也很激烈。例如,大气的连续运动性质使人们难以确定臭氧含量的变化究竟是由动态涨落引起的,还是由化学物质破坏引起的,这是争论的焦点之一。由于提出不同观点的科学家在各自所在的地区对大气臭氧进行的观测是局部和有限的,因此,建立一个全球范围的臭氧浓度和紫外线强度的监测网络是十分必要的。

联合国环境计划署对臭氧消耗所引起的环境效应进行了估计,认为臭氧每减少1%,具有生理破坏力的紫外线将增加1.3%,因此,臭氧的减少对动植物尤其是人类生存的危害是公认的事实。保护臭氧层须依靠国际大合作,并采取各种积极、有效的对策。

7.2.4 酸雨形成之谜

大气中的化学物质随降雨到达地面后会对地表的物质平衡产生各种影响。雨水的酸化程度通常用pH值表示。正常雨水偏酸性,pH值为6～7,这是由于大气中的CO_2溶于雨水中,形成部分电离的碳酸:

$$CO_2(g) + H_2O \longrightarrow H_2CO_3 \longrightarrow H^+ + HCO_3^-$$

而雨水的微弱酸性可使土壤的养分溶解,供生物吸收,这是有利于人类环境的。酸雨通常是指pH值小于5.6的降水,是大气污染的现象之一。首先使用"酸雨"这个名词的人是英国化学家史密斯。1852年,他发现在工业化城市曼彻斯特上空的烟尘污染与雨水的酸性有一定关系,报道过该地区的雨水呈酸性,并于1872年编著的科学著作中首先采用了"酸雨"这一术语。酸雨的形成是一个复杂的大气化学和大气物理过程,它主要是由废气中的SO_x和NO_x造成的。汽油和柴油都含有硫化合物,燃烧时排放出SO_2,金属硫化物矿在冶炼过程也会释放出大量SO_2。这些SO_2通过气相或液相的氧化反应生成硫酸,其化学反应过程可表示为:

$$气相反应:2SO_2 + O_2 \longrightarrow 2SO_3$$

$$SO_3 + H_2O \longrightarrow H_2SO_4$$

$$液相反应:SO_2 + H_2O \longrightarrow H_2SO_3$$

$$2H_2SO_3 + O_2 \longrightarrow 2H_2SO_4$$

大气中的烟尘、O_3等都是反应的催化剂。

燃烧过程产生的NO和空气中的O_2化合为NO_2,NO_2遇水则生成硝酸和亚硝酸,其反应过程可表示为:

$$2NO + O_2 \longrightarrow 2NO_2$$

$$2NO_2 + H_2O \longrightarrow HNO_3 + HNO_2$$

酸雨对环境有多方面的危害:使水域和土壤酸化,损害农作物和林木生长,危害渔业生产(pH值小于4.8时,鱼类就会消失);腐蚀建筑物、工厂设备和文化古迹,也危害人类健康。因此,酸雨会破坏生态平衡,造成极大的经济损失。此外,酸雨可随风飘移而降落到几千里外,导致大范围的危害。因此,酸雨已被公认为全球性的重大环境问题之一。

我国大气污染属煤烟型污染,以酸雨、二氧化硫和烟尘危害最为严重,且污染程度逐年加重。长期以来,我国的能源结构以煤为主。大量的煤炭消费导致了严重的煤烟型大气污染,突出表现为大气中 SO_2 和颗粒物污染严重。SO_2 在大气中通过各种途径快速转化为硫酸和硫酸盐气溶胶,导致降水酸化,造成了近 1/3 的国土面积变成酸雨区。据国家环保局发布的"中国环境状况公报"显示,我国的酸雨主要分布在长江以南、青藏高原以东和四川盆地。华中地区酸雨污染最严重,其中心区域酸雨年均 pH 值低于 4.0,酸雨出现频率在 80% 以上。

7.2.5　温室效应之谜

地球大气层中的 CO_2 和水蒸气等允许部分太阳辐射(短波辐射)透过并到达地面,使地球表面温度升高;同时,大气又能吸收太阳和地球表面发出的长波辐射,仅让很少的一部分热辐射散失到宇宙空间。温室效应是地球上生命赖以生存的必要条件(即保护作用)。但是由于人口激增、人类活动频繁、化石燃料的燃烧量猛增,加上森林面积因滥砍滥伐而急剧减少,导致了大气中 CO_2 和各种气体微粒含量不断增加,致使 CO_2 吸收及反射回地面的长波辐射能增多,引起地球表面气温上升,造成了温室效应加剧,气候变暖。这是 20 世纪大气化学研究的重要成果之一。

然而,温室气体并非只有 CO_2,还有甲烷(CH_4)、氯氟烃(CFCs,即氟利昂)、一氧化二氮(N_2O)和氢氧根(OH^-)等。在各类温室气体中,浓度最大的是 CO_2,其浓度年增长率为 0.5%。虽然 H_2O 的平均浓度在温室气体中居第二位,但是浓度增长不明显,对温室效应的增强影响不大,所以人们谈论全球变暖时,都未提到 H_2O。原来大气中并不存在的 CFCs 浓度的年增长率高达 4.0%,CFCs 分子吸收红外辐射的能力是 CO_2 分子的几千万倍。

温室效应的加剧导致全球变暖,这会给气候、生态环境及人类健康等多方面带来影响。地球表面温度升高会使更多的冰雪融化,反射回宇宙的阳光减少,极地更加变暖,海平面慢慢上升,降雨量也会增加。降水量的增加会使草原以及对水敏感的物种出现变化,很多植物将会在与以往不同时期内播种、开花与结果;植物的生长周期会缩短,甚至使植物品种打乱;变暖、变湿的气候条件会促进病菌、霉菌和有毒物质的生长,导致食物受污染或变质。因此,气候变暖将引起全球疾病的流行,严重威胁人类健康。

化学家一方面揭示了温室效应加剧的原因,另一方面提出了减缓温室效应的途径和措施,包括有效地控制温室气体排放以及将温室体气转变成有用的能源等。

7.3 保护水资源的化学

水是人类赖以生存的珍贵资源。人类的生产和生活用水基本上都是淡水。但地球上全部地面和地下的淡水量总和仅占总水量的 0.63%。随着社会发展和人们生活水平的提高,生产和生活用水量在不断上升。人类年用水量已近 4 万亿立方米,全球有 60% 的陆地面积淡水供应不足,近 20 亿人饮用水短缺。联合国早在 1977 年就向全世界发出警告:水源不久将成为继石油危机之后的另一个更为严重的全球性危机。实际上,现有的淡水资源已满足不了人类的需求,缺淡水是全球面临的主要威胁之一。为保护水资源不受污染和开发水资源,化学家已开展了大量研究,在水污染化学,以及水的纯化、软化、海水淡化等多个领域取得了重要成果。

7.3.1 水的化学净化、纯化和软化

天然水中含有较多杂质,为了使它达到生活用水的标准就必须进行净化处理。水源中的水通过泵站被输送到交替使用的沉降池,目的是使一些固体杂质及悬浮物沉降下来。如果悬浮物较多,就要使用化学沉降剂——硫酸铝[$Al_2(SO_4)_3$]。澄清水再经过过滤由泵输送到曝气池以使部分挥发物得以除去。同时,曝气过程中带入的氧可消除水中的不愉快气味。再经过氯气消毒,即可送入高塔或泵入自来水系统供人们使用。目前,城市的自来水大致以这样的程序处理。

硫酸铝是三价金属铝的硫酸盐。它之所以能作为沉降剂,是因为 $Al_2(SO_4)_3$ 在水中会发生水解反应:

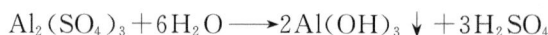

$$Al_2(SO_4)_3 + 6H_2O \longrightarrow 2Al(OH)_3 \downarrow + 3H_2SO_4$$

由于 $Al(OH)_3$(氢氧化铝)在水中的溶解度极小,因而一旦发生水解反应,$Al(OH)_3$ 就会以絮状的白色沉淀物弥散地布满水中,而这种絮状沉淀物有较强的吸附力,可在自身沉降的过程中把水中的悬浮物吸附掉。如将水放入缸中,加入适量明矾也会有同样效果。这是因为明矾的化学结构是硫酸铝钾,是硫酸铝和硫酸钾的复盐。天然矿石明矾是带有 12 结晶水的透明晶体,其分子式为 $KAl(SO_4)_2 \cdot 12H_2O$。

氯气消毒的原理是氯气在水中会生成次氯酸,次氯酸又会分解放出氧气:

$$H_2O + Cl_2 \longrightarrow HClO + HCl$$

$$2HClO \longrightarrow 2HCl + O_2$$

氯气和新生态氧均有极强的氧化能力,能使有机体氧化以达到杀灭细菌的效果。

将氯气通入消石灰[$Ca(OH)_2$]中就可制成所谓的漂白粉,其中含有次氯酸钙[$Ca(ClO)_2$],由于次氯酸钙不稳定会发生分解反应而释放出新生态氧,同样有消毒作用:

$$Ca(ClO)_2 + 2H_2O \longrightarrow Ca(OH)_2 + 2HClO$$

$$2HClO \longrightarrow 2HCl + O_2$$

经过净化得到的只是干净的水,而不是纯水,因为水中还含有一些化学物质。在需要用纯水的场合,比如药剂、注射用水和超纯物质制备中用水等,水中的这些化学杂质是绝对不允许的。为了得到化学概念上的纯水,通常采用蒸馏方法,这是化学中常用的制备纯净物质的方法。用蒸馏的方法虽可将水中的不挥发物质如钠、钙、镁及铁的盐除去,但溶解在水中的氨、二氧化碳或者其他气体和挥发性物质则随着水蒸气一起进入冷凝器,进而溶入收集的水中。除去这类气体的一个有效方法是使水蒸气一部分冷凝,一部分任其逸去,原溶解于水内的气体和挥发性物质即随逸出的部分而被除去。欲得到纯度更高的蒸馏水,可先在普通蒸馏水中加入高锰酸钾($KMnO_4$)和碱性溶液,并进行蒸馏以除去其中的有机物和挥发性的酸性气体(如二氧化碳);然后于所得的蒸馏水内加入非挥发性的酸(如硫酸或磷酸),最后再进行蒸馏又除去氨等挥发性碱。这样制得的蒸馏水又称为重蒸水。

水纯化的关键是把溶解在水中的盐类除去。溶解在水中的盐是以阳离子和阴离子的形式存在的。如果有一种物质可以把这些离子从水中取走,那么水也就被纯化了。这种物质就是化学家合成的高分子化合物——离子交换树脂。离子交换树脂不溶于水,具有酸性或碱性。酸性离子交换树脂称为阳离子交换树脂,它可以和阳离子发生交换反应;碱性离子交换树脂称为阴离子交换树脂,它可以和阴离子发生交换反应。

如果让水分别通过足够的阳离子交换树脂和阴离子交换树脂,所有溶解于水中的阳离子和阴离子会被交换到树脂上去,流出的便是纯水了。离子交换树脂的交换作用是可逆的,当它吸够了离子之后,可以分别再用酸溶液或碱溶液进行反交换,让它们回复到酸性或碱性(这一过程被称为树脂的再生),这样离子交换树脂就可反复使用了。

水中若含钙离子(Ca^{2+})、镁离子(Mg^{2+})、铁离子(Fe^{3+})或锰离子(Mn^{2+}),则此水称为"硬水"。硬水在某些场合中是十分有害的。因为水在流经石灰石和白云石时,与溶于水中的二氧化碳发生作用,生成了可溶性的酸式碳酸盐,进而导致钙离子和镁离子等存留在水中。

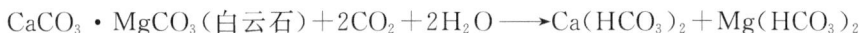

$$CaCO_3(石灰石) + CO_2 + H_2O \longrightarrow Ca(HCO_3)_2$$

$$CaCO_3 \cdot MgCO_3(白云石) + 2CO_2 + 2H_2O \longrightarrow Ca(HCO_3)_2 + Mg(HCO_3)_2$$

碳酸是一个二元酸,可在水中发生解离:

$$H_2CO_3 \longrightarrow H^+ + HCO_3^- \longrightarrow 2H^+ + CO_3^{2-}$$

碳酸在酸性条件下会形成酸式碳酸根,所形成的盐是可溶性的。然而这些可溶性的酸式碳酸盐在加热时会发生沉淀反应:

$$Ca(HCO_3)_2 \longrightarrow CaCO_3 \downarrow + CO_2 \uparrow + H_2O$$

因此,工业上的锅炉用水绝不能用硬水。在加热过程中生成的沉淀物 $CaCO_3$ 会形成水垢,轻则使传热变差、效率降低;重则产生裂缝,造成加热不均匀,甚至还会引发爆炸事故。因此,锅炉用水必须经过处理以除去钙、镁等离子。日常生活中,我们在水壶底部和热水瓶底部见到的那一层白色水垢,就是这种沉淀物。

硬水的另一个害处是与普通的肥皂作用生成不溶于水的凝脂,这就是我们用肥皂洗衣时看见的漂浮在水面上的那一层白花花的东西,它降低了肥皂的去污能力。此外,硬水作为饮用水,其口感也欠佳。

为克服上述缺点,需要把硬水软化。如采用蒸馏法、离子交换法等制造纯水,实际上就是软化了水。除此之外,还有一种所谓的石灰-苏打软化法,即在水中加入消石灰 [$Ca(OH)_2$]和纯碱(Na_2CO_3),于是就发生如下反应:

$$HCO_3^- + OH^- \longrightarrow CO_3^{2-} + H_2O$$

$$Ca^{2+} + CO_3^{2-} \longrightarrow CaCO_3 \downarrow$$

$$Mg^{2+} + 2OH^- \longrightarrow Mg(OH)_2 \downarrow$$

这样就可把水中的钙离子、镁离子全部除去,而在水中仅留下钠离子。至于铁离子和锰离子,通常它们在水中的含量不及前两种离子多,若要除去可先曝气氧化使它们成为高价氧化态,然后在碱性条件下它们会以 $Fe(OH)_3$ 和 $MnO_2(H_2O)_x$ 沉淀形式而被过滤除去。

7.3.2 海水的淡化

人类的存在需要水,地球上存在大量的水,可惜能被人类所用的水源却少得可怜。当人类因缺乏水源而困惑时,毫无疑问会把目光投射到大量海水的利用上。海水含有 3.5% 的盐类化合物,如何廉价地把这些化合物从水中去掉一直是化学家们孜孜以求的目标。随着淡水源日益受到污染,其净化成本也日趋增加,而海水淡化却可因技术进步而逐步降低成本。这就使得海水淡化已进入实用阶段,尤其在特殊的环境中如生活在无淡水源的小岛上、长期在海上航行等,海水淡化更有重要意义。除此之外,在干旱沙漠地区常钻井以获取地下水,而这种水往往会含有大量的盐分,要饮用这种水也必须经过类似海水淡化的技术处理。

目前,化学家已发明了两类比较实用的技术来淡化海水:一是用蒸发和凝固来使水和盐分分离;二是用电和化学手段以及选择性渗透膜技术等,使水中的离子除去。第一种方法是昂贵的,因为蒸发 1 克水就要吸收 2.3 千焦热量,而凝固 1 克水又要设法从水中取走 0.3 千焦热量,两者都要消耗大量的能源动力;而第二种方法的速度较慢。

蒸馏法淡化海水与制备纯水的蒸馏方法一样,海水经蒸馏后即可为人类所饮用。为了克服能源消耗较大这一局限性,在蒸馏法中常考虑能源的再利用,所以常把蒸气冷凝过程中所释放的热量用来进行海水的预热。太阳能和原子能的利用使海水淡化的规模生产有了新的依靠,目前这种方法仍是海水淡化的主要方法。

　　当我们把冷的海水喷入真空室时,部分海水的蒸发使其余海水冷却(蒸发需要吸收热量),并形成了冰晶。任何固体从溶液中析出时,倾向于排除别的杂质进入该固体晶格中。虽说不是百分之百地不带入别的杂质,但固体冰晶中的杂质要比原溶液中少得多。将这种方法得到的冰晶用适量淡水淋洗一下后再融化,即为淡水。若一次过程尚不足以达到淡化目的,可反复进行几次。这种使某物质从溶液中凝固或结晶出来从而达到纯化目的的技术被称为重结晶。

　　另一种海水淡化技术被称为电渗析(electrodialysis)。一般情况下,水溶液中的离子(除非是人工合成的大分子离子)可以自由通过一种称为聚乙烯异相离子交换膜的半透膜。如果在含有离子的溶液中插入两个电极并通入电流,溶液中的阳离子就会朝负极迁移,阴离子就会朝正极迁移,这是一个典型的电解过程。若在电解池中再放入两片半透膜把电解池一分为三。一片半透膜只能使阳离子通过而拒绝使阴离子通过,称为阳离子交换膜(简称阳膜);另一片半透膜则只能使阴离子通过而拒绝阳离子通过,称为阴离子交换膜(简称阴膜)。当在电极间通入电流之后,离子就会向两边迁移,时间足够长之后中间部分的离子就会全部迁移到两边。电解池中的海水经过电渗析之后,中间部分放出的水即为淡水(或脱盐液)。这样即可达到分离、浓缩的目的。如图 7-2 所示,一台电渗析器由多个膜对组成,这些膜对总称为膜堆。

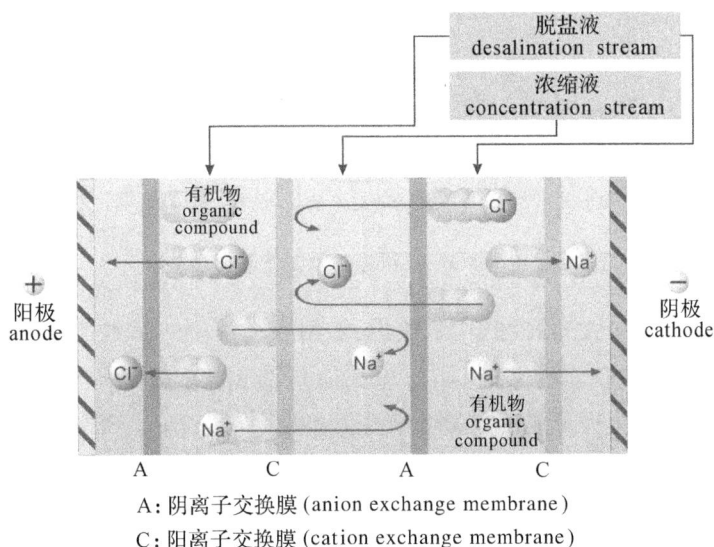

图 7-2　电渗析技术工作原理

　　在电渗析技术中,合成高分子聚乙烯异相离子交换膜是一个关键。它是由苯乙烯磺酸型阳离子交换树脂、苯乙烯季铵型阴离子交换树脂以聚乙烯为黏合剂,经混炼拉片,用尼龙网布增强热压而成聚乙烯阳离子交换膜和聚乙烯阴离子交换膜。聚乙烯异相离子交换膜自 20 世纪 60 年代末期在我国开发投产,并应用于电渗析技术。我国西沙永兴岛上的海水淡化站即采用这种技术,日产淡水 20 吨。

　　若把含有盐类杂质的海水视为一种稀溶液,那么就存在着一种渗透压。如用人工制成的多孔薄膜(称为半透膜)把纯水和海水隔开,则由于渗透压的关系,纯水中的水分子可自由通过隔膜渗入海水中。这是因为海水上方的水蒸气压力比纯水的水蒸气压力要小(这是由稀溶液的特性所决定的)。如果我们在海水上方人为地增加压力,那么就可阻止这种单向渗透。若压力大于渗透压,则可使渗透逆向进行,这种逆向进行的过程称为反渗透(reverse osmosis)。图 7-3 为反渗透技术工作原理示意图。利用反渗透技术,我们可以把海水中的水压出来变为淡水。反渗透是 20 世纪 60 年代发展起来的一项新的膜分离技术,目前已发展为一种实用的海水淡化技术,它可以快速、大量生产淡水,而成本仅为目前城市自来水成本的 3 倍左右。反渗透技术所用的渗透膜多为合成高分子材料——醋酸纤维素。目前,化学家还在深入研究以寻求更理想的渗透膜。实践表明,这种渗透法对于除去水中的多氯联苯、酚类化合物、铬和银的化合物也是极为有效的,故对解决水污染问题也不失为一个好方法。

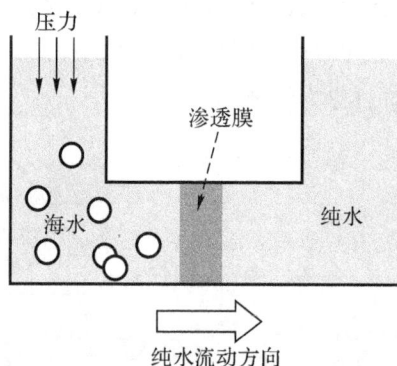

图 7-3　反渗透技术工作原理

　　尽管已经取得了很大进展,但开发廉价、实用和无污染的海水淡化方法仍然是一个重大挑战。为此,我国政府颁布的《国家中长期科学和技术发展规划纲要(2006—2020年)》中已将海水淡化列为重点研究领域中的优先主题,计划重点研究开发海水预处理技术、核能耦合和电水联产热法、膜法低成本淡化技术及关键材料、浓盐水综合利用技术等,开发可规模化应用的海水淡化热能设备、海水淡化装备和多联体耦合关键设备。

7.4　绿色化学

　　20 世纪是人类在科学技术方面取得最辉煌成就的时代,化学是其中一个重要领域。化学家在 20 世纪所合成的化学产品远远超过人类过去历史上的总和,如合成纤维、合成橡胶、各种类型的塑料产品,都是人类在 20 世纪所取得的辉煌成就。然而,化学工业的发展也为人类生活带来了不少负面影响,主要是环境污染和生态破坏。其中,人们所关注的温室效应使全球气候变暖和大气臭氧层被破坏是最显著的例子。化学工业带来的"三废"问题,以及重金属和农药等污染物对人类生活的危害与对生态的破坏,更是严重的社会问题,已引起了世界各国对环境保护的重视,各个国家也提出了控制和治理污染的各种方法和措施。但人们逐渐认识到,仅靠开发更有效的污染控制和治理技术所能实现的环境改善是有限的。若从产品和生产过程对环境的影响出发,依靠改进生产工艺和加强管理等措施来消除污染可能更有效,即采用预防污染的策略来减少污染物的产生才是最有效的。这就是清洁生产的概念。联合国环境规划署于1989年提出了清洁生产的最初定义,并于1996年将该定义进一步完善为:"清洁生产是一种新的创造性的思想,该思想将整体预防的环境战略持续应用于生产过程、产品和服务中,以增加生态效益和减少人类及环境的风险。"清洁生产着眼于全球环境的彻底保护,并最终为全人类建设一个洁净的地球而努力。

清洁生产对控制污染和保护环境是十分重要的战略决策,但有些生产工艺仍免不了有末端处理的问题。对化学工业来说,发展绿色化学才是治理污染和保护环境最有效的办法。

绿色化学又称环境无害化学,包括三个方面的内容:一是原料的绿色化,即采用无毒、无害原料,利用可再生资源。二是化学反应的绿色化,指化学反应以"原子经济性"为基本原则,即在获取新物质的化学反应中,充分利用参与反应的每种原料的原子,实现零排放;反应过程不产生其他副产品;反应采用无毒、无害的溶剂、助剂和催化剂。三是产品的绿色化,即生产无毒、无害、有利于保护环境和人类安全的环境友好产品。目前,公认的绿色化学的12条原则(Poliakoff M,et al,2002)如下:

(1)防止废弃物产生要比废弃物产生之后再去治理更为可取。

(2)设计的合成方法应使反应过程中所用物料最大限度地转化为最终产物。

(3)在任何可行的情况下,设计的合成方法都应当采用和产出那些对人类健康与环境毒性很小甚至无毒的物质。

(4)化学产品的设计要考虑到维持高效性,并减小毒性。

(5)尽可能不使用辅助物质(如溶剂、析出剂等),在不得不使用时也应尽量使用无害物质。

(6)应当认识到能量需求对环境和经济的影响,并使其降到最低。合成方法应在常温常压下进行。

(7)只要在技术和经济上可行,所用的未加工材料或原料都应当是可回收而非纯消耗的。

(8)尽量避免产生不必要的化学衍生化(如基团的保护/脱保护、在化学/物理过程中的暂时修饰等)。

（9）催化剂（尽可能具有选择性）比化学计量的试剂更好。

（10）设计出的化学产品在完成其效用后不应持续存留于环境中，而应分解为无害的降解产物。

（11）需要进一步发展分析方法，以便在危险物质形成之前进行实时在线检测与控制。

（12）合理选择化学过程中所用的物质及其形态，避免或尽可能减少发生泄漏、爆炸和火灾等化学事故。

从这 12 条原则可以看出，绿色化学不是通常所说的对废水、废气、废渣等污染物的环保局部性终端治理技术，它是从"源头上"消除污染，使废物不再产生的一种新概念。例如，1997 年美国总统绿色化学挑战奖（Presidential Green Chemistry Challenge Awards）中的变更合成路线奖的获得者 BCH 公司开发了一种合成布洛芬的新工艺。布洛芬是一种广泛使用的镇静、止痛药物，传统生产工艺包括 6 步化学计量反应，原子的有效利用率低于 40%。新工艺采用了"原子经济性反应"，仅 3 步催化反应，原子的有效利用率达 80%（如果考虑副产物乙酸的回收则达到 99%），符合上述 12 条原则的第 2 条。

紫杉醇（paclitaxel）是一种用于治疗子宫癌和乳腺癌的药物，该药最初是从太平洋紫杉树的树皮上分离出来的，而该树是地球上濒危动物斑纹猫头鹰的栖息地。美国 Bristol-Myers Squibb 公司开发了一种半合成路线，以欧洲紫杉树的树叶和嫩枝上提取的一种化合物作为前体来合成此药物，在此基础上他们还开发出植物细胞发酵技术来生产此药。Bristol-Myers Squibb 公司因此而获 2006 年美国总统绿色化学挑战奖中的变更合成路线奖。

在无毒、无害溶剂的使用方面，最成功的例子是超临界流体（SCF），特别是超临界二氧化碳的应用。超临界二氧化碳是指温度和压力均在其临界点（31.3℃、7.15 兆帕）以上的二氧化碳流体，它通常具有液体的密度，因而有常规液态溶剂的溶解度。在相同条件下，它又具有气体的黏度，因而又具有很高的传质速度。而且，由于具有很大的可压缩性，流体密度、溶剂溶解度和黏度等性能均可由压力和温度的变化来调节。超临界二氧化碳的最大优点是无毒、不可燃、价廉等，是取代传统的挥发性有机溶剂或助剂的理想替代品。美国陶氏（Dow）化学公司由于用 100% 的超临界二氧化碳代替氟氯烃用作聚苯乙烯泡沫塑料的发泡剂而获得了 1996 年美国总统绿色化学挑战奖中的变更溶剂/反应条件奖。陶氏公司还因其杀虫剂 Spinetoram 而获得了 2008 年美国总统绿色化学挑战奖中的更安全化学品设计奖。该杀虫剂对非靶生物（如人和家禽等）低毒、安全，而且其化学合成过程也符合绿色化学要求，所用催化剂以及大多数溶剂和试剂均可回收利用。

美国总统绿色化学挑战奖

　　1995 年 3 月 16 日，美国总统克林顿宣布了"总统绿色化学挑战计划"，作为重整环境立法设想的一部分，以推动和促进工业生态学。与此同时，建立了专门基金，资助重要的、有实用前景的绿色化学研究课题，并设立了"总统绿色化学挑战奖"，以奖励在创建"更清洁、更便宜、更敏捷"的化学工业中有重大突破和成就的个人、团体和组织。该奖是对把绿色化学原则运用到化学设计、制造、使用中的已经或能够被工业界利用，从而达到预防污染目的的基础技术和创新技术的承认。该奖每年对 5 个个人和组织进行奖励。评选主要依据下列标准：

　　(1)获提名的技术必须是绿色化学计划中的项目。

　　(2)获提名的技术有益于人体健康，有助于环境保护。该技术必须具备：

　　• 减少毒性(急性和慢性)，减少疾病和伤害，减少火灾和爆炸的可能性，减少排放物，减少危险物的运输，或在生产过程中减少污染物的使用；

　　• 提高自然资源的利用率，如使用可再生原料；

　　• 增加生物的多样性。

　　(3)技术能够被大量的化学生产厂商、产品用户和社会广泛使用。获提名的技术必须具备：

　　• 实现绿色化学的可行性；

　　• 对现有环境问题的补救；

　　• 具有向其他设备、地区和工业转移的特性。

　　(4)获提名的技术具有创新性和科学性。

　　• 创新性：技术以前未被使用；

　　• 科学性：技术经得住科学的检验，新的制造方式有坚实的科学基础。

　　评审小组将依据上述标准，对提名的技术进行评定。申请人列明技术的特点有助于专家小组的评定并增加获奖的可能性。这些特征包括：提名技术同现有技术的比较、毒性数据、减少的危险物的数量、在商业中的应用范围、其他有益于人类健康和环境保护的数据等。

　　20 世纪 80 年代以来，世界塑料工业发展迅速，其年产量已达 1 亿吨，美国和欧洲各为 3000 万吨，日本约为 1200 万吨，中国约为 400 万吨。其用途已渗透到国民经济各部门以及人们生活的各个方面，给人们带来文明，但其大量使用产生的塑料废弃物每年高达 5000 万吨。特别是农用薄膜、垃圾袋、购物袋、餐具、食品包装、杂品和工业品包装材料等一次性塑料废弃物,污染农田、铁路、城市环境、江河、港口等,而这所谓的"白色污染"已成为人类公害。上海环卫部门 1995 年调查结果表明,上海日产生活垃圾约 1 万吨,其中塑料废弃物占 8%～10%,全年约 30 万吨,占全国塑料垃圾的 1/5,而这些垃圾大多在市郊空地露天弃置,塑料废弃物随地流散,污染环境。另外,我国农用地膜覆盖面积约466.7 万公顷,地膜年用量高达 30 万吨,居世界第一,而且还在推广使用 0.007 毫米超薄地膜,这类地膜无法回收,对土壤和农作物生长造成严重危害。这些塑料垃圾若填埋地下,长期不能分解,且占地很多;若焚烧处理又会产生有害气体,造成二次污染。所以研制开发可降解塑料是 21 世纪塑料工业的必由之路。

化学家从 20 世纪 70 年代起就开始研制可降解塑料,至今已取得相当大的进展。这些降解塑料有生物降解塑料、光降解塑料、光-生物降解塑料等类型。生物降解塑料是由天然微生物(如细菌、真菌和藻类)的作用而引起降解的一类降解塑料。例如,英国帝国化学公司(ICI)开发的酯类无规共聚物 PHBV(商品名为 Biopol)和美国 UCC 公司研制的降解型塑料(商品名为 Tone)以及日本岛津制作所研制的聚乳酸(PLA)都是完全生物降解型塑料。光降解塑料,如美国杜邦公司开发的 Ecolyte(商品名),可控期在 60～600 天。我国化学家研制的添加型光降解"新疆 5 号"超薄光解地膜已中试生产 2000 多吨,用于农田的覆盖面积已达 4.52 万公顷,其光降解诱导期为 60 天,可满足农艺要求。光-生物降解塑料可结合光与生物全面降解作用达到完全降解的目的,它是 21 世纪主要研制开发的方向之一。

在绿色化学产品方面,除了降解塑料以外,化学家已经研制成功了 CFCs 的替代品——氢碳氟化合物(HFCs)和氯碳氟化合物(HCFCs)。例如,CFC-12(化学式为 CF_2Cl_2)的替代品 HFC-134a(化学式为 CF_3CFH_2)已被用于电冰箱和空调等家用制冷设备中;HCFC-22(化学式为 CHF_2Cl)在工业制冷装置中用于代替 CFC-12。HFCs 和 HCFCs 均容易挥发,不溶于水。随着它们被释放到周围环境中,这些化合物将滞留在大气中,并被氧化成各种降解产物。大气化学行为研究已经证实,HFCs 能与臭氧"友好相处",而 HCFCs 则存在一定的引起臭氧减少的可能性。HFCs 和 HCFCs 引起全球热效应的可能性要比它们所替代的 CFCs 所造成的全球热效应大约小一个数量级。化学家研制的 HFCs 和 HCFCs 等绿色化学品将在保护臭氧层、减少温室效应方面发挥十分重要的作用。

目前,尽管对环境及影响环境的化学过程的认识已经取得了很大进展,但仍然存在诸多挑战。能源、化工、冶金、材料、制药等许多领域里的绿色化学问题都是未来化学研究的重大课题。将来化学品的生产需要不断关注可能发生的、无法预测的不良后果,特别是那些能够长期存留于环境中的化学品。化学家必须学会如何制造具有有限持久性的有用物质,而这些物质在降解时只产生完全无害的产物。例如,未来世界粮食增产将依赖于各种新型杀虫剂和其他农用化学制品(如除草剂、肥料和塑料地膜等)的发明,其中前者应在任何情况下都不对非靶标生物产生危害,后者则应既无害又不会持久存留于环境中。

综上所述,绿色化学的概念已经深入人心,绿色化学家正在使用的时髦术语——"更清洁、更便宜、更敏捷的化学"(cleaner,cheaper,smarter chemistry)已不再是天上掉下来的馅饼。

参 考 文 献

[1] Poliakoff M,Fitzpatrick J M,Farren T R,et al. Green chemistry: science and politics of change[J]. *Science*,2002,297 (5582):807-810.

第 8 章　化学与能源开发

20 世纪末以来,人们普遍对赖以生存的能源即将枯竭而感到恐慌。根据经济学家和科学家的估计,到 21 世纪中叶,即 2050 年左右,石油资源将会开采殆尽,其价格升得很高,不适于大众化普及应用的时候,如果新的能源体系尚未建立,能源危机将席卷全球,尤以欧美地区那些极大地依赖于石油资源的发达国家受害为重。最严重的状态莫过于工业大幅度萎缩,甚至因为抢占剩余的石油资源而引发战争。能源是指可以为人类提供能量的自然资源,它是国民经济发展和人类生活所必需的重要物质基础,它与材料、信息构成现代社会繁荣和发展的三大支柱,它是人类文明进步的先决条件。国际上往往以能源人均占有量、能源构成、能源使用效率和对环境的影响因素,来衡量一个国家的现代化程度。从人类利用能源的历史可以清楚地看到,每一种能源的发现和利用,都把人类支配自然的能力提高到一个新的水平,能源科学技术的每一次重大突破,都引起生产技术的革命。化学在能源的开发和利用方面扮演着重要的角色,无论是煤、石油和天然气等传统能源的开发和利用,还是氢能、太阳能等新能源的开发,都离不开化学这一基础学科的参与。能源科学发展的每一个重要环节都与化学息息相关,因此在 20 世纪末化学学科中发展出了一个新的分支——能源化学。

8.1　自然界中碳的循环及能量的产生与转化

传统的能源主要是矿物燃料,包括煤、石油、天然气等,它们的供能方式均涉及碳元素的化学转变与循环。碳是构成生物体的最基本元素之一,也是构成地壳岩石和矿物燃料的主要元素。自然界中碳的循环主要是通过 CO_2 来进行的。它可分为三种形式:第一种形式是植物经过光合作用将大气中的 CO_2 和 H_2O 化合生成碳水化合物(糖),在植物呼吸中又以 CO_2 的形式返回大气中被植物再度利用;第二种形式是植物被动物采食后,糖类被动物吸收,在动物体内氧化生成 CO_2,并通过动物呼吸释放回大气中,这些被释放的 CO_2 可被植物重新利用;第三种形式是煤、石油和天然气等矿物燃料燃烧时,生成 CO_2,CO_2 返回大气中后重新进入生态系统的碳循环。

在有机体和大气之间的碳循环中,绿色植物从空气中获得 CO_2,经过光合作用转化为葡萄糖,再综合成为植物体的碳水化合物,经过食物链的传递,成为动物体的碳水化合物。植物和动物的呼吸作用把摄入体内的一部分碳转化为 CO_2 并释放入大气,另一部分则构成生物的机体或在机体内贮存。动植物死后,残体中的碳通过微生物分解为 CO_2 而最终排入大气。大气中的 CO_2 这样循环一次约需 20 年。

此外,大气中的 CO_2 溶解在雨水和地下水中成为碳酸(H_2CO_3),碳酸能把石灰岩(主要成分为碳酸盐)变为可溶态的重碳酸盐[即碳酸氢盐,如 $Ca(HCO_3)_2$],并被河流输送到海洋中。海水中的碳酸盐和重碳酸盐含量是饱和的,一旦有新的碳酸盐输入,便有等量的碳酸盐沉积下来。通过不同的成岩过程,又形成石灰岩、白云石和炭质页岩。在化学和物理作用(风化)下,这些岩石被破坏,所含的碳又以 CO_2 的形式释放入大气中。炭质页岩石的破坏,在短时期内对碳循环的影响虽不大,但对几百万年中碳量的平衡却是重要的。

煤、石油和天然气是我们最广泛使用的能源,它们的燃烧可以产生热能。那么,这种能量是如何产生的呢?下面我们简单地介绍能量产生和转化的一些化学概念和基本化学原理。

化学变化都伴随着能量变化。在化学反应中,拆散化学键需要吸收能量,而形成新的键则放出能量,由于各种化学键的键能不同,所以当化学键改组时,必然伴随能量的变化。在化学反应中,如果反应放出的能量大于吸收的能量,则此反应为放热反应。燃烧反应所放出的能量通常叫作燃烧热,化学上把它定义为一摩尔纯物质完全燃烧所放出的热量。理论上可以根据某种反应物已知的热力学常数(如反应物分子的键能或生成热)计算出它的燃烧热。

化学反应的能量变化可以用热化学方程式表示,如甲烷燃烧反应的热力学方程式:

$$CH_4(g) + 2O_2(g) \Longrightarrow CO_2(g) + 2H_2O(l) \qquad \Delta H^{\ominus} = -47.7 \text{ 千焦/克}$$

ΔH 表示恒压反应热,又称反应焓变,负值表示放热反应,正值表示吸热反应。由于其数值随温度、压力不同而变化,因此为建立统一的标准,热力学上把压力为 100kPa 规定为标准态,并在 ΔH 的右上角加"$\ominus$"来表示。另外,反应的热效应还与反应物和生成物的状态有关,因此热化学方程式中必须标明物质的状态,通常分别用 s、l、g 表示固态、液态和气态。同样在甲烷燃烧反应中,若最后生成物是水蒸气,而不是液态水,那么其反应热值就要低一些,因为其中还要扣除水的蒸发热值。

对于工业上用的燃料,如煤和石油,由于它们不可能是纯物质,所以常常笼统地用发热量(热值)来表示。表 8-1 列出了几种不同能源的发热量值,从表中可见,常规能源的发热量大大低于新能源的发热量。目前,国际上能源统计常用吨标准煤(即发热量为 29.26 千焦/克的煤)作为能源的统计单位,其他不同类型的能源就按其热量值来进行折算。

表 8-1　几种不同能源发热量的比较

能源	石油	煤炭	天然气	U 裂变	H 聚变	氢能
发热量（千焦/克）	48	30	56	8×10^7	60×10^7	143

　　各种能源形式可以互相转化。在一次能源中,风、水、洋流和波浪等是以机械能(动能和位能)的形式提供的,可以利用各种风力机械(如风力机)和水力机械(如水轮机)转换为动力或电力。煤、石油和天然气等常规能源的燃烧可以将化学能转化为热能,热能可以直接利用,但大量的是将热能通过各种类型的热力机械(如内燃机、汽轮机和燃气轮机等)转换为动力,带动各类机械和交通运输工具工作;或是带动发电机送出电力,满足人们生活和工农业生产的需要。图 8-1 是火力发电厂能量转化的示意图。

图 8-1　火力发电厂能量转化

　　能量的转化和利用有两条基本规律要遵循,那就是热力学第一、第二定律。热力学第一定律即能量守恒及转化定律,这是大家已经熟悉的一条基本物理定律。依据这条定律,在体系和周围的环境之间发生能量交换时,总能量保持恒定不变。因此,不消耗外加能量而能够连续做功的永动机是不可能存在的。但是,在不违背第一定律的前提下,热量能否全部转化为功? 或者说,热量能否从低温热源不断地向高温热源传递而制造出第二类永动机? 科学家通过对热机效率的研究,发现热机的效率 η 是由以下关系所决定的:

$$\eta = \frac{T_2 - T_1}{T_2}$$

即热机工作时,为了使热能够自发地流动,从而使一部分热转化为功,必须要有温度不同的两个热源:一个温度较低(T_1),另一个温度较高(T_2)。从上式可见,若 $T_1=T_2$,则 $\eta=0$。因为在两个温度相同的热源间,不可能发生恒定的、单方向的热传递过程,所以无法使热机工作,其效率为 0。若 $T_1=0$ 开尔文(开尔文温度,即 0 开尔文＝－273.15℃),则 $\eta=1$。但绝对零度的热源在现实生活中是不能提供的,因此一般情况下 $\eta<1$。这就是著名的"卡诺定理"。由此引出了热力学第二定律,即"一个自行动作的机器,不可能把热从低温物体传递到高温物体中去",或者又可以表述为"功可以全部转化为热,但任何循环工作的热机都不可能从单一热源使之全部转化为有用功,而不产生其他影响"。

　　热电厂是利用热机发电的典型例子,从上式可以计算出其效率一般都低于 40％,即燃料燃烧释放出的化学能只有不到 40％ 被转化为电能,其余的能量则不可避免地被损耗,如在活动部件之间摩擦所消耗、作为废热在烟囱和冷却塔上排放出等。

8.2　煤炭、石油和天然气开发利用中的化学

18 世纪 60 年代,英国的产业革命促使世界能源结构发生了第一次大转变,蒸汽机的推广、冶金工业的蓬勃兴起以及铁路和航运的发展,无一不需要大量的煤炭。1920 年,煤炭占世界商品能源构成的 87%。第二次世界大战后,世界能源结构发生了第二次大转变,几乎所有工业化国家都转向石油和天然气。同煤炭相比,石油和天然气热值高,加工、转化、运输、储存和使用方便、效率高,而且是理想的化工原料。与此同时,迅速提高的社会和政府部门的环境保护意识也推动了这一转变。1950 年,世界石油能源消费已近 5 亿吨。能源结构从单一煤炭转向石油、天然气。这标志着能源结构的进步,对社会经济发展有着重要意义。20 世纪 50—60 年代,许多国家正是依靠充足的石油供应,特别是廉价的中东石油,实现了经济的高速增长。

煤炭、石油和天然气作为主要的常规能源,为人类文明做出了重要贡献。在这三大能源的开发利用方面,化学发挥了十分重要的作用。无论是煤的高效、洁净燃烧技术,还是天然气的化学转化技术,都与化学密切相关。石油化工从炼油开始,到每一种分子量较小的烃类化合物(如汽油、煤油、柴油、乙烯、丙烯等)的生产均离不开催化,化学家研制的催化剂已成为石油化工的核心技术。

8.2.1　煤炭经济中的化学

煤由可燃质、灰分及水分组成,其可燃质中的主要化学元素为碳、氢、氧、氮、硫,将其平均组成折算成原子比,一般可用 $C_{135}H_{96}O_9NS$ 代表;灰分的成分为各种矿物质,如 SiO_2、Al_2O_3、Fe_2O_3、CaO、MgO、K_2O、Na_2O 等。按炭化程度的不同,一般将煤分为无烟煤、烟煤、次烟煤和褐煤。无烟煤的固定碳含量最高,而挥发分含量最低,由于灰分和水分较低,一般发热量都很高。无烟煤着火困难,不容易燃尽。烟煤的炭化程度较无烟煤浅,挥发分含量较高,而固定碳和发热量都较无烟煤低。烟煤的着火和燃尽都比较好。次烟煤其挥发分含量和发热量都低于烟煤,着火比较困难。褐煤的炭化程度次于次烟煤,其挥发分含量很高,且挥发分的析出温度较低,所以着火和燃烧比较容易;但水分和灰分很高,而且发热量低。

目前,燃煤锅炉已广泛应用于工厂、食堂、发电厂等,它能为人类提供蒸汽、电力。这类设备直接利用煤作燃料,煤直接燃烧时其中的 S、N 分别变成了 SO_2 和 NO_x,大量的废气排放到大气中就会造成酸雨,从而严重污染了环境。因此,如何实现粉煤的高效、清洁燃烧是一个非常重要而又实际的课题。为了尽可能减少燃煤所产生的二氧化硫,常常要进行必要的预处理,如在粉煤中加入石灰石作脱硫剂,煤在锅炉中燃烧产生的热量会使石灰石分解成氧化钙,氧化钙则易于和二氧化硫反应生成比较稳定的硫酸钙,从而达到

脱硫的目的。我国政府非常重视煤炭洁净技术的开发和利用,限制直接燃烧原煤,在烟气脱硫、循环流化床锅炉、低 NO_x 燃烧技术和火电厂粉煤灰综合利用等方面都取得了较大成绩。

除了直接燃烧以外,还可以通过化学转化使其成为洁净的燃料,这里的化学转化主要是指煤的焦化、液化和气化。煤的焦化也叫煤的干馏,就是把煤置于隔绝空气的密闭炼焦炉内加热,使煤分解生成固态的焦炭、液态的煤焦油和气态的焦炉气。随着加热温度不同,产品的数量和质量也不同,有低温(500~600℃)、中温(750~800℃)和高温(1000~1100℃)干馏之分。中温湿法的主要产品是城市煤气。煤经过焦化加工,使其中各成分都能得到有效利用,而且用煤气作燃料要比直接烧煤干净得多。

煤炭液化也叫人造石油,就是将煤加热裂解,使大分子变小,在催化剂的作用下加氢(450~480℃,12~30兆帕)可以得到多种燃料油。其实际工艺相当复杂,涉及多种化学反应。除了这种直接液化法,还可以进行间接液化,即先把煤气化得到 CO 和 H_2 等气体小分子,然后在一定温度、压力和金属催化剂的作用下合成各种烷烃、烯烃和含氧化合物。这种合成过程就是著名的 F-T 合成。1925 年,F. Fischer 和 H. Tropsch 首先利用铁和钴等催化剂,于1~7个大气压和250~300℃ 条件下由 CO 和 H_2 合成烃类,因此后人以他们的名字来命名这类反应。20 世纪 70 年代,由于需要改变燃料和化工原料的来源以取代石油和天然气,用由煤生产的 CO 和 H_2(合成气)来合成烃类及含氧化合物又重新引起了化学家的兴趣。

让煤在氧气不足的情况下进行部分氧化,使煤中的有机物转化为可燃气体,以气体燃料的方式经管道输送到车间、实验室、厨房等,也可以作为原料气体送进反应塔,这就是煤的气化。例如,将空气通过装有灼热焦炭(将煤隔绝空气加热而成)的塔柱,焦炭氧化放出的大量热可使焦炭温度上升到 1500℃ 左右,然后切断空气,再将水蒸气通过热焦炭,则可生成占总体积分数 86% 的 CO 和 H_2,这就是通常所说的水煤气。水煤气的最大缺点是其中的 CO 有毒,而且这种制备方法只能间歇制气,且操作复杂,有待改进。

如果将纯氧和水蒸气在加压下通过灼热的煤,可使煤中的苯酚等挥发出来,并生成一种气态燃料混合物,按体积分数划分,其中约含 40% H_2、15% CO、15% CH_4、30% CO_2,这类混合气体被称为合成气。此法不但可直接用煤而不用焦炭,且可进行连续生产。合成气可用作天然气的代用品,其完全燃烧所产生的热量约为甲烷的 1/3。

煤化工技术通过催化剂把煤从固体转化为气体。气化的产品可被用作发电燃料,也能作为化学产品的原材料,如乙醇、二甲醚和石蜡等。

8.2.2 石油经济中的化学

自美国人德来克于 1859 年在宾夕法尼亚州打出世界第一口油井后,直到 1953 年,美国的石油产量曾长期占据世界石油产量的 50% 以上。石油开发全面推进了美国以汽车工业为先导的现代工业文明。第二次世界大战后,由于美国国内需求的猛增,美国石油公司开始大举向石油蕴藏量极为丰富(占世界的 60% 以上)的中东地区进发。为了和美、英的石油公司相抗衡,沙特阿拉伯、伊朗、伊拉克、科威特等盛产石油的国家在 20 世纪 60 年代初成立了石油输出国组织欧佩克(OPEC)。欧佩克目前掌握着世界原油的产量和价格的主要控制权。

图 8-2 显示的是油田常见的压油机。

我国石油资源 90% 以上分布在四大油区:以大庆、吉林油田为代表的松辽油区;以胜利、辽河、华北、大港、中原油田为代表的渤海湾油区;海口油区;以新疆塔里木、吐哈、青海、长庆等油田为代表的西部油区。

图 8-2　油田常见的压油机

石油是埋藏在地下深处的棕黑色黏稠液体混合物,未经处理的石油叫原油。原油必须经过处理后才能使用,处理的方法主要有分馏、裂化、重整、精制等。涉及原油后处理的化学过程工业称为石油化工。图 8-3 是一个典型的石油化工厂(炼油厂)的外景照片。

图 8-3　石油化工厂外景

在石油化工中,通常采用化学中的分馏技术把沸点不同的化合物进行分离,如表8-2所示。

表 8-2　石油的分馏产物

	馏　分	大致组成	沸点范围(℃)	主要用途
	石油气	$C_1 \sim C_4$	<20	炼油厂燃料、液化石油气
粗汽油	石油醚	$C_5 \sim C_6$	$30 \sim 60$	溶剂
	汽　油	$C_7 \sim C_9$	$60 \sim 150$	内燃机燃料、溶剂
	溶剂油	$C_9 \sim C_{11}$	$150 \sim 200$	溶剂(溶解橡胶、油漆等)
煤油	航空煤油	$C_{10} \sim C_{15}$	$145 \sim 245$	喷气式飞机燃料油
	煤　油	$C_{11} \sim C_{16}$	$160 \sim 310$	家用燃料、拖拉机燃料、工业洗涤剂
	柴　油	$C_{16} \sim C_{18}$	$180 \sim 350$	柴油机燃料
	机械油	$C_{16} \sim C_{20}$	>350	机械润滑
	凡士林	$C_{18} \sim C_{22}$	>350	制药、防锈涂料
	石　蜡	$C_{20} \sim C_{24}$	>350	制肥皂、蜡烛、蜡纸等
	沥　青	—	>350	防锈绝缘材料、铺路及建筑材料
	石油焦	—	—	制电石、炭精棒,用于冶金工业

汽油质量的好坏用辛烷值(octane number)表示。辛烷值是衡量汽油在气缸内抗爆能力的一种数字指标,其值高表示抗爆性好。异辛烷(2,2,4-三甲基戊烷)的抗爆性较好,故将其辛烷值定为 100;正庚烷的抗爆性差,辛烷值定为 0。若汽油的辛烷值为 90,即表示它的抗爆能力与 90% 异辛烷、10% 正庚烷的混合物相当(并非一定含有 90% 异辛烷),其商品名为 90 号汽油。1 升汽油中若加入 1 毫升四乙基铅[$Pb(C_2H_5)_4$],它的辛烷值可以提高 10~12 个标号。四乙基铅是有香味的无色液体,有毒,有的厂家在其中适当加一些色料,以提醒人们注意这是含铅汽油。目前,人们正努力用改进汽油组成的办法来改善汽油的抗爆性,如加入一些含氧化合物(甲基叔丁基醚、乙醇等辛烷值的促进剂)取代四乙基铅,即所谓的无铅汽油。

在石油化工中,催化裂化可以使碳原子数较多的碳氢化合物裂解成各种小分子的烃类,其裂解产物很复杂,从 C_1 到 C_{10} 都有。经催化裂化,从重油中能获得更多的乙烯、丙烯、丁烯等化工原料,也能获得高辛烷值的汽油。催化重整技术则是在一定的温度、压力下,将汽油中的直链烃在催化剂表面进行结构的"重新调整",转化为带支链的烷烃异构体,从而有效地提高汽油的辛烷值;同时还可以得到一部分芳香烃,这是原油中含量少而仅靠从煤焦油中提取不能满足生产需要的化工原料。

分馏和裂解所得的汽油、煤油、柴油中都混有少量含 N 或含 S 的杂环有机物,在燃烧过程会生成 NO_x 及 SO_2 等酸性氧化物污染空气。用催化剂在一定的温度、压力下使 H_2 和这些杂环有机物起反应生成 NH_3 或 H_2S 而分离,留在油品中的只是碳氢化合物。这种提高油品质量的过程称为加氢精制。显然,在整个炼油过程中,无论是裂解、重整,还是加氢,都离不开高效的催化剂。催化剂已成为石油化工的核心技术。

2007 年国家最高科学技术奖得主闵恩泽教授

闵恩泽教授

闵恩泽(1924.2.8—2016.3.7)是我国著名的石油化工催化剂专家。他 1946 年毕业于中央大学化工系,1951 年获美国俄亥俄州立大学博士学位,此后任中国石油化工股份有限公司石油化工科学研究院高级工程师。1980 年当选为中国科学院院士,1993 年当选为第三世界科学院院士,1994 年当选为中国工程院院士。20 世纪 60 年代,成功开发了磷酸硅藻土叠合催化剂、铂重整催化剂、小球硅铝裂化催化剂、微球硅铝裂化催化剂,并均建成工厂投入生产。70—80 年代,领导了钼镍磷加氢催化剂、一氧化碳助燃剂、半合成沸石裂化催化剂等的研制、开发、生产和应用。1980 年以后,指导开展新催化材料和新化学反应工程的导向性基础研究,包括非晶态合金、负载杂多酸、纳米分子筛以及磁稳定流化床、悬浮催化蒸馏等,已开发成功己内酰胺磁稳定流化床加氢、悬浮催化蒸馏烷基化等新工艺。90 年代,曾任国家自然科学基金委员会"九五"重大基础研究项目"环境友好石油化工催化化学与化学反应工程"的主持人,进入绿色化学领域,指导化纤单体己内酰胺成套绿色制造技术的开发,该技术已经工业化,并取得了重大经济和社会效益。近年指导开发从农林生物质可再生资源生产生物柴油及化工产品的生物炼油化工厂,再推向工业化。由于对我国石油化学工业的杰出贡献,他荣获了2007 年国家最高科学技术奖。

8.2.3　天然气经济中的化学

天然气的主要成分是甲烷,也有少量的乙烷和丙烷。天然气是一种优质能源,和前面提到的城市煤气相比,它不含有毒的 CO,燃烧产物是 CO_2 和 H_2O,燃烧热值很高。为了避免燃煤所产生的严重污染,天然气将成为未来发电的首选燃料。天然气的需求量将会不断增加,有专家预测到 2040 年天然气将超过石油和煤炭成为"第一能源"。21 世纪初,我国在内蒙古鄂尔多斯市发现了一个储量 5000 亿立方米以上的天然气田——苏里格气田,天然气储量相当于一个 5 亿吨的特大油田。我国的"西气东输"工程已经将西部储存丰富的天然气通过管道运送到东部地区,为东部许多大城市源源不断地提供优质能源。

自 20 世纪 60 年代以来,人们陆续在冻土带和海洋深处发现了一种可以燃烧的

"冰"。这种"可燃冰"(burning ice)是天然气水合物(natural gas hydrate,简称 gas hydrate)。天然气水合物是一种白色固体物质,外形像冰,有极强的燃烧力,可作为上等能源。它主要由水分子和烃类气体分子(主要是甲烷)组成,所以也称为甲烷水合物(methane hydrate),分子式为 $CH_4 \cdot 8H_2O$,是一种笼状包合物(clathrate,见图 8-4)。水笼中水分子之间通过氢键形成结晶网格,网格中的孔穴内充满甲烷分子,甲烷分子和水分子之间以范德华力相互作用。甲烷分子与水分子之比为 1:(5.8~6.3)。这种水合物具有极强的储载气体能力,一个单位体积的天然气水合物可储载 100~200 倍于该体积的气体量。

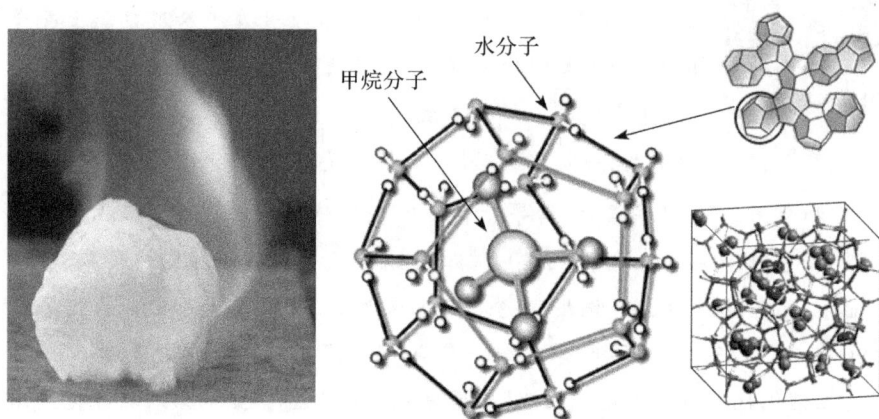

图 8-4　燃烧中的可燃冰(左)及其笼状分子结构(右)

天然气水合物是在一定条件(合适的温度、压力、气体饱和度、水的盐度、pH 值等)下,由甲烷与水在相互作用过程中形成的白色固态结晶物质。一旦温度升高或压强降低,甲烷气则会逸出,固体水合物便趋于崩解。1 立方米的可燃冰可在常温常压下释放 164 立方米的天然气及 0.8 立方米的淡水。据估计,甲烷水合物中甲烷的总量按碳计至少为已经发现的所有化石燃料中碳的 2 倍。因此,在未来的几十年中,甲烷在我国能源结构中的比例将会得到不断提高。

可燃冰有望取代煤、石油和天然气,成为 21 世纪的新能源。科学家估计,海底可燃冰分布的范围约占海洋总面积的 10%,相当于 4000 万平方千米,是迄今为止海底最具价值的矿产资源,足够人类使用 1000 年。我国南海含有大量的可燃冰。近年来,我国地质部门在青藏高原也发现了可燃冰。这是中国首次在陆域上发现可燃冰,使中国成为加拿大、美国之后,在陆域上通过国家计划钻探发现可燃冰的第三个国家。在繁复的可燃冰开采过程中,一旦出现任何差错,将引发严重的环境灾难,成为环保敌人。首先,收集海水中的气体是十分困难的,海底可燃冰属大面积分布,其分解出来的甲烷很难聚集在某一地区内收集,而且一离开海床可燃冰便迅速分解,容易发生喷井意外。其次,甲烷的温室效应比二氧化碳厉害 10~20 倍,若处理不当发生意外,分解出来的甲烷气体由海水释放到大气层,将使全球温室效应问题更趋严重。最后,海底开采还可能会破坏地壳的稳定与平衡,造成大陆架边缘动荡而引发海底塌方,甚至导致大规模海啸,带来灾难性后果。目前已有证据显示,过去这类气体的大规模自然释放,在某种程度上导致了地球气候急剧变化。8000 年前在北欧造成浩劫的大海啸,也极有可能是由于这种气体大量释放所致。

人们通常是通过压力管道和压力罐来运输甲烷和天然气的。最近,英国化学家 A. I. Cooper 已经找到方法将甲烷气体变成粉末状固体,以便运输(Wang W, et al, 2008)。这种方法是将甲烷圈在一种名为"干水"(dry water, DW)的物质中。"干水"是疏水的二氧化硅纳米粒子(5%)和水(95%)的混合物,是白色粉末。在"干水"中,甲烷与水作用形成水晶状的气体水合物(gas hydrates),这与海底的"可燃冰"非常相似,只不过它不需要高压、低温的条件。在这种物质中,甲烷分子犹如"坐"在冰状的、布满水分子的盒子里。6 克"干水"能够储存大约 1 升的甲烷气体。这个储存能力非常接近美国能源部的目标。更重要的是,这种粉末非常便宜。这项成果有可能提供储存与运输甲烷和天然气的便利方法。世界上 70% 的甲烷和天然气储存在很深的海底,用管道运输很不经济,这也是"可燃冰"开发利用的技术瓶颈问题。日本商船三井株式会社计划把从海底导出的天然气在商船上就地转化为气体水合物,再运输到目的地,同时用储存的气体给船提供动力。

除了直接作为燃料以外,天然气和甲烷也可通过化学转化而成为重要的化工原料和其他形式的能源。CH_4 中 C—H 键的离解能为 435 千焦/摩尔,高于一般 C—H 键的平均键能(414 千焦/摩尔),因此如何对甲烷进行有效的化学转化,并且要和石油化工产品相竞争,一直是化学家们面临的难题。目前,化学家已经提出了几种甲烷转化的途径,其中之一是直接化学转化,即可以将甲烷在不同的催化剂作用和不同的反应条件下直接转化为烯烃、甲醇和二甲醚等;另一种途径是间接转化,即利用天然气通过水蒸气或二氧化碳催化重整转化为合成气,反应方程式分别为:

$$CH_4 + H_2O \longrightarrow CO + 3H_2$$

$$CH_4 + CO_2 \longrightarrow 2CO + 2H_2$$

然后利用合成气中的 CO 和 H_2 来合成其他有用的化工产品,如汽油、柴油等烃类化合物。

由于 CH_4 和 CO、CO_2、CH_3OH 等分子中均只含一个碳原子,把它们通过化学方法转化为多元碳分子是化学家普遍感兴趣的问题,因此把它们归成一类并称之为"C_1 化学"。将一碳分子转化为多元碳分子的过程大多涉及催化过程,因此 C_1 化学已成为催化研究的一个重要领域。

8.3　生物质能源开发中的化学

　　20 世纪 70 年代初,第四次中东战争爆发,引发了第一次石油危机。70 年代末,伊朗爆发伊斯兰革命,国际石油供应再度紧张。90 年代末,海湾战争爆发,这给世界能源市场造成了深远的影响。另外,以化石燃料为主体的能源系统,对全球环境造成严重污染,这说明原有的能源体系不可能长久维持下去。联合国 1994 年《能源统计年鉴》的数据表明,1993 年世界能源储量情况是:煤的可开采总量为 10633.68 亿吨,原油和液化天然气储量为 1407.66 亿吨,天然气可开采储量为 214.203 万亿吨,铀矿的理论储量为 3643542吨,水电理论装机容量为 33989264 万亿焦耳。1993 年固体燃料(主要指煤)的消费量为320671.9 万吨标准煤,液体燃料的消费量为 407425.3 万吨标准煤。目前,在世界一次能源总消费结构中,石油占 39.9%,天然气占 23.6%,煤炭占 26.2%,水电和核电占10.1%。从近几年的发展趋势看,煤炭的比例仍会有所下降,而石油、天然气、水电和核电都将有不同程度的增长。按 1993 年的统计数据来推算,如果煤炭和石油的消费量按平均每年 3% 的速度递增,那么可以预计再过一百多年它们就将消耗殆尽。因此,20 世纪末世界能源结构开始了第三次大转变,即从以石油、天然气为主的能源系统转向以核能、风能、太阳能、生物质能源等可再生能源为基础的、持续发展的能源系统。研究和开发清洁而又用之不竭的新能源是 21 世纪能源发展的首要任务。在此领域,化学作为基础和中心学科,将会起到十分重要的作用。本节首先介绍生物质能源。

　　生物质能源包括植物及其加工品和粪肥等,是人类最早利用的能源。植物每年储存的能量相当于全球能源消耗量的十几倍。由于光化合作用,各类植物程度不同地含有葡萄糖、油、淀粉和木质素等,并在它们的分子里储存能量。利用生物质能就是间接利用太阳能。生物质能除了可再生和储量大之外,发展生物质能本身就意味着要扩大地球上的绿化面积,这有利于改善环境、调节气温、减少污染。

　　传统的从生物质取能的方式是直接燃烧法。当生物质燃料燃烧时,上述分子储存的能量即以热能形式放出,与此同时,二氧化碳又被重新放到大气中。此法对生物质能的利用效率低,且污染环境。因此,必须改变传统的用能方式。通过生物质能转换技术可以高效地利用生物质能源,生产各种清洁燃料,替代煤炭、石油和天然气等燃料,生产电力,从而减少对矿物能源的依赖,保护国家能源资源,减轻能源消费给环境造成的污染。生物质能源将成为未来可持续能源的重要部分。

　　目前,开发和利用生物质能源有许多途径,下面是与化学有关的几个例子:

　　(1)用甘蔗、甜菜和玉米等作物制取甲醇、乙醇,并用作汽车燃料。

　　(2)从所谓的"石油植物"中提取石油。在植物乐园中存在某些含有石油资源的植物,如巴西的香胶树、美国的黄鼠草等,它们利用光合作用生成类似石油的物质,这些物质经简单加工可制成汽油和柴油,种植这些植物无异于种植石油。

(3)利用废木屑、农业废料及城市垃圾制造燃料油。首先让生物废料如细木屑通过一个反应器——热解装置,变换成初级气化物,再让气化物通过沸石催化剂,即约有 60% 转变成石油,同时还生成一定量的木炭和 CO、CO_2、水蒸气等气体。

(4)利用甘油和山梨醇等多元醇催化水相重整合成氢气和液体烃等燃料。

(5)转基因生物能源技术。一些转基因藻类生物的太阳能转化效率高,是极好的生物能源来源。这些生物可以吸收、消化大量二氧化碳,还能够生产绿色油料,对于减缓气候变化具有重要意义。

绿色植物通过光合作用把二氧化碳和水转化成单糖,并把太阳能储存于其中,然后又把单糖聚合成淀粉、纤维和其他大分子物质。其中占绝大多数的纤维构成了细胞壁的主体,它们的主要成分是纤维素、半纤维素和木质素等。纤维素是由葡萄糖基组成的线型大分子;半纤维素是一群复合聚糖的总称,植物种类不同,复合聚糖的组分也不同;木质素是自然界最复杂的天然聚合物之一,它的结构中的重复单元间缺乏规则性和有序性。木质素的黏结力把纤维素凝聚在一起。它们都是极为有用的资源。例如,纤维素可以转化为葡萄糖和酒精;木质素是可再生的植物纤维各组分中蕴藏太阳能最高的,也是地球上最丰富的可再生资源(估计全世界每年产生 600 万亿吨),因此它可能是石油的最佳替代品。但是目前遇到的最大困难是,迄今没有办法把木质素成分从植物细胞壁中分离出来,其根本原因在于人们对这些生物大分子在植物细胞壁中的排列顺序和联结方式了解甚少;对自然界中广泛存在的酶降解等生物化学过程的机理仍不完全清楚。

近年来,化学家利用电子显微镜等先进技术来研究细胞壁内部的超分子结构信息,并已取得了初步成果。可以预期,随着对植物细胞壁的化学结构和交联方式的研究取得突破,以及对生物燃料化学转化和生物转化过程认识的不断加深,生物质能源取代石油并由此而产生一种类似于石油工业的新型工业的时代将会到来(Willems P A,2009)。

8.4 氢经济与氢燃料电池

氢能作为一种可再生性清洁能源,相比于石油、天然气、太阳能甚至风能有其特殊的优势。氢能的优点可包括:氢的原料是水,资源不受限制;氢燃烧时反应速率快,单位重量的氢气完全燃烧所放热量是汽油的 3 倍多,特别是它燃烧的产物是水,不会污染环境,是最干净的燃料,所以氢能被人们视为理想的"绿色能源";氢能的应用范围广,适应性强。这种能源的开发利用有三个关键技术需要解决:一是如何制氢,二是如何储氢,三是如何用氢。

目前,工业上制取氢的方法主要是水煤气法和电解水法。由于这两种方法都要消耗能量,还是离不开化石燃料,所以不理想。随着对太阳能开发利用的不断深入,科学家们已开始用阳光分解水来制取氢气。1972 年,日本的研究人员首次提出通过光电化学电池本身分解水来制取氢气,但是这种方法的效率仅为 1‰,因为电极材料 TiO_2 吸收不了太多的光能。此后,人们开展了大量研究以提高反应的效率和降低成本。通过光电解水制取氢气的关键技术在于解决催化剂问题。一旦找到了高效、廉价的催化剂,水中取"火"——通过电解水来制取氢,就将成为日常生活中一件极为平常的事情。最近,该研究已取得很大进展。例如,2009 年英国牛津大学 Armstrong 小组报道了一种新的制取氢的催化体系,它由吸附在 TiO_2 纳米粒子上的含硒氢化酶(hydrogenase)和钌-光敏剂(Ru-sensitizer)构筑而成(Reisner E,et al,2009),如图 8-5 所示。这种复合催化体系既能够捕捉太阳光,将太阳能转换为电能,同时又能将天然的水催化电解成氢气,反应在室温下进行。含硒氢化酶不仅避免使用了稀有贵金属(如铂)作催化剂,而且不易中毒,这是迄今为止所取得的最振奋人心的进展。

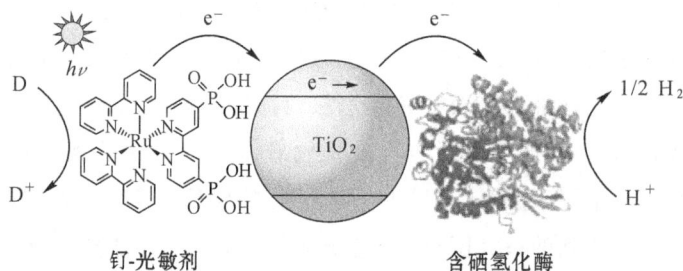

图 8-5 一种用太阳能将水分解制取氢的催化体系

作为一种清洁能源,燃料电池可以通过化学反应将燃料的化学能转化为电能。但燃料电池往往要用到贵金属催化剂,这大大影响了其推广应用。近半个世纪以来,科学家们一直试图寻找一种催化剂可以取代贵金属。随着材料科学的快速发展,这一领域正在取得突破性进展。

2015 年,美国密苏里科技大学的生物学家在美国西北部华盛顿州的一个湖里,发现了一种细菌 halanaerobium hydrogeninformans,它能够在有盐和碱性的条件下分解由半纤维素和纤维素产生的五碳糖和六碳糖,并高效率地生成氢气。这种细菌能够利用多种碳源并能将这些含碳物质运送进入细胞内部,然后经过完整的 Embden-Meyerhof 糖酵解途径从单糖产生氢气。这一发现有望为通过生物方法制备氢气带来一线希望。

氢气密度小,不利于贮存。在 15 兆帕压力下,40 立方分米钢瓶只能装 0.5 千克氢气。若将氢气液化,则需耗费很大能量,且容器需绝热,很不安全,因此很难在一般的动力设备上推广使用。可以设想,如果能够像海绵吸水那样将氢吸收起来并长期贮存,等到需要时再将氢释放出来,这样就可以解决氢的贮存、运输和使用问题。要实现这个过程就需要有一种具有此功能的特殊材料,即贮氢材料,如镧镍合金 $LaNi_5$。1 千克的 $LaNi_5$ 在室温和 250 千帕压力下能吸收 15 千克以上的氢气形成金属氢化物 $LaNi_5H_6$,加

热时 $LaNi_5H_6$ 又可放出氢。除此之外，还有多种合金也能贮氢。目前，科学家正在不断进行研究以进一步提高储氢材料的贮氢性能，使其成为既安全、方便，又经济的贮氢方法。

氢作为燃料，首先被应用于汽车上。1976 年，美国研制成功世界上第一辆以氢气为动力的汽车，我国则于 1980 年成功研制国内第一辆氢能汽车。用氢作为汽车燃料，即使在低温条件下，汽车也容易发动。氢能不仅干净，而且对发动机的腐蚀作用小，有利于延长发动机的寿命。由于氢气与空气能均匀混合，因而可以省去一般汽车所使用的汽化器。另外，实践表明，只要在汽油中加入 4% 的氢，用它来作为汽车发动机的燃料，就能节油 40%，并且无须对汽车发动机做多大的改进。液态的氢既可以用作汽车、飞机的燃料，也可以用作火箭、导弹的燃料。美国发射的"阿波罗"宇宙飞船以及我国用来发射人造卫星和载人飞船的"长征"系列运载火箭（见图 8-6），都是用液态氢作燃料的。

图 8-6　液态氢作燃料的长征二号 F 型火箭正在将神舟七号载人飞船送入太空

氢燃料电池则是氢能的另一个重要的发展方向。这种燃料电池以氢气和空气（或氧气）为原料，其电池反应是氢气与空气中的氧气作用生成水，就像氢气燃烧一样（见图8-7）。但与上述氢能汽车和火箭的发动机中直接燃烧氢气相比，这种燃料电池能够以更高的能量效率直接发电。氢燃料电池可以实现氢循环经济的梦想。在这个循环中，电池中的氢和氧反应生成水，在另一处，人们则用电力电解水产生氢和氧。最终的结果相当于将电力从一个发电厂输送到相隔遥远的燃料电池上。

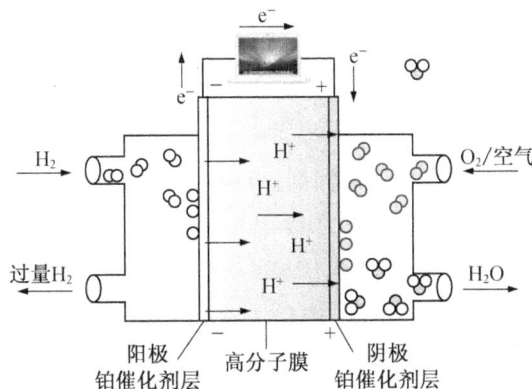

图 8-7　氢燃料电池的工作原理

氢燃料电池最初被用于空间计划中,但现在正被开发用于便携式电子产品、汽车(见图 8-8)、紧急备用电源等许多领域。目前,氢燃料电池仍有许多难题尚未解决,其中之一是氧在电极上的反应速率还没有达到所希望的那么快。这主要是因为现有的隔膜和催化剂过于昂贵。此外,氢的储存和安全运输仍然是一个令人头痛的问题。一旦克服了这些问题,我们将迎来所谓的"氢气经济"时代。

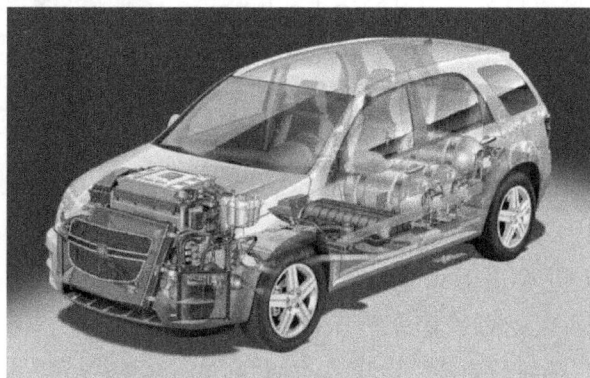

图 8-8　一种氢燃料电池汽车剖面

8.5　甲醇经济与直接甲醇燃料电池

1994 年的诺贝尔化学奖得主奥拉(G. A. Olah)在他的专著 *Beyond Oil and Gas：The Mehtanol Economy*(Olah G A，et al，2008)中介绍了甲醇作为燃料和能量载体的循环原理和经济,提出甲醇是一种可以延续到油气时代以后的、解决能源问题的、新的可行性途径,并最终取代基于石油和天然气的资源。

氢能是一种干净的绿色燃料,但正如前文所述,氢是最轻的原子,在储备、运输和释放过程中存在不安全因素,这使它的应用受到很大的限制。相比之下,甲醇是最简单、最安全、最容易储存和运输的液体碳氢氧化合物,它可以从矿物燃料不完全燃烧得到的合成气(一氧化碳和氢的混合气)转化而来;也可以通过生物质(木材、工业副产品、城市污水等)来制备;还可以由甲烷或二氧化碳转变而来。甲醇(辛烷值为 100)可以作为燃料直接使用;可以添加到汽油中作为氧化添加剂;可以催化重整为氢和一氧化碳,分离后传输到燃料电池中生成电;也可以做成直接甲醇燃料电池(direct methanol fuel cell,DMFC),应用于便携式电子设备等。甲醇除了作为能源和燃料之外,还可以作为化工原料,如由甲醇可以制备甲醛、乙酸、乙烯、丙烯等重要的化工原料。图 8-9 表达了甲醇循环经济的基本面貌。

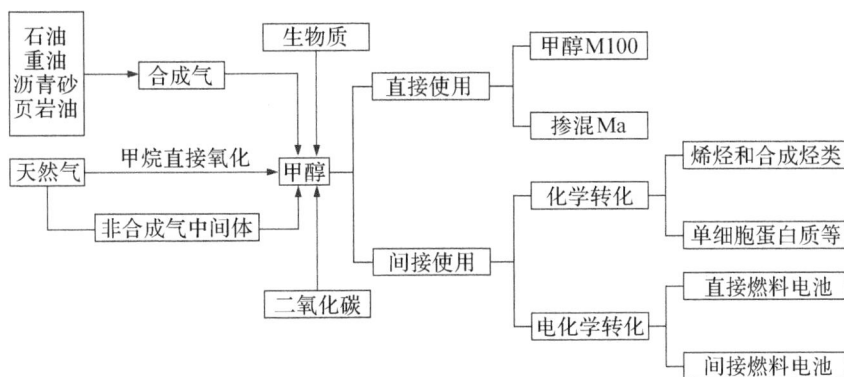

图 8-9 甲醇的循环经济

甲醇(沸点 64.6℃,密度 0.791 克/毫升)是一种不需要特别冷却和特别储存设施的清洁液体燃料。奥拉小组通过多年的努力发明了一种简单的直接甲醇燃料电池(DMFC),这种 DMFC 和氢燃料电池相比,并不依赖氢气的产生,有效避免了氢气使用的不安全性。DMFC 的工作原理如图 8-10 所示,在该电池结构中,阴极和阳极之间放置质子交换膜(PEM),电极通过一个外部的电路相连接,最终使得甲醇和空气反应产生的自由能直接转换成电能。

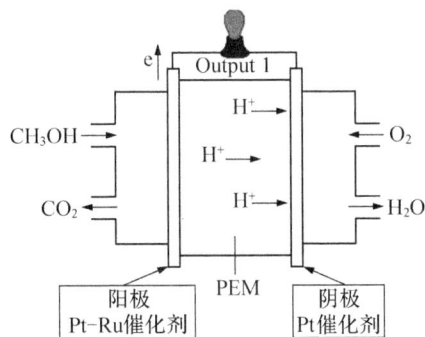

图 8-10 直接甲醇燃料电池的工作原理

甲醇和水在阳极注入,在 Pt-Ru 催化剂作用下分解成氢离子、电子和二氧化碳。二氧化碳由此被排出,氢离子则通过中间的质子交换膜(PEM)移动到阴极,与空气中的氧在 Pt 催化剂作用下产生水。水被输送到阳极循环利用。电子通过电极给外部提供电能。总的来讲,DMFC 消耗甲醇和空气,排出二氧化碳和水。其电极反应如下:

阳极反应:$CH_3OH + H_2O \longrightarrow CO_2 + 6H^+ + 6e^-$

阴极反应:$6H^+ + 3/2O_2 + 6e^- \longrightarrow 3H_2O$

总 反 应:$CH_3OH + 3/2O_2 \Longrightarrow CO_2 + 2H_2O$

理论计算结果表明:室温下,DMFC 理论开放电压为 1.21V,理论效率接近 97%。虽然电池的原理结构非常简单,但氧化还原反应的缓慢和电池的交叉渗透使得电池实际效率远远低于理论值。为了解决效率问题,化学家把研究的焦点集中在发展廉价、高效的催化剂和质子交换膜上。例如,2008 年,麻省理工学院(MIT)科学家为了避免 Nafion(全氟磺酸酯)作为质子交换膜使用时存在甲醇渗透的缺陷,在 Nafion 表面附着一种特殊的新材料(见图 8-11),该材料能有效阻隔甲醇渗透,使输出功率提高 50％或者更多。

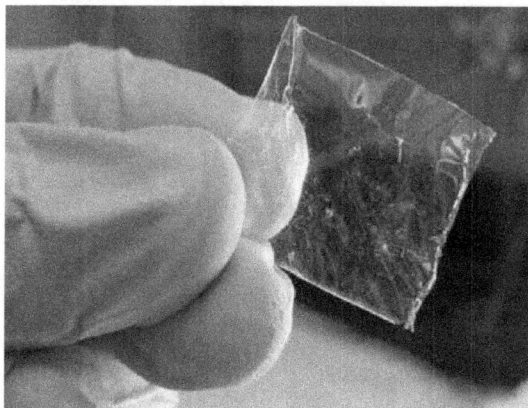

图 8-11   能有效阻隔甲醇渗透的质子交换膜

8.6   电动汽车时代的车载动力电池

今天,我们在许多城市的道路上已经随处可见各式各样的电动汽车。实际上,电动汽车主要包括纯电动汽车(BEV)、混合动力汽车(PHEV)和燃料电池汽车(FCEV)三种类型。其中,纯电动汽车完全依靠车载动力电池,商业化的车载动力电池有铅酸、锌碳、锂电池等。车的时速快慢、启动速度取决于驱动电机的功率和性能,其续行里程之长短取决于车载动力电池容量之大小,车载动力电池之重量取决于选用何种动力电池,它们的体积、比重、比功率、比能量、循环寿命都各异。

燃料电池汽车是指以燃料电池作为动力电源的汽车。上述氢燃料电池和甲醇燃料电池均可以作为燃料电池汽车的电源。燃料电池的化学反应过程不会产生有害产物,因此燃料电池汽车是无污染汽车,而且燃料电池的能量转换效率比内燃机要高 2～3 倍。因此,从能源的利用和环境保护方面来看,燃料电池汽车是一种理想的车辆。

然而,目前已商业化的电动汽车还存在续行里程短、电池成本高、需要规模化的充电网点等缺点,这些都是与汽油车相比所不及的。如果我们真的打算让电动车拥有和汽油车同样的行驶里程,那么这些电动车的电池就需要存储比现在多得多的能量。虽然科学家们早就已经从理论上找到了更好的解决办法,即发展锂-空气(或锂-氧气)电池,该电池也被称为"呼吸电池"(breathing battery),但其研发一直面临难以逾越的障碍。从原理上讲,这类电池利用锂金属与空气中的氧反应产生的能量转化为电能。因为这些电池无须携带其主要成分——氧气,而且锂金属具有较低的密度,所以其在理论上每千克材料存储的能量与汽油发动机相当。这意味着,这种电池可能会比当前电动车里最好的电池组的能量密度还要高 10 倍。研究人员希望这样可以让车辆一次充电后能连续行驶 800 千米。

然而,如此诱人的概念却一直存在一个关键问题,即电池的化学反应会产生有害的副产物,它们会堵塞电极,破坏电池材料或使装置短路,从而使得电池通常经过几十次充放电后就会失去功能。最近,英国剑桥大学的化学家 C. Grey 及其研究团队(Liu T, et al, 2015)设计的锂-空气电池克服了这一技术难题,从而使电池更加耐用。

如图 8-12 所示,在 Grey 发明的电池中,锂离子从锂金属的阳极释放,通过电解质流到碳的阴极,这个过程会产生电流,同时电子通过一个闭合电路从阳极流到阴极。这个电池所用的电解质为碘化锂(LiI)的二甲氧基乙烷溶液。在这种电解质中,锂离子与氧气在阴极发生反应,产生出氢氧化锂(LiOH)晶体,后者在充电时很容易通过可逆过程而除去。这是解决问题的关键之一。因为许多早期的电池在这一过程中产生的是过氧化锂(Li_2O_2),这种白色固体会堆积在电极上并且难以在充电过程中除去。

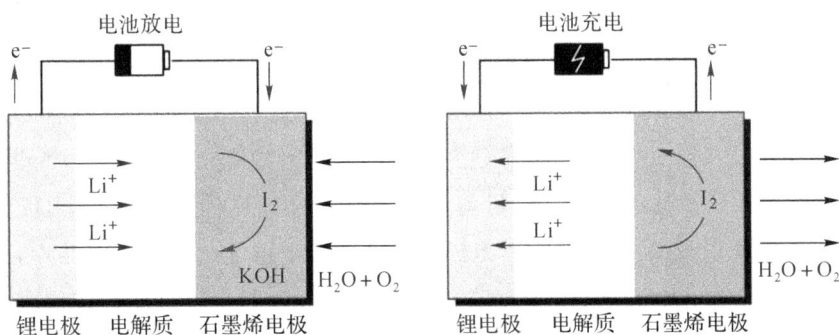

图 8-12　锂-空气电池工作原理

早期锂-空气电池设计的另一个问题是反应性高的锂金属阳极会与电解液反应并遭到破坏,而且反应产物会覆盖在锂阳极上并使其失活。但这个问题并没有在 Grey 的电池中发生。他们的电池在充放电数百次后,其性能仅略有下降,其单位质量存储能量密度估计比当今一些电动汽车(比如特斯拉汽车)用的锂离子电池至少高 5 倍。

Grey 的电池还有一个创新之处,即所用的阴极材料为还原态石墨烯氧化物,这是一种通过氧化再还原石墨烯而获得的高度多孔的材料。此前的锂-空气电池则使用了各种形式的多孔碳。还原态石墨烯氧化物电极是有韧性的,这有助于解释这种电池的多次充放电循环的良好表现。尽管还有很多基础性的研究要进行,但现在的结果依然让人十分兴奋。如果最终获得成功,或许会引爆技术革命。

8.7　光伏发电技术中的化学

　　光伏发电是利用半导体界面的光生伏特效应而将光能直接转变为电能的一种技术。这种技术的关键元件是太阳能电池(solar cell)。太阳能电池经过串联后进行封装保护可形成大面积的太阳能电池组件,再配合功率控制器等部件就形成了光伏发电装置。光伏发电是最理想的新能源,因为该技术无枯竭危险,安全可靠,清洁、无噪声,不受资源分布地域限制,使用简便,容易推广。此外,光伏发电的应用领域十分广泛,从家用电器、照明,到汽车、飞机、航天器、空间太阳能电站,均已展示出利用太阳能发电的优势和巨大发展潜力等。

　　太阳能电池又称为"太阳能芯片"或"光电池",是一种利用太阳光直接发电的光电半导体薄片,是通过光电效应(即光化学效应)直接把光能转化成电能的装置。它只要被光照到,瞬间就可输出电压及在有回路的情况下产生电流。在物理学上,太阳能电池也被称为太阳能光伏(photovoltaic,PV),简称光伏。

　　根据所用材料不同,太阳能电池一般有硅系太阳能电池、CdTe 和 $CuInSe_2$ 薄膜无机太阳能电池、TiO_2 有机染料敏化太阳能电池和有机/聚合物太阳能电池等。硅系太阳能电池主要以晶体硅(包括单晶硅、多晶硅和无定性硅)为主要材料构成,自 20 世纪 50 年代问世以来,得到了迅速的发展。到目前为止,硅系太阳能电池(见图 8-13)依然占市场主体,约占太阳能电池的 90% 以上。无机半导体太阳能电池已实现了商品化,其能量转化效率(PCE)为 8%～20%。由于无机硅太阳能电池的材料和器件生产成本高、污染大、能耗高且较重,大大限制了它们的推广应用。寻找新型太阳能电池材料和低成本制造技术便成为人们研究太阳能电池技术的目标。

图 8-13　投入商业化的硅太阳能电池板

　　聚合物薄膜太阳能电池具有成本低、重量轻、制造工艺简单的优点,尤其是可以大面积卷对卷(roll-to-roll)印刷制造的柔性聚合物薄膜太阳能电池,更是具备了薄、轻、柔等无机半导体太阳能电池不可替代的优点(见图 8-14)。聚合物材料种类繁多、结构可设计性强,可以通过化学改性调整各自的能级、能带间隙、电荷输送、相容性和改变器件结构等途径提高太阳能电池的性能。

图 8-14　柔性聚合物薄膜太阳能电池和卷对卷印刷制造

　　如图 8-15 所示,有机太阳能电池的工作原理主要分为以下几个步骤:①给体吸收太阳光后,HOMO 轨道的电子激发到 LUMO 轨道形成激子;②激子扩散至给体-受体界面;③给体-受体界面的激子经过电荷转移形成电荷转移激子;④电荷转移激子分裂成自由电子和空穴,分别传输到阴极和阳极。每一步骤的效率都与能量转化效率密切相关。有机太阳能电池的关键材料是电子给体和电子受体光伏材料。最重要的给体材料是 p-型共轭聚合物,其中具有代表性的是聚(3-己基噻吩)(P3HT)。可溶液加工的共轭有机分子给体光伏材料近年来也受到重视,主要是由于其具有纯度高、分子量确定和光伏性能可重复性好等优点。最重要的受体材料是可溶性富勒烯衍生物,其中最具有代表性的是一种苯基酯基加成的 C_{60} 衍生物 $PC_{60}BM$。除了给体和受体材料,具有代表性的空穴传输层材料(导电聚合物 PEDOT∶PSS)和电子传输层材料(PFN 和 PCBDAN)对于改善空穴和电子注入也发挥着十分重要的作用。

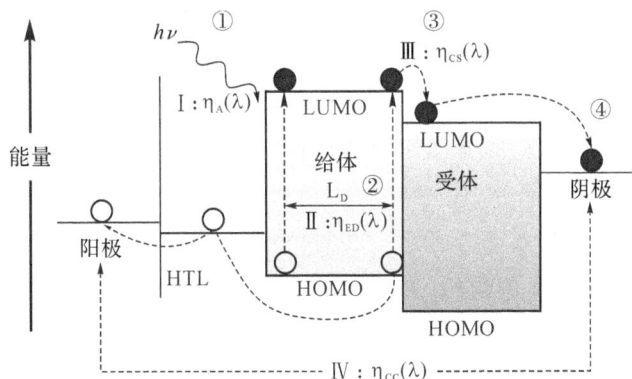

HTL:空穴传输层　　LUMO:最低空轨道　　HOMO:最高已占轨道

图 8-15　有机太阳能电池的工作原理

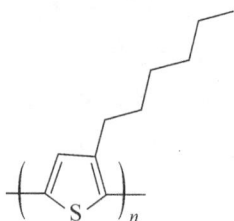

P3HT

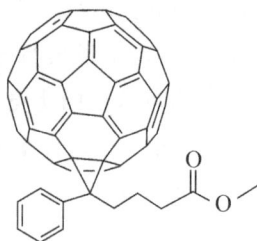

PC₆₀BM

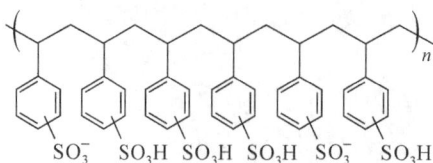

PSS

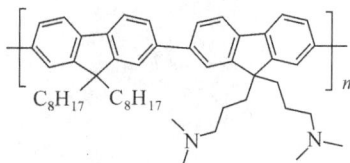

PFN

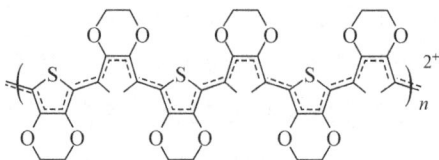

PEDOT

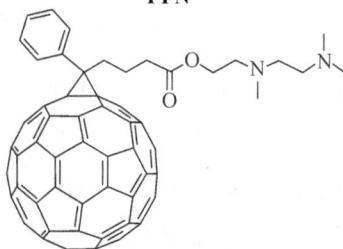

PCBDAN

聚合物薄膜太阳能电池呈现加速发展之势。可溶液加工的共轭聚合物/可溶性富勒烯(C_{60}或C_{70})衍生物共混型"本体异质结"(bulk heterojunction，BHJ)聚合物太阳能电池的能量转化效率从 2.5% 提高至将近 11%。与硅系太阳能电池相比其效率仍比较低，主要是由于目前使用的共轭聚合物仍然存在吸收光谱与太阳光谱不能完全匹配、电荷载流子迁移率较低以及给体和受体电子能级匹配性不好等问题，器件的电荷传输和收集效率及填充因子小等缺点。在深入探明光-电转换机制、开发新结构器件和新材料的基础上，有望进一步提高能量转化效率和延长使用寿命，从而实现太阳能电池的大面积可溶液加工和商业化。

近几年异军突起的钙钛矿太阳能电池已成为光伏领域的新成员。2013 年 10 月，英国牛津大学报道了由钙钛矿的晶体作为光吸收层制成的太阳能电池的能量转化效率高达 13%。随后，全球众多研究小组相继投入钙钛矿太阳能电池的研制开发中，2014 年报道的同类器件的能量转化效率已达到了 20%(You J，et al，2014)。与其他的太阳能电池不同，钙钛矿是由现成材料制成的，廉价而且容易产生，但存在器件性能不稳定、重现性差等问题，这种电池还有许多改进空间。

参 考 文 献

[1] 王佛松,王藙,陈新滋,等.展望 21 世纪的化学[M].北京:化学工业出版社,2000.

[2] Olah G A, Goeppert A, Prakash G K S. 跨越油气时代:甲醇经济[M].胡金波,等译.北京:化学工业出版社,2008.

[3] Reisner E, Fontecilla-Camps J C, Armstrong F A. Catalytic electrochemistry of a [NiFeSe]-hydrogenase on TiO_2 and demonstration of its suitability for visible-light driven H_2 production[J]. *Chemical Communications*, 2009,5(5):550-552.

[4] Wang W, Bray C L, Adams D J, et al. Methane storage in dry water gas hydrates[J]. *Journal of the American Chemical Society*, 2008, 130(35):11608-11609.

[5] Willems P A. The biofuels landscape through the lens of industrial chemistry [J]. *Science*, 2009, 325(5941):707-708.

[6] 李永舫,何有军,周祎.聚合物太阳电池材料和器件[M].北京:化学工业出版社,2013.

[7] You J, Hong Z, Yang Y, et al. Low-temperature solution-processed perovskite solar cells with high efficiency and flexibility[J]. *ACS Nano*, 2014, 8(2):1674-1680.

[8] Liu T, Leskes M, Yu W, et al. Cycling $Li-O_2$ batteries via LiOH formation and decomposition[J]. *Science*, 2015, 350(6260):530-533.

第9章 化学与材料

　　2015年11月2日,中央电视台全程直播了国产大型客机C919首架机总装下线的盛况,该活动名称为"梦想起航"。C919大型客机是我国首款按照最新国际适航标准研制的干线民用飞机,于2008年开始研制,标准航程4075千米,增大航程5555千米。先进材料的大规模应用是这架现代化飞机的重要特征,如第三代铝锂合金材料、先进复合材料在C919机体结构用量中分别达到8.8％和12％。机舱内部制作椅罩和门帘所用的芳砜纶纤维是具有完全自主知识产权的耐高温合成高分子材料。由于大规模采用先进材料,C919客机整体减重7％左右;高技术纤维芳砜纶的使用,可使大飞机再"瘦身"30千克以上,这意味着飞机的油耗更小、成本更低,还能减少二氧化碳排放,更环保节能。显然,先进材料在C919客机的研发和制造中发挥了关键作用。材料是人类进行生产的最根本的物质基础,也是人类衣、食、住、行及日常生活用品的原料,是社会进步的标志,它与信息、能源构成现代文明的三大支柱。翻开人类文明史册,我们就会发现合成材料的发明彻底改变了人类的生活方式,而且每一次材料科学的重大突破都引起生产技术的革命,给社会和人类生活带来巨大变化。材料科学是化学和物理等一级学科交叉而产生的新的学科领域。化学是新材料发展的源泉,20世纪高分子化学的发展导致了塑料、合成橡胶、合成纤维、碳纤维、涂料、胶黏剂和各种功能高分子材料的发明。世界上传统的材料已有几十万种,而化学家合成的新材料数量正以每年5％的速度在增长,化学元素周期表中已有90多个元素应用在各种各样的材料之中。当今,新材料的研究已受到世界各国的高度重视,例如美国政府公布的《国家关键技术》报告中把新材料作为六大关键技术之首,我国政府也把新材料研究列入《国家中长期科学和技术发展规划纲要(2006—2020年)》之中。

9.1 塑料、橡胶和纤维——20世纪合成化学的骄傲

　　20世纪初,由于高分子化学的成就而发展形成了三大合成材料工业——塑料、纤维和橡胶。以酚醛塑料、尼龙-66和氯丁橡胶为开端的三大合成材料开始蓬勃发展起来了。高分子材料广泛应用于人们的日常生活和国民经济的各个领域。没有高分子材料,人们的衣食住行和日常生活将是无法想象的。大规模集成电路、光纤通信、激光光盘、电脑、电视、人造卫星、航天飞机、巨型喷气客机等都离不开高分子材料。一辆汽车所用的塑料

达 230 千克之多,合成纤维已超过羊毛和棉花而成为纺织工业的主要原料,合成橡胶的性能和产量也已超过天然橡胶。全世界的塑料年生产能力已超过 6000 万吨,合成纤维达 1500 万吨,而合成橡胶达 1200 万吨。以塑料为主体的三大合成材料,其世界体积总产量已超过全部金属的产量。因此,三大合成高分子材料已成为人类社会文明的重要标志之一。

9.1.1 塑料

在所有的合成高分子材料中,最著名的应该是聚乙烯了。它的世界年产量已有几千万吨,是合成高分子材料的第一大品种。我们日常生活中所见到的食品袋和乳白色的塑料瓶是聚乙烯制品,但它们所用的聚乙烯原料是不同的,前者采用的是高压聚乙烯,即乙烯单体在 200℃、1000~2000 个大气压和微量 O_2 存在下聚合而成。这样产生的聚乙烯由于在分子链中有较多支链,聚合产品密度较低、较柔软、软化点较低。而制成塑料瓶的聚乙烯,采用的是 $Al(C_2H_5)_3$-$TiCl_4$ 催化剂,乙烯在常压下聚合,获得了无支链的高结晶度聚乙烯,聚合产品密度较高,且刚性、硬度和软化点优于高压聚乙烯。这是 1953 年德国化学家齐格勒(K. Ziegler)发明的,之后(1954 年)意大利化学家纳塔(G. Natta)用 $Al(C_2H_5)_3$-$TiCl_3$ 作催化剂使丙烯聚合,制得了固体聚丙烯。为此,齐格勒和纳塔两人于 1963 年获得了诺贝尔化学奖。这种使含有重键单体聚合的方法叫配位聚合,采用这种方法的聚合物具有立体规整性。以聚丙烯为例,如将碳主链拉直成锯齿形,排在同一平面上,甲基 R 可全部处于该平面的上方,形成等规(全同)结构。而采用其他聚合方法,则可能为无规聚丙烯。立体结构不同的聚合物,其性能差别很大。聚丙烯分子的立体异构如图 9-1 所示。

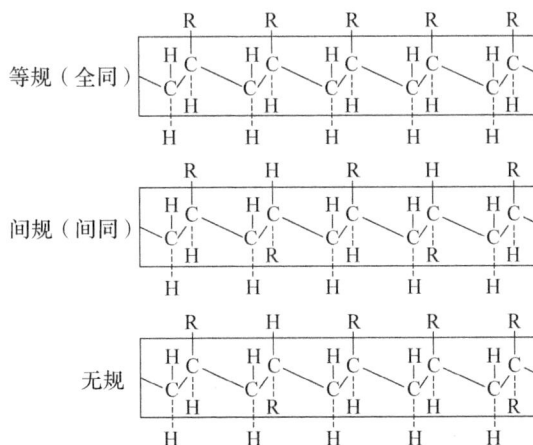

图 9-1　聚丙烯分子的立体异构现象(其中 R＝CH_3)

聚四氟乙烯(PTFE),商品名为"特氟隆"(teflon),是当今世界上耐腐蚀性能最佳的材料之一,故有"塑料之王"的美称。1938年,人们发现四氟乙烯聚合能够得到聚四氟乙烯,1950年由杜邦公司实现了这种塑料的工业化生产。

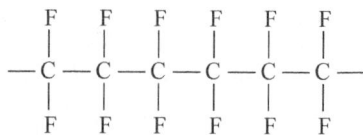

聚四氟乙烯

聚四氟乙烯具有优良的化学稳定性、耐腐蚀性、密封性、高润滑不黏性、电绝缘性和良好的抗老化耐力。它能在$-180 \sim 250℃$的温度下长期工作,除熔融金属钠和液氟外,能耐其他一切化学药品,在王水中煮沸也不起变化。它的问世解决了化工、石油、制药等领域的许多问题。聚四氟乙烯密封件、垫片、密封垫圈是选用悬浮聚合聚四氟乙烯树脂模塑加工制成的。与其他塑料相比,聚四氟乙烯具有耐化学腐蚀与耐温优异的特点,它已被广泛地作为密封材料和填充材料。目前,各类聚四氟乙烯制品已在化工、机械、电子、电器、军工、航天、环保和桥梁等国民经济领域中发挥了举足轻重的作用。

聚四氟乙烯还可用作工程塑料,可制成聚四氟乙烯管、棒、带、板、薄膜等,一般应用于性能要求较高的耐腐蚀的管道、容器、泵、阀以及制雷达、高频通信器材、无线电器材等。其分散液可用作各种材料的绝缘浸渍液和金属、玻璃、陶器表面的防腐涂层等。各种聚四氟乙烯圈、聚四氟乙烯垫片、聚四氟乙烯盘根等广泛用于各类防腐管道法兰密封。此外,也可以用于抽丝,如聚四氟乙烯纤维——氟纶(商品名为特氟纶)。由聚四氟乙烯制成的一些大型建筑如运动场馆的屋顶,具有质轻、透光、耐腐蚀、易更换等优点。图9-2是由聚四氟乙烯制成的室内运动场屋顶。

图9-2　由聚四氟乙烯制成的室内运动场屋顶(浙江大学风雨操场)

工程塑料可以作为工程材料或代替金属使用,具有优良的机械性能、耐热性和尺寸稳定性,主要有聚酰胺、聚四氟乙烯、ABS树脂、聚碳酸酯等。其中,ABS树脂是丙烯腈(A)、丁二烯(B)和苯乙烯(S)三种单体的共聚物。

$$-\!\!\left[\!\left(CH_2\!-\!CH\right)_x\!\left(CH_2\!-\!CH\!=\!CH\!-\!CH_2\right)_y\!\left(CH_2\!-\!CH\right)_z\!\right]_n$$

ABS 树脂

ABS 树脂保持了聚苯乙烯的优良电性能、刚性及易加工成型性,又增加了聚丁二烯的弹性和韧性以及聚丙烯腈的耐热性、耐油性和耐腐蚀性,因此强度大、综合性能优良,已被广泛用于机械、电气、纺织、汽车和造船等工业。许多家电的外壳就是由 ABS 塑料制成的。由于 ABS 树脂有高的光泽和易成型性,所以在小家电中更有着广泛的市场,如家用传真机、音响、VCD 中也大量选用 ABS 树脂为原料,吸尘器中也使用了很多 ABS 树脂制作的零件,厨房用具中也大量使用了 ABS 树脂制作的零件。

9.1.2 合成橡胶

橡胶具有弹性高、绝缘性佳、不透气、不透水、抗冲击、吸震及阻尼性能良好等特性。有些特种橡胶还具有耐化学腐蚀、耐高温、耐低温、耐油等特性。因而橡胶制品在工业、农业、国防和科技现代化中起着重要的作用。如今,橡胶品种多达数万种,作为战略物资,其广泛地用于各种汽车、坦克、大炮、飞机、导弹、火箭等。据统计,一辆解放牌货车需要 89 种橡胶制品,共 378 千克。一个国家的橡胶消耗量被认为是衡量国民经济,特别是工业技术水平的重要指标之一。

全世界天然橡胶的年产量一直徘徊在 300 万吨左右。天然橡胶只能在南方种植,把树苗种下去后要过 7~8 年才能正常产胶,每生产 1000 吨天然橡胶要种 300 万株树,每年需要 5500 个工人。第二次世界大战期间,由于战争的迫切需要,科学家开发了合成橡胶,合成 1 千吨橡胶只需 15 人,且节省了大量的耕地,成本仅是天然橡胶的一半。目前,合成橡胶的年产量已达 4400 万吨左右。

天然橡胶的组成成分是异戊二烯。用异戊二烯单体合成的异戊橡胶的结构和性能基本与天然橡胶相同。

$$n CH_2\!=\!CH\!-\!C\!=\!CH_2 \longrightarrow \left[\!CH_2\!-\!CH\!=\!C\!-\!CH_2\right]_n$$
$$\quad\quad\quad\quad CH_3 \quad\quad\quad\quad\quad\quad\quad CH_3$$

异戊二烯   异戊橡胶

由于异戊二烯的原料来源受到限制,而丁二烯则来源丰富,因此,化学家以丁二烯为原料,开发了一系列合成橡胶。第一个合成橡胶为氯丁橡胶,它是由美国化学家纽兰德(J. A. Nieuwland)和克林斯(R. T. Collins)发明的,并于 1931 年由杜邦公司实现了工业化生产。不久之后,德国于 1934 年通过乳液聚合法由丁二烯(70%)和苯乙烯(30%)合成出丁苯橡胶,反应式如下:

$$nx\,CH_2{=\!\!=}CH{-}CH{=\!\!=}CH_2 + ny\,CH{=\!\!=}CH_2 \longrightarrow [(CH_2{-}CH{=\!\!=}CH{-}CH_2)_x(CH_2{-}CH)_y]_n$$

丁二烯   苯乙烯   丁苯橡胶

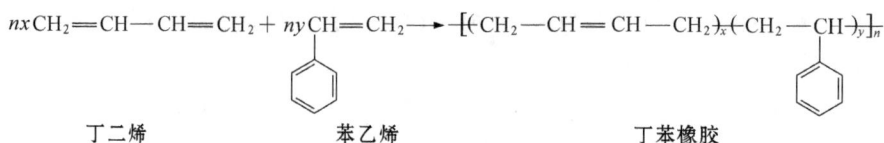

丁苯橡胶是应用最广、产量最多的合成橡胶,其性能与天然橡胶接近,而耐热、耐磨、耐老化性能优于天然橡胶,可用来制作轮胎、皮带,或作为密封材料和电绝缘材料,但它不耐油和有机溶剂。

丁二烯与丙烯腈共聚可制得丁腈橡胶。由于分子中引入了极性基团 CN,这种橡胶的最大优点是耐油,其拉伸强度比丁苯橡胶要高,但电绝缘性和耐寒性差,且塑性低、加工困难,主要用作耐油制品,如机械上的垫圈以及飞机和汽车上需要耐油的零件等。

硅橡胶是 1944 年开始生产的一种特殊橡胶。硅橡胶分子很特别,其主链上没有碳原子,因此叫作元素有机聚合物。由于 Si—O 键能(453 千焦/摩尔)大于 C—C 键能(348 千焦/摩尔),并且 Si—O 键旋转的自由度大,因此它既耐低温又耐高温,能在

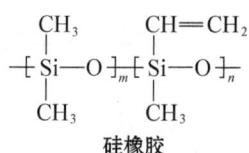

$$+\!Si{-}O]_m[Si{-}O]_n$$

硅橡胶

−65～250℃ 保持弹性,且耐油、防水、电绝缘性能也好。因此,它可作为高温、高压设备的衬垫,油管衬里,密封件和各种高温电线、电缆的绝缘层等。由于硅橡胶无毒、无味、柔软、光滑,且生理惰性及血液相溶性均优良,可用作医用高分子材料,如人工器官、人工关节、整形修复材料、药液载物等(详见第 4 章)。

天然橡胶和合成橡胶在未硫化前称为生橡胶。生橡胶具有可塑性,但强度低、回弹力差,容易产生永久形变。这是因为生橡胶分子是线型结构。生橡胶只有硫化后才具有高弹性,才有应用价值。生橡胶分子都具有双键,以供硫化用,硫化后的橡胶由线型分子变为体型网状结构,从而增加了橡胶的强度和高弹性。

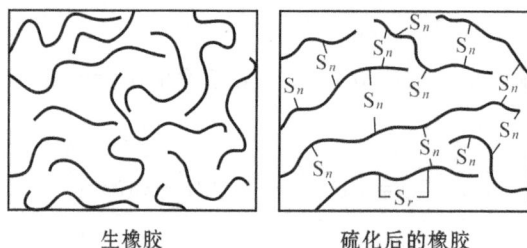

生橡胶   硫化后的橡胶

9.1.3 合成纤维

棉、麻、丝、毛属天然纤维。目前,大部分绚丽多彩的纺织品是由化学纤维制成的。化学纤维又可分为人造纤维和合成纤维。宛如丝绸的人造棉(黏胶纤维)、质地柔软的人造毛、轻柔滑爽的人造丝(醋酸纤维),是由天然纤维或蛋白质的原料经过化学改性而制成的,属于人造纤维。平常我们见到的五彩缤纷而又厚实的缎子被面,大部分是人造纤

维制成的。抗皱免烫的涤纶、坚固耐磨的尼龙、胜似羊毛的腈纶、结实耐穿的维纶等则是合成纤维,如聚对苯二甲酸乙二醇酯(商品名为涤纶或的确良),就是由对苯二甲酸与乙二醇聚合而成的合成纤维。

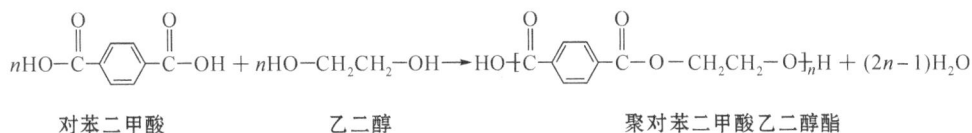

$$nHO-\overset{O}{\underset{\|}{C}}-\text{〈苯环〉}-\overset{O}{\underset{\|}{C}}-OH + nHO-CH_2CH_2-OH \longrightarrow HO\overset{O}{\underset{\|}{\left[C\right.}}-\text{〈苯环〉}-\overset{O}{\underset{\|}{C}}-O-CH_2CH_2-O\overset{}{\underset{n}{\left]\right.}}H + (2n-1)H_2O$$

　　　对苯二甲酸　　　　　　乙二醇　　　　　　　　聚对苯二甲酸乙二醇酯

　　这种含有酯基的高分子化合物称为聚酯,它可抽丝成纤维制成纺织品,亦可作为塑料和涂料等的原料。涤纶纤维由于分子排列规整,紧密度、结晶度较高,不易变形,因此其织物抗皱性好。涤纶织物牢固、易洗、易干,做成衣服后其外形挺括,主要用于衣料,也可做成运输带、轮胎帘子线、缆绳、渔网等。涤纶纤维是由英国化学家温费尔特(T. R. Whinfield)与狄克逊(J. T. Dickson)于 1940 年首先合成的。1941 年,科学家对其进行纺丝,发现其具有很好的成纤性能。1950 年,涤纶纤维实现了工业化生产。此后,世界各国相继投产。到了 20 世纪 70 年代,它已成为全世界合成纤维中产量最大、发展最快的品种。

　　高分子化学发展中的第一个重要突破是尼龙-66 的合成,这是第一个合成纤维。美国化学家卡罗泽斯(W. H. Carothers)从 1929 年开始研究了一系列的缩合反应,1935 年,他用己二酸与己二胺缩合,得到了一种具有优良性能的聚酰胺,这就是尼龙-66。尼龙-66于 1938 年实现工业化生产。

　　聚酰胺是一类性能优良的高聚物,商品名为尼龙(nylon),也叫锦纶。它可以作为工程塑料,抽丝则可制成纤维。最为人熟知的聚酰胺纤维是聚己内酰胺(尼龙-6)和聚己二酸己二胺(尼龙-66),主要用于制作丝袜及针织内衣、渔网、降落伞、宇航服等。尼龙织物的特点是强度大、弹性好、耐磨性好。这是由于其分子链中有酰胺基,在长链分子中不仅有较大的范德华力,还有氢键的作用,所以强度特别大。

　　今天,在人们尽情享用三大合成材料所带来的文明时,请不要忘记那些发明三大合成材料的化学家和开创者以及使之工业化的化学公司:开创高分子化学领域的H. Staudinger(1953 年获诺贝尔化学奖)和 P. J. Flory(1974 年获诺贝尔化学奖);第一个合成纤维——尼龙-66 的发明者美国化学家 W. H. Carothers 以及使之工业化的美国杜邦公司;第一个合成橡胶——氯丁橡胶是由美国 J. A. Nieuwland 和 R. T. Collins 发明,1931 年由杜邦公司工业化的;塑料中的最大品种——聚乙烯和聚丙烯则是在 Zeigler-Natta 催化剂诞生后才获得了高产率、高结晶度、耐高温的新品种,并在 1957 年由意大利Montecatini 公司工业化的。

9.2 导电聚合物

提到塑料和橡胶,人们想当然地认为它们是很不错的电绝缘体。是的,绝大多数高分子材料都具有优异的电绝缘性能,可以用来做电线的包覆、插座、插头、电器外壳等。然而,这一传统的观念在 20 世纪 70 年代末被导电聚乙炔的发现所打破。

1967 年,在日本东京工业大学进修的韩国边衡直博士于实验室制作聚乙炔时,加入了超量 1000 倍的催化剂,使得反应最终未能得到黑色粉末聚乙炔(顺式聚乙炔),却变成了银白色的薄膜(反式聚乙炔)。时任池田研究所助理的白川英树(H. Shirakawa)即据此结果开始研究聚乙炔。1976 年,在美国科学家麦克德尔米德(A. G. MacDiarmid)与黑格(A. J. Heeger)的邀请之下,白川英树到美国宾夕法尼亚大学进行访问。由于聚乙炔的电导率并不高,顺式和反式聚乙炔的导电率分别为 10^{-9} 西门子/厘米和 10^{-5} 西门子/厘米。于是他们在聚乙炔中掺入 I_2 或 AsF_5,则顺式和反式聚乙炔的电导率分别增加到 3.60×10^2 西门子/厘米和 5.6×10^2 西门子/厘米。1977 年的夏天,黑格、麦克德尔米德和白川英树三位科学家发表了他们的研究成果。随后的研究发现,无缺陷的聚乙炔的电导率已达到或超过金属铜,并相继发现了多种不同结构的导电聚合物,如聚苯胺、聚吡咯、聚噻吩、聚对苯乙烯撑以及它们的衍生物。鉴于这些导电塑料已孕育出一些非常重要的实际应用,黑格、麦克德尔米德和白川英树荣获了 2000 年的诺贝尔化学奖。

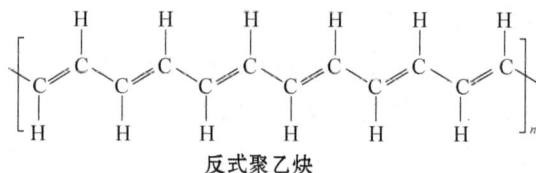

反式聚乙炔

导电聚合物可用在电池、显示器、传感器和电化学晶体管等方面。用导电塑料和有机电致发光材料制成的显示器很薄、很柔软,甚至可以折叠。用导电聚合物代替电池中的电解质溶液,不仅解决了电池的漏液问题,还起到了电极间隔膜作用,并可做成厚度为微米级的薄膜,减轻电池的重量,提高电池的能量密度,通过电池的叠层化可获得较大的电压。如硬币大小的电池,一个电极是金属锂,另一个电极是聚苯胺导电塑料,该电池可多次重复充电使用,且工作寿命长。这种电池已进入市场。聚苯胺与聚氯乙烯、尼龙等共混物可用作电屏蔽材料。聚吡咯导电纤维用于飞机的蒙皮材料,可使飞机躲避雷达的跟踪。随着科技的发展,导电聚合物的应用范围将会越来越广。此外,导电塑料和纳米技术的结合,还对分子电子学的迅速发展起到推动作用。将来,人类不仅可以大大提高计算机的运算速度,而且还能缩小计算机的体积。有人预言,未来的笔记本电脑可以装进手表中。

9.3　碳纳米材料和碳纤维——最轻、最坚硬的材料

碳是世界上分布极广的一种元素。木炭、竹炭、活性炭、炭黑、焦炭、天然石墨、石墨电极、炭刷、炭棒、铅笔等都是传统的碳材料,它们曾在人类文明史上写下了光辉灿烂的一页。例如,天然金刚石俗称"钻石",是一种由碳元素组成的矿物,是碳元素的同素异形体,是目前在地球上发现的最坚硬的天然物质,是工业中的切割工具,同时也是贵重工艺品。人们也可以在高温、高压下将石墨转变为金刚石,称为人造金刚石。随着社会的发展和人们对碳元素的不断研究,科学家又发明了许多新型碳材料,如金刚石、碳纤维、富勒烯、碳纳米管、石墨烯等。

9.3.1　碳纳米材料

碳纳米材料是指分散相尺度至少有一维小于 100 纳米的碳材料。分散相既可以由碳原子组成,也可以由异种原子(非碳原子)组成,甚至可以是纳米孔。纳米碳材料主要包括三种类型:纳米碳球、碳纳米管和碳纳米纤维。

纳米碳球的代表是富勒烯(fullerenes,C_{60}),它们是一系列纯碳组成的原子簇的总称。它们是由非平面的五元环、六元环等构成的封闭式空心球形或椭球形结构。现已分离得到其中的几种,如 C_{60} 和 C_{70} 等。C_{60} 与足球极其相似,是一种由 20 个六元环和 12 个五元环组成的 32 面体球状分子。

C_{60} 具有相对稳定性,是一个亲电性体系,能接受电子。例如,当分子从金属钾接受电子,形成盐 K_3C_{60}。金属掺杂的 C_{60} 具有超导性,是有发展前途的超导材料。它非常硬,其硬度是钢的 100 倍,具有电导和半导体的性质。Curl、Kroto 和 Smalley 由于对富勒烯及其同系物的贡献共享了 1996 年的诺贝尔化学奖。

碳纳米管(carbon nanotube,CNT)是一类新的基于碳原子的材料。单壁碳纳米管的结构像卷起来的石墨。碳纳米管对红外和电磁波有隐身作用。由于纳米微粒尺寸远小于红外及雷达波波长,纳米微粒对红外和电磁波的透过率比常规材料要强得多,从而可大大减少波的反射率。纳米微粒的比表面积比常规粗粉大 3～4 个数量级,对红外和电磁波的吸收率也比常规材料大得多。因此,红外探测器及雷达得到的反射信号强度大大降低,从而达到隐身效果。

　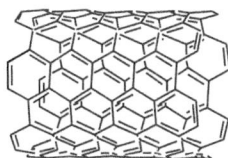　

富勒烯　　　　　碳纳米管　　　　　石墨烯

　　根据理论推算和反复验证,科学家普遍认为碳纳米管的可逆储/放氢量在 5wt% 左右。即使只有 5wt%,它也是迄今为止最好的储氢材料之一。

　　另一种碳纳米材料是 2004 年英国物理学家盖姆(A. Geim)和诺沃肖罗夫(K. Novoselov)首次从石墨中分离出的石墨烯(graphene)。石墨烯是一种由碳原子构成的单层片状结构的分子,可形成无穷大的平面共轭体系,被看作是只有一个碳原子厚度的二维材料。20 万片石墨烯加在一起,相当于一根头发丝那么粗。

　　石墨烯是已知的世上最薄、最坚硬的纳米材料,它几乎是完全透明的,只吸收 2.3% 的光;导热系数高达 5300 瓦/(米·开尔文),高于碳纳米管和金刚石;常温下,其电子迁移率超过 15000 平方厘米/(伏·秒),高于纳米碳管或硅晶体;而电阻率约为 10^{-8} 欧姆·厘米,比铜或银更低,为世界上电阻率最小的材料。因此,石墨烯有望用来发展更薄、导电速度更快的新一代电子元件或晶体管,适合于制造透明触控屏幕、光板甚至是太阳能电池。盖姆和诺沃肖罗夫两人因在二维石墨烯材料的开创性研究,而共同获得 2010 年诺贝尔物理学奖。

　　石墨烯具有丰富而独特的性质,如有很高的电导率、优异的导热性、极快的载流子传输速度及最高的机械强度等,在场效应晶体管、透明电极、纳米结构及功能复合材料、锂离子电池、超级电容器等诸多领域具有广阔的应用前景。由于石墨烯溶解度低,且缺少组装方法,实现石墨烯有序排列的宏观纤维是一大挑战。最近,浙江大学高超教授研究小组(Peng L, et al, 2015;Li Z, et al, 2015)发明了单层氧化石墨烯的制备新方法,并将单层氧化石墨烯放在溶液中,经过一定工艺制造成了各种形态、具有"特异功能"的石墨烯材料。例如,将氧化石墨烯的水溶液纺制成长达数米的纤维,然后采用化学还原的方法将其处理,得到石墨烯长纤维。这种材料非常轻、细,才一卷泡泡糖的大小,就已经有 300 米长了,而且还可以打结(见图 9-3)。石墨烯纤维具有石墨烯的强导电性,将来有望应用到防电磁辐射服中。此外,石墨烯纤维还有可能改变人类的出行模式。因为这种材料极轻又极其刚硬,所以汽车车身、飞机机身都可能采用石墨烯材料来制备。

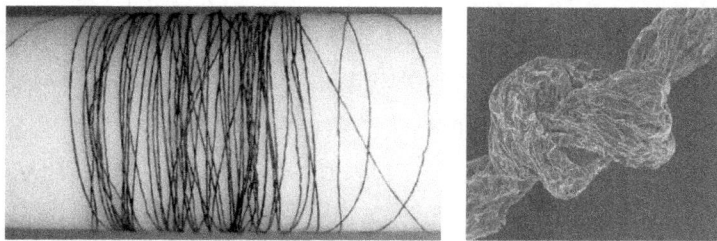

图 9-3　4 米长的石墨烯纤维(左)及其打结状态(右)

　　该研究小组还用氧化石墨烯制备出一种超轻气凝胶——它刷新了目前世界上最轻材料的纪录,其弹性和吸油能力令人惊喜。如图 9-4 所示,这种被称为"全碳气凝胶"的固态材料密度为 0.16 毫克/立方厘米,仅是空气密度的 1/6。这种"碳海绵"只吸油、不吸水,可望用来处理海上原油泄漏事件,还可作为理想的保温材料。

图 9-4　立在桃花花蕊上的"碳海绵"

9.3.2　碳纤维材料

碳纤维(carbon fiber，CF)是一种纤维状的碳素材料，是由含碳量较高、在热处理过程中不熔融的人造化学纤维经热稳定氧化处理、碳化处理及石墨化等工艺制成的合成材料。其含碳量随种类不同而异，一般在 90% 以上。碳纤维具有一般碳素材料的特性，如耐高温、耐摩擦、导电、导热及耐腐蚀等，但与一般碳素材料不同的是，其外形有显著的各向异性、柔软性，且可加工性好，沿纤维轴方向表现出很高的强度，且碳纤维比重小。

碳纤维是 20 世纪 50 年代初应火箭、宇航及航空等尖端科学技术的需要而产生的高新材料。20 世纪 80 年代以来，高性能及超高性能的碳纤维相继出现，并已发展成为世界上首选的高性能材料。碳纤维具有高强度、高模量、抗疲劳、耐高温、质轻、导电、易加工等多种优异性能，正逐步取代传统材料，现已广泛应用于航天、航空和军事领域。在机械电子、建筑材料、文体、化工、医疗等各个领域，碳纤维有着无可比拟的应用优势。例如，波音 787 飞机的机体结构的一半左右都用更轻、更坚固的碳纤维复合材料代替传统的铝合金，该飞机是第一款以先进材料为主体的民用喷气式客机。拥有"空中巨无霸"之称的空客 A380 宽体客机(见图 9-5)由于大量使用碳纤维复合材料(约占 22%)，从而减轻了

图 9-5　采用大量碳纤维复合材料的空客 A380 客机

飞机的重量,减少了油耗和排放;每位乘客每 100 千米的耗油量还不到 3 升,仅相当于一辆经济型的家庭轿车。

9.4 照明与显示材料

化学曾对电子学革命特别是对电子计算机的发展做出了巨大贡献。早期的真空管电子计算机不仅速度慢而且能耗高,难以推广应用。20 世纪 50 年代的一台计算机需要占用一间大房子,而它的计算能力与今日我们用的计算器相差不大。这种变革得益于晶体管的发明。晶体管取代真空管来放大电流,它是诸多电路中的关键元件。此外,化学家还研制出特殊磁性材料和显示材料,分别用于制作计算机的信息储存器和显示器。实际上,化学家、固体物理学家和电子学家共同参与材料科学的研究,设计和研制电子学所需的各种材料。以下就现代照明和显示器领域所应用的一些先进材料做一简单介绍。

化合物吸收光能产生发光称光致发光(photoluminescence,PL),吸收电能产生发光称电致发光(electroluminescence,EL)。最早观察到有机化合物电致发光的是 Pope。1963 年,他在蒽单晶片上加 400 伏的电压后,出现了蓝色荧光现象。1987 年,柯达公司的研究人员对有机电致发光的器件结构进行了里程碑式的革新,他们将双层有机膜(8-羟基喹啉铝、芳香二胺)夹在两极(镁银合金、氧化铟锡)之间,外加电压到 10 伏时就观察到了绿色发光现象,使得有机电致发光实用化和商业化成为可能(Tang C, et al, 1987),这种器件结构也称为有机发光二极管(organic light emitting diode,OLED)。在这个器件中(见图 9-6),氧化铟锡(indium tin oxide,ITO)透明电极和镁银合金电极分别作为器件的阳极和阴极,在外加电压作用下,电子和空穴分别从阴极和阳极注入 8-羟基喹啉铝层(电子传输层)和芳香二胺层(空穴传输层),并在 8-羟基喹啉铝(发光层)中相遇,形成激子使发光分子(8-羟基喹啉铝)激发,处于激发态的发光分子回到基态时,发出可见光。

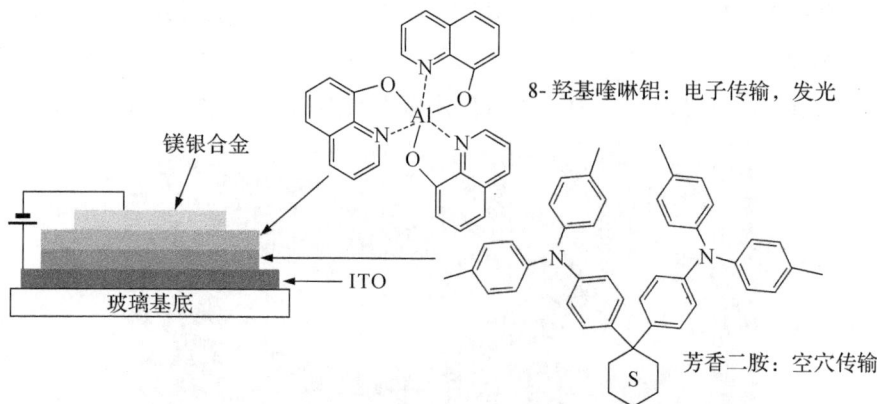

图 9-6 双层有机电致发光器件结构和发光材料

OLED 已被用于显示器和照明领域。采用玻璃衬底,可实现大面积平板显示;若用柔性材料做衬底,则能制成可折叠的显示器。由于 OLED 是全固态、非真空器件,具有抗震荡、耐低温(−40℃)等特性,在军事领域也有十分重要的应用,如用作坦克、飞机等现代化武器的显示终端,以及数字士兵用的头戴显示器和视频眼镜等;在商业领域,OLED显示屏可用于 POS 机和 ATM 机、复印机、游戏机等;在通信领域,则可适用于手机、移动网络终端等;在计算机领域,则可大量应用于掌上电脑(PDA)、商用和家用个人电脑、笔记本电脑等;在消费类电子产品领域,则可适用于彩色电视(见图 9-7)、音响设备、数码相机、便携式 DVD、MP3 播放器、iPod 播放器等;在工业应用领域,则适用于仪器仪表等;在交通领域,则适用于全球定位系统(GPS)、飞机仪表等。

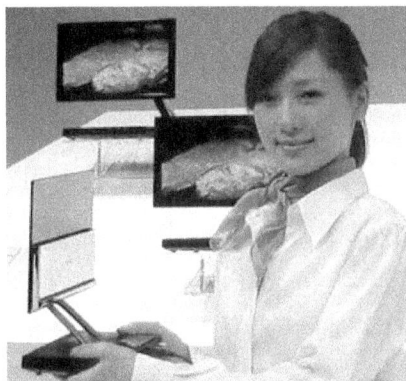

图 9-7　Sony 公司于 2007 年推出了世界上第一台 OLED 彩色电视机 XEL-1

(引自:Crow J M,2007)

不过,目前作为平板显示用的发光二极管(LED)主要是由无机材料如镓(Ga)与砷(As)、磷(P)、氮(N)、铟(In)等化合物制成的,其中磷砷化镓二极管发红光,磷化镓二极管发绿光,碳化硅二极管发黄光,铟镓氮二极管发蓝光。LED 显示屏一般用来显示文字、图像、视频、录像信号等各种信息,图 9-8 是一个大型报告会会场使用的全彩 LED 大屏幕。

波音 787 客舱内用 LED 取代传统的荧光管来提供照明,营造出头顶即是天空的感觉,具有天空特色的舱顶一直贯穿整个客舱,机组还可以在飞行中控制天空特色舱顶的亮度和颜色。需要时,乘务员可以为乘客提供白天的感觉,而当乘客需要休息时,舱顶则可模拟夜色。机舱以重复的大弧度拱形结构、动态照明以及飞行中可以由乘客调整透明度的电子遮光帘为特色,并利用可以变幻色彩及明亮度的 LED 数组营造出仿真"天空"的天花板效果。

如今,人们所用的智能手机和其他移动设备虽然功能越来越强,但每天都需要充电,委实让人心烦。对于手机、掌上电脑等设备来说,显示屏是硬件中用电最多的一个主要元件,液晶面板、触摸屏和背光光源加起来的耗电量几乎达到 90%。最近,英国牛津大学

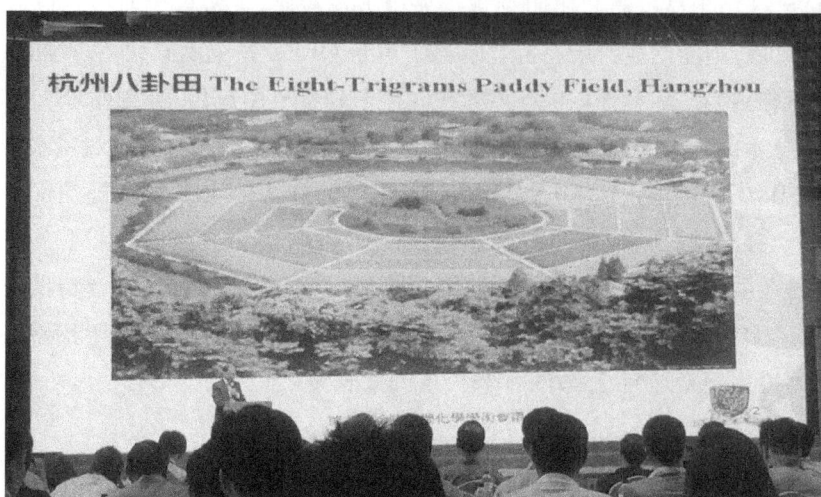

图 9-8　大型报告会会场使用的全彩 LED 大屏幕

的科学家发明了一种新型的触摸屏材料,它只需要很少的电能,而且分辨率等各种指标都远超目前的液晶屏。这项新的触摸屏技术由锗锑碲合金($Ge_2Sb_2Te_5$,简称 GST)材料制成(Hosseinil P, et al, 2014)。未来采用这种技术的智能手机有望一周只充一次电。

　　量子点(quantum dot, QD)是以半导体晶体为基础的新材料,尺寸通常在 $1\sim100$ 纳米,每一个粒子都是单晶,故称为"纳米晶"。量子点的名字来源于半导体纳米晶的量子限域效应,或者量子尺寸效应。当半导体晶体小到纳米尺度(1 纳米大约等于头发丝宽度的万分之一)时,不同的尺寸就可以发出不同颜色的光。例如,硒化镉纳米晶在 2 纳米的尺寸时发出的是蓝光,8 纳米的尺寸时发出红光,中间的尺寸则呈现绿色、黄色、橙色等。量子点的发光颜色可以覆盖从蓝光到红光的整个可见区,而且色纯度高、连续可调。

　　量子点发光二极管(quantum-dot-based LED, QLED)也能应用于照明和显示领域。目前,照明消耗的能量大致相当于电能的 20%,但人造光源的光效率是很低的。例如,照明质量高的白炽灯,光效率只有 2%。如能把效率提高到 20%,就意味着能节省能源消耗的 20%。美国能源部认为,量子点在人类照明领域将起到重要作用。

　　第一代量子点显示器件是氮化镓 LED 与量子点结合的背光源产品,目前已经进入商业化阶段。这种新型的背光源可使显示颜色的纯度、色饱和度很高,这是其他显示技术难以做到的。采用这种新型 QLED 显示屏的彩电将会在近期问世。

　　最近,浙江大学化学系的彭笑刚教授研究团队(Dai X, et al, 2014)设计出一种新型的 QLED,其制备方法是基于低成本、有潜力应用于大规模生产的溶液工艺,其综合性能则超越了已知的所有溶液工艺的红光器件,尤其是将使用亮度条件下的寿命推进到 10 万小时的实用水平。这种新型 QLED 器件有望成为下一代显示和照明技术的有力竞争者。图 9-9 是这种发红光的 QLED 器件的结构示意图及其电致发射光谱。

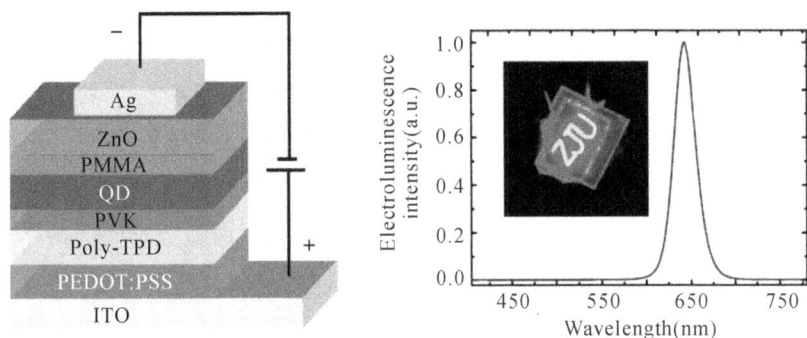

图 9-9　一种发红光的 QLED 器件结构(左)及其电致发射光谱(右)

(引自:Dai X, et al, 2014)

9.5　未来的纳米材料

纳米材料(nano material)是纳米级结构材料的简称,其结构单元的尺度介于1～100纳米。不过,许多超过 100 纳米的化学体系也被看作纳米体系,例如自组装的单分子层仅在一维上是小尺度的,而碳纳米管只在二维上是小尺度的,它们都属于纳米体系。由于 1～100 纳米这个尺度已经接近电子的相干长度,纳米材料的性质因为强相干所带来的自组织而发生很大的变化;而且其尺度已接近光的波长,加上其具有大表面的特殊效应,所以它所表现出的特性(如熔点、光学、磁性、导热、导电特性等)往往不同于该物质在整体状态时所表现的性质。

虽然纳米科学诞生于 20 世纪 80 年代,但其发展非常迅猛。它的最终目标是直接以原子、分子以及物质在纳米尺度上表现出的物理、化学和生物学特性为基础,制造具有特定功能的产品。早在 1959 年,美国著名物理学家费曼(R. P. Feynman)就设想:"如果有朝一日人们能够把百科全书储存在一个针尖上,并能够移动原子,那将会给科学带来什么!"他还预言化学将会发展到能够根据人们的意愿逐个地准确放置原子的阶段。第一个发现纳米性能并使用纳米概念的是日本科学家。他在 20 世纪 70 年代用蒸发法制备超微粒子时发现,导热、导电的铜导体变成纳米尺度粒子后就失去了原来的性质,既不导电也不导热了。1990 年,在美国巴尔的摩召开了第一届国际纳米科学技术会议,同年 *Nanotechnology* 和 *Nanobiology* 先后问世。这标志着纳米科学的正式诞生。

纳米科学是一门涵盖了物理、化学、材料、能源、生物、医学、药物、环境和电子学等多个学科高度交叉的综合性学科。纳米结构是原子数目 $10^3 \sim 10^9$ 范围的聚集体。化学家对小分子的合成已经积累了丰富的经验,但合成这个尺度的物质对于化学家来说是个"庞然大物",是一个新的挑战。纳米化学不仅研究纳米合成方法和检测技术,而且还研究纳米材料的性质、功能和用途。

　　化学家已经发明了很多方法来合成纳米结构,自组装(self-assemble)是其中之一。这种方法依靠分子间的弱相互作用,在结构设计的基础上,让一个个不同或相同的分子自发形成有序的二维、三维结构。通过自组装,化学家就有可能把"没用的"分子变为具有某种特殊功能的材料。自组装分为自然和人为两种,自然界中的 DNA 双螺旋就是典型的自然自组装的例子。人为自组装是指在一定化学、物理条件下,让纳米级模块自己"长"成特殊结构。这种"长"的驱动力正是超分子化学中所说的分子间弱的作用力,如氢键、疏水作用、静电作用等。图 9-10 是一个由 DNA 和纳米金自组装的三维结构,这种纳米材料将有望在未来的光学和分子电子学领域得到应用。

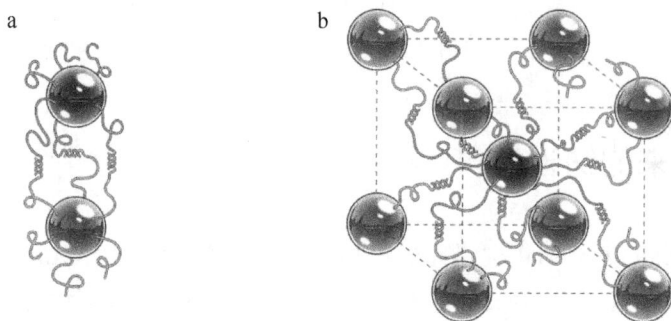

图 9-10　由 DNA 和纳米金自组装的三维结构

(引自:Crocker J C, 2008)

　　自组装纳米结构的另一个例子是最近报道的聚合物"包裹"的碳纳米管(Park S, et al, 2008)。韩国的化学家与生物学家合作,设计了一些"两亲性"聚合物(如 poly-1 和 poly-2),这样的两亲性分子能够自组装在碳纳米管的外围,就好像给碳纳米管"穿"上了一件外衣(见图 9-11)。碳纳米管在生物医学领域(如药物运载和组织工程等方面)的潜在应用早已有报道,但碳纳米管本身水溶性不好,在血液中分散性差,很容易聚集。由于两亲性聚合物既亲水又亲脂,两亲性聚合物包裹的碳纳米管便克服了这些问题,它在水和血浆中均具有很好的溶解性,并允许碳纳米管与生物分子结合。这一发现将有望使碳纳米管运载药物成为可能。

　　在催化体系中,催化剂若有更大的活性表面积,则与反应体系中分子的接触点就越多,催化效率就越高。因此,制备更细颗粒的催化剂或制备孔隙更多的催化剂一直是解决催化效率问题的关键。利用表面活性剂的分子自组装体所形成的微型乳粒,化学家制得了 3～5 纳米的超细纳米级铂(Pt)、钯(Pd)、铱(Ir)、铑(Rh)等金属微粒,从而使它们用作催化剂时的有效活化面积大大增加,获得极高的催化活性,它们将在石油化工等众多产业中大展身手。

　　纳米科学的一个伟大构想是制造一种微小机器,这种微小机器能够模仿我们人类在单细胞组织中看到生物转化过程,能够支配生物体系中的大信息容量,具有形成微小计

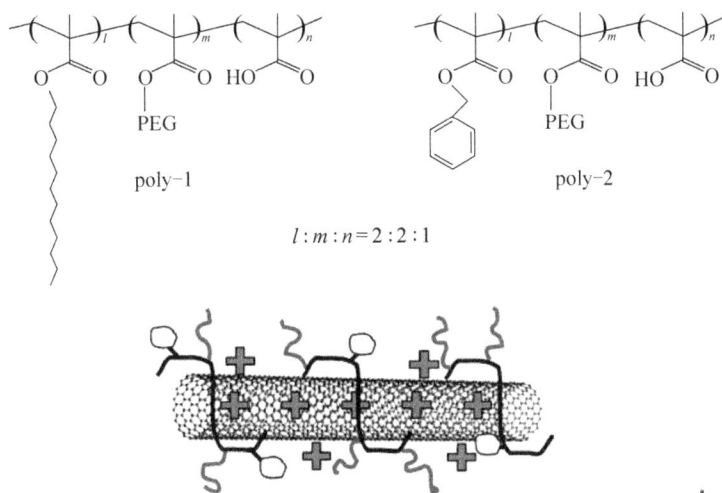

图 9-11　聚合物包裹的碳纳米管

（引自：Riordan F，2008）

算机器件的能力。这种微小机器被称为分子机器（molecular machine），也称纳米机器。

第一代纳米机器是生物系统和机械系统的有机结合体，这种纳米机器可注入人体血管内，进行健康检查和疾病治疗；还可以用来进行人体器官的修复工作、做整容手术、从基因中除去有害的 DNA，或把正常的 DNA 安装在基因中，使机体正常运行。第二代纳米机器是直接从原子或分子装配成具有特定功能的纳米尺度的分子装置。第三代纳米机器将包含纳米计算机，它是一种可以进行人机对话的分子器件。这种纳米机器人一旦问世将彻底改变人类的劳动和生活方式，因为从理论上讲纳米机器可以构建所有的物体。

对于化学家来说，尽管我们在纳米材料的合成方面取得了巨大的进展，但对纳米材料形貌的控制仍然无法达到任意可控的地步。在纳米材料的合成新方法、纳米材料的可控组装、新功能纳米材料的发现、纳米材料的新应用、纳米材料的表面工程化，以及最近十分热门的纳米生物技术方面（如基于纳米材料的蛋白质检测、基因和药物的输运与靶向、成像技术、热疗技术以及生物传感技术，基于纳米材料的能源、环境和毒性研究等），仍然有很大的机遇和挑战。

材料与粮食一样，永远是人类赖以生存和发展的物质基础。化学是新材料的"源泉"，任何功能材料都是以功能分子为基础的，发现具有某种功能的新型结构会引起材料科学的重大突破。未来化学不仅要设计和合成分子，而且要把这些分子组装、构筑成具有特定功能的材料。从超导体、半导体到催化剂、药物控释载体、纳米材料等，都需要化学家从分子和分子以上层次研究材料的结构。21 世纪的电子信息技术将向更快、更小、功能更强的方向发展，目前大家正在致力于量子计算机、生物计算机、分子器件、生物芯片等新技术,标志着"分子电子学"和"分子信息技术"的到来,这就要求化学家做出更大的努力,设计并合成出所需要的各种物质和材料。

参 考 文 献

[1] Crocker J C. Nanomaterials: golden handshake [J]. *Nature*, 2008, 451(7178): 528-529

[2] Tang C, van Slyke S A. Organic electroluminescent diodes [J]. *Applied Physics Letters*, 1987, 51(12): 913-915.

[3] Park S, Yang H, Kim D, et al. Rational design of amphiphilic polymers to make carbon nanotubes water-dispersible, anti-biofouling, and functionalizable [J]. *Chemical Communications*, 2008, 25(25):2876-2878.

[4] Li Z, Liu Z, Sun H, et al. Superstructured assembly by nanocarbons: fullerences, nanotubes, and graphene [J]. *Chemical Reviews*, 2015, 115, 7046-7117.

[5] Peng L, Xu Z, Liu Z, et al. An iron-based green approach to 1-h production of single-layer graphene oxide[J]. *Nature Communications*, 2015,6, 5716.

[6] Hosseinil P, Wright C D, Bhaskaranl H. An optoelectronic framework enabled by low-dimensional phase-change films[J]. *Nature*, 2014, 511, 206-211.

[7] Dai X, Zhang Z, Jin Y, et al. Solution-processed, high-performance light-emitting diodes based on quantum dots[J]. *Nature*, 2014, 515(7525):96-99.

[8] Crow J M. Organic chemistry on the telly [J]. *Chemistry World*, 2007, 4 (12): 17.

[9] Riordan F. Carbon nanotubes wear coats to deliver drugs[J]. *Chemistry World*, 2008, 5(6): 26.

第 10 章　化学与国防和公共安全

2001 年 9 月 11 日,两架被恐怖分子劫持的民航客机携带着爆炸物质分别撞向美国纽约世界贸易中心一号楼和世界贸易中心二号楼,两座建筑在遭到攻击后相继倒塌;另一架被劫持的客机则撞向位于美国华盛顿的美国国防部五角大楼,五角大楼局部结构损坏并坍塌。"9·11 恐怖袭击事件"令全球震惊,人类向恐怖分子全面宣战。化学在反恐等公共安全以及国土防御方面发挥了重要作用。在 2004 年召开的中国化学会第 24 届学术年会上,首次设立了"国防科技中的特种化学问题分会",主题为国家安全与化学,内容涉及国土防御、反恐、新概念武器发展、大规模杀伤性武器发展、重大突发事件等中的化学问题。2006 年,中国化学会召开了全国第一届反恐化学与监测技术学术研讨会,会议内容涉及反恐活性化合物的分子设计合成研究,反恐分析监测技术研究,食品安全监测技术研究,公安、消防、海关、武警反恐技术研究,反恐信息战、经济战及相关研究,核生化恐怖防御与救援方法研究,反恐活性化合物的药理评价研究,反恐技术方略及政策研究等。

10.1　国土防御中的化学

10.1.1　化学武器

战争中使用毒物杀伤对方有生力量、牵制和扰乱对方军事行动的有毒物质统称为化学战剂(chemical warfare agents,CWA)或简称毒剂,而装填有化学战剂的弹药称为化学弹药。通常,在战斗中通过各种兵器,如步枪、各型火炮、火箭或导弹发射架、飞机等将毒剂施放至空间或地面,造成一定的浓度或密度从而发挥其战斗作用。化学武器是以毒剂杀伤有生力量的各种化学战剂、化学弹药及其施放器材的总称,构成化学武器的基本要素是化学战剂。

化学武器是一种威力较大的杀伤武器,其作用是将毒剂分散成蒸汽、液滴、气溶胶或粉末状态,使空气、地面、水源和物体染毒,以杀伤和迟滞敌军行动。化学武器大规模使用始于 1914—1918 年的第一次世界大战,是当时具有重要军事意义的制式武器。据统计,第一次世界大战期间使用的毒剂有氯气、光气、双光气、氯化苦、二苯氯胂、氢氰酸、芥子气等多达 40 种,毒剂用量达 12 万吨,伤亡人数约 130 万人,占战争伤亡总人数的 4.6%。第二次世界大战全面爆发前,意大利侵略阿比西尼亚时首次通过空军使用芥子气和光气,仅在 1936 年的 1—4 月,中毒伤亡的人数即达到 1.5 万,占作战伤亡人数的 1/3。第二次世界大战期间在欧洲战场,交战双方都加强了化学战的准备,化学武器贮备达到了很高水平。各大国除加速生产和贮备原有毒剂及其弹药外,还加强了新毒剂的研制。其中,取得实质性进展的则是神经性毒剂。在亚洲战场,日本对我国多次使用了化学武器,造成大量人员伤亡。

从第二次世界大战结束至今,世界上局部战争和大规模武装冲突不断发生,其中被指控使用化学武器和被证实的有美侵朝战争、美侵越战争、苏联入侵阿富汗等。20 世纪 80 年代初开始的两伊战争,伊拉克在进攻失利、失去主动权的紧急时刻使用了化学武器,这一举动对扭转被动局面、最终实现停火发挥了重要作用。在第一、第二次世界大战以及朝鲜、越南、中东、两伊、海湾等战争中,都有化学战的影子。目前,化学武器空前发展,很多国家都企图拥有这一大规模毁灭性武器。

化学武器所使用的化学毒剂多种多样,形态不同,性能各异。按毒剂的分散方式,化学武器可分为:爆炸分散型、热分散型、布撒型。军用毒剂是化学武器的基本组成部分,按毒理作用可分为六类(见表 10-1)。

表 10-1　各类化学战剂代表物的化学结构

类型	战剂名称	化学名	化学结构
神经性毒剂	塔崩(tabun)	二甲氨基氰膦酸乙酯	$(CH_3)_2N\!-\!\overset{\displaystyle O}{\underset{\displaystyle CN}{P}}\!-\!OC_2H_5$
	沙林(sarin)	甲氟膦酸异丙酯	$CH_3\!-\!\overset{\displaystyle O}{\underset{\displaystyle F}{P}}\!-\!OCH(CH_3)_2$
	梭曼(soman)	甲氟膦酸特己酯	$CH_3\!-\!\overset{\displaystyle O}{\underset{\displaystyle F}{P}}\!-\!OCH\!\!\begin{array}{l}CH_3\\ C(CH_3)_3\end{array}$
	维埃克斯(VX)	S-(2-二异丙基氨乙基)-甲基硫代膦酸乙酯	$C_2H_5O\!-\!\overset{\displaystyle O}{\underset{\displaystyle CH_3}{P}}\!-\!SCH_2CH_2N(i\text{-}C_3H_7)_2$

续表

类型	战剂名称	化学名	化学结构
糜烂性毒剂	芥子气	2,2'-二氯乙硫醚	S 连 CH_2CH_2Cl、CH_2CH_2Cl
	氮芥	三氯三乙胺	N 连 CH_2CH_2Cl、CH_2CH_2Cl、CH_2CH_2Cl
	路易斯气	α-氯乙烯二氯胂	$ClCH=CHAsCl_2$
刺激性毒剂	西埃斯(CS)	邻-氯代苯亚甲基丙二腈	
	苯氯乙酮(CN)	α-氯代苯乙酮	
	亚当氏气	吩吡嗪化氯	
全身中毒性毒剂	氢氰酸		HCN
	氯化氰		$ClCN$
窒息性毒剂	光气		
	双光气		Cl—$OCCl_3$
失能毒剂	毕兹(BZ)	二苯羟乙酸-3-奎宁酯	

(1)神经性毒剂:如沙林、梭曼、维埃克斯等,是破坏人体神经的一类毒剂(毒剂之王),也是一些国家军队重要的装备毒剂。其代表物沙林是一种无色易挥发的液体,易造成空气染毒。其化学特征包括:温度高于 151.5℃ 时分解,故火烧法可对沙林消毒;常温下在中性水溶液中水解很慢,使水源长时间染毒;加热或加碱时可加速水解,产生无毒物

质,特别是浓氨水可对沙林的染毒空气大面积消毒。中毒症状:胸闷,瞳孔缩小,视力模糊,流口水,多汗,肌肉痉挛,严重时出现呼吸困难,大小便失禁,抽搐而死。震惊世界的"东京地铁沙林事件"就是恐怖分子在地铁里施放了这种神经性毒剂,造成 12 人死亡,约5500 人中毒。

(2)糜烂性毒剂:如芥子气、路易斯气等,是以皮肤糜烂为主要特征的一类毒剂。其代表物芥子气是具有大蒜气味的油状液体,难溶于水,易溶于汽油、酒精等有机溶剂,难挥发。中毒途径:皮肤渗透,呼吸道。中毒症状:皮肤接触到它的液滴或气雾后,一般经2~4小时的潜伏期,依次出现红肿、水泡、感染、糜烂等症状。人员吸入后,很快出现支气管炎、流涕、咳嗽,严重时呕吐、便血,直至死亡。眼睛接触时,会引起炎症,严重时导致失明。1941 年,日军对中国军队收复的宜昌使用芥子气,使 1600 人中毒、600 人死亡,迫使守军撤出战斗。

(3)刺激性毒剂:如苯氯乙酮、亚当氏气、西埃斯、西阿尔等,是刺激眼、鼻、喉、皮肤的一类毒剂,也称为催泪瓦斯。刺激性毒剂常用来控制暴乱、维持社会秩序等。

(4)全身中毒性毒剂:如氢氰酸、氯化氰等。其代表物氢氰酸是具有苦杏仁味的液体,易溶于水,能溶于酒精等有机溶剂,极易挥发(致死量 0.05 克);常温时水解较慢,加热或在酸性条件下能加速水解,生成无毒的甲酸铵;与碱作用生成不易挥发且也有剧毒的氰化物(如氰化钾)。中毒症状:吸入染毒空气后,舌尖麻木,头晕、恶心、呼吸困难,瞳孔散大,强烈抽筋而死。第二次世界大战期间,德国法西斯在波兰集中营用氢氰酸杀害了 250 万犹太人,包括战俘和平民。

(5)窒息性毒剂:如光气、双光气等,可装填于炮弹和航空炸弹中使用,造成空气染毒。这是一类以损伤肺组织、引起肺水肿而使人窒息而死的毒剂。其代表物光气是有烂苹果气味的无色气体,易液化(如液化煤气),易溶于水和有机溶剂,易被多孔性物质(如活性炭)吸附,遇碱也易被分解。中毒症状:其毒性类似常见气体氯气,但毒性比氯气大10 倍,吸入后感到强烈刺激,呼吸困难,胸闷、头痛,发生肺水肿而引起窒息。1951 年,侵朝美军对南浦市投掷了光气炸弹,导致中毒 1379 人、死亡 480 人。

(6)失能毒剂:是使人暂时精神失常、四肢瘫痪的一类毒剂。其代表物毕兹(BZ)是一种无特殊气味的白色固体粉末,难溶于水,难挥发,呈烟态使用,通过呼吸道感染。中毒症状:人员反应迟钝,步履蹒跚,判断力和注意力丧失,一般几天后症状才能消失。

化学武器是一种大规模杀伤性武器,它的发展已趋于多样化、系列化和通用化,并成为现代战争的重要手段之一,能适用于各类战争、不同战斗的各种时机和场合,其战斗效能根据使用目的和袭击方式的不同而有所区别。例如,在进攻、防御、退却等各种战斗中使用沙林弹进行化学袭击,可杀伤对方有生力量,使其 50% 以上人员失去战斗力。沙林毒剂能够在 30 秒到 1 分钟的袭击时间内达到半数致死以上的浓度。此种袭击方式称为杀伤性化学袭击,它可使防护条件差、训练水平低的部队,在短时间内产生大批中毒伤员;使作战双方兵力对比发生巨大变化,迅速改变作战态势,影响作战进程。

　　若想削弱对方有生力量(能使 20% 人员失去战斗力),妨碍对方机动,阻止与限制对方利用地形、桥梁、道路和装备时,常采用迟滞性化学袭击。此种袭击通常用 VX、芥子气、路易氏剂、微粉状 CS 及植物杀伤剂造成地面长期染毒。袭击时间:美军规定为 10~15 分钟,苏军规定为 3~5 分钟。首次布毒以后,常根据气象及地形条件进行补充射击,以保持既定的染毒密度。在现代战争中,机动的意义和作用越来越大。因此,为了阻碍或迟滞对方机动,车站、码头、桥梁、渡口、隘路、交通枢纽及重要干线等都可能成为敌人持久性毒剂袭击的目标,其中化学武器对空军基地和机场地勤人员危害很大。防护状态下的地勤人员易于疲劳、工作效能下降,导致飞机不能准时维修和起飞,从而影响飞机出航能力。

　　除此之外,常用的化学袭击方式还有扰乱性化学袭击。采用此种袭击方式在于扰乱对方,使对方疲惫,即在发射普通弹的同时,配合发射少量速效性毒剂弹,迫使对方人员采取防护措施,以妨碍其正常行动、削弱其战斗力。在扰乱性袭击情况下,人员穿着防护器材,视力、听力、耐力均受到影响,动作的准确性和快速性下降和减退;面具的镜框使视野缩小,镜片有时模糊不清,视物变形,妨碍观察(测);声音失真,通信效率降低,信号传递准确性受到影响,通信距离缩短 2/3。人员穿着皮肤防护器材时,感觉迟钝,灵敏度下降,妨碍操作。人员长期穿着防护器材,导致体力消耗增加、易于疲劳,在高温、活动量大的情况下,还会导致中暑。

　　化学战剂能给人以精神上的威胁,产生精神和心理影响,增加心理恐惧、瓦解士气。然而,由于化学武器属大规模毁灭性武器,多年来人们一直在为禁止这种残忍的杀人武器而不懈奋斗。第一个禁止化学武器的国际公约——《禁止在战争中使用窒息性、毒性或其他气体和细菌作战方法的议定书》。该议定书于 1925 年 6 月 17 日在日内瓦签署,故也称《日内瓦议定书》,1926 年 5 月生效。议定书的主要内容就是禁止在战争中使用窒息性、毒性或其他气体以及类似的液体物质或手段,宣称使用这类武器是不文明的,应该禁止使用。由于条约议定书没有提及研究、生产,也没提及储存,况且条约没有有关核查等措施,且条约力度不够,所以自条约生效以来,化学战有禁不止,不断在多个国家、多个地区频繁发生,甚至还有大国参与其中。这就形成了其后的化学武器裁军谈判和后来又一次形成的条约。

　　1993 年 1 月 13 日,在法国首都签署了一个新的《禁止化学武器公约》。这是诸多国家经过 20 多年的化学裁军谈判才最后完成的。1997 年 4 月 7 日,中国批准了《禁止化学武器公约》,成为该公约的原始缔约国。截至 2006 年 4 月,新公约已有 178 个缔约国,并有 8 个国家已签署但尚未批准公约。新公约规定,所有缔约国应在 2007 年 4 月 29 日之前销毁其拥有的化学武器。新公约不仅禁止在战争中使用化学武器,而且还禁止发展、生产、储存、转让与获取化学武器;不仅要求缔约国不折不扣地宣布其拥有的化学武器及相关设施,而且要求在规定的期限内彻底销毁现存的化学武器及其生产设施。它不仅是各缔约国道义上的承诺,而且还建立了一套完整而严格、强制性极强的包括质疑性视察在内的核查体制。公约监控的范围不仅包括目前已知的各种有毒化学品,而且还对整个化工领域进行监控。它不仅对程度不等的违约行为施加舆论上的压力,而且还规定了国际制裁措施。新的《禁止化学武器公约》不但是 1925 年《日内瓦议定书》的继承和发展,而且可以说是新世界的曙光,人们希望从此再不会发生灭绝人性的化学战,再也看不到多种多样的化学武器。

侵华日军遗弃在中国的化学武器概况

据估计,日本在第二次世界大战期间累计生产了约 518 万枚化学弹药。1945年日本战败后将大量的化学武器遗留在我国,这些化学武器中所用的战剂主要为二苯代朜氰、芥子气、氢氰酸和光气等。到目前为止,日军遗弃的化学武器主要分布于我国的 9 个省和自治区,即黑龙江、吉林、辽宁、内蒙古自治区、河北、山西、安徽、江苏及浙江。这些省和自治区共在 18 处地点发现了日本遗弃的化学武器。此外,还有数个可疑地点待查证。我国政府估计,遗弃化学武器的数量,已发现和进行了初步处理的有 30 万枚弹药和 120 吨化学战剂,未进行处理的弹药仍有 200万枚。日本政府估计的数量为 70 万～90 万枚。

10.1.2 炸药、烟幕弹和燃烧弹

我国古代化学家发明的黑火药曾彻底改变了交战状况,现代的弹药采用了这种炸药的改良形式。它们都是化学药品或其混合物,反应能释放出大量热能。反应的产物是气体,如氮气或二氧化碳,气体受热后急剧膨胀而发生爆炸。实际上,炸药(explosive)的含义颇为广泛,不论是早期的黑火药、用于火箭推进的硝化纤维,还是在矿山中经常见到的硝铵炸药,都被囊括到炸药的名下。炸药作为一种特殊的材料(高能材料),在经过精细的加工以后,变成各种实用的炸药产品。现在广泛采用高分子材料对炸药进行处理,进而制成形状、粒度、密度和爆炸性能各不相同的精细产品。

火药是我国古代四大发明之一,距今已有 1000 多年的历史。火药当初主要用于医药。据《本草纲目》记载,火药有去湿气、除瘟疫、治疮癣的作用,从火药两字中的"药"字即可见一斑,后来火药传至欧洲才用于军事。

军事上黑火药(有时火药也呈褐色,也叫褐火药)的成分是:75％的硝酸钾,10％的硫,15％的木炭。黑火药极易剧烈燃烧,反应方程式为:

$$S + 2KNO_3 + 3C \xrightarrow{\quad\quad} K_2S + N_2\uparrow + 3CO_2\uparrow$$

硝酸钾分解放出的氧气,使木炭和硫黄剧烈燃烧,瞬间产生大量的热和氮气、二氧化碳等气体。由于体积急剧膨胀,压力猛烈增大,于是发生了爆炸。据测,大约每 4 克黑火药着火燃烧时,可以产生 280 升气体,体积可膨胀近万倍。由于爆炸时有 K_2S 固体产生,往往有很多浓烟冒出,因此得名黑火药。

在合成炸药发明以前,黑火药一直占有主导地位。后来,随着硝化甘油的广泛应用以及雷管起爆法的推广,黑火药的应用范围逐渐缩小,而局限于火工品以及焰火。

合成炸药是应用最广、产量最大的一类炸药。这类炸药通常是含有硝基的有机化合物,故又称为硝基炸药。苦味酸(化学名为 2,4,6-三硝基苯酚)就是一种比黑火药爆炸威力更大的合成炸药,因其呈黄色,故得名黄色炸药。实际上,在很早以前化学家就发明了苦味酸,只是当时并未发现它的爆炸性能,而是用来染布。苦味酸容易由苯酚制成,反应方程式为:

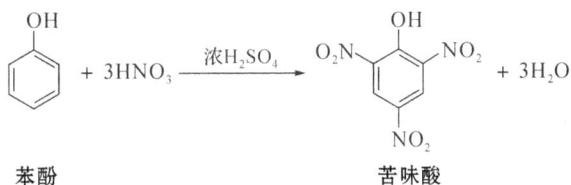

硝化甘油是由诺贝尔发明的一种硝基炸药,它由甘油(即丙三醇)硝化制得,反应方程式为:

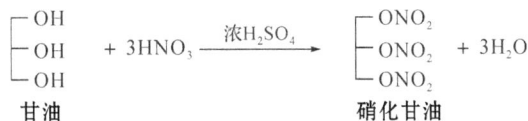

TNT(化学名为 2,4,6-三硝基甲苯)是继硝化甘油之后发明的又一种硝基炸药,现在被广泛使用。它由甲苯硝化而成,反应方程式为:

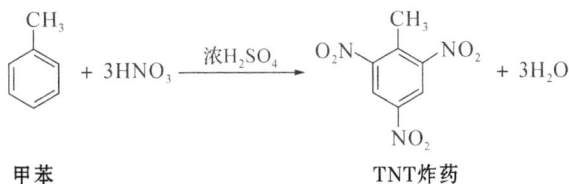

除了硝化甘油和 TNT 之外,迄今已开发成功的硝基高能炸药还有许多,如硝基苯的衍生物、硝基苯酚的衍生物、硝基苯胺的衍生物等。

化学中的"烟"由固体颗粒组成,"雾"由小液滴组成,烟幕弹的原理就是通过化学反应在空气中造成大范围的化学烟雾。例如,装有白磷的烟幕弹引爆后,白磷迅速在空气中燃烧,反应方程式为:

$$4P+5O_2 \xrightarrow{\text{点燃}} 2P_2O_5$$

P_2O_5 会进一步与空气中的水蒸气反应生成偏磷酸和磷酸,且偏磷酸有毒,反应方程式为:

$$P_2O_5 + H_2O \longrightarrow 2HPO_3$$
$$2P_2O_5 + 6H_2O \longrightarrow 4H_3PO_4$$

这些酸液滴与未反应的白色颗粒状 P_2O_5 悬浮在空气中,便构成了"云海"。

同理,四氯化硅和四氯化锡等物质也极易水解:

$$SiCl_4 + 4H_2O \longrightarrow H_4SiO_4 + 4HCl$$
$$SnCl_4 + 4H_2O \longrightarrow Sn(OH)_4 + 4HCl$$

也就是说,它们在空气中会形成 HCl 酸雾,因此也可用作烟幕弹。在第一次世界大战期间,英国海军就曾用飞机向自己的军舰投放含 $SiCl_4$ 和 $SnCl_4$ 的烟幕弹,从而巧妙地隐藏了军舰,避免了敌机轰炸。现代有些新式军用坦克所用的烟幕弹不仅可以隐蔽物理外形,而且烟雾还有躲避红外激光、微波的功能,达到真正的"隐身"。

燃烧弹在现代坑道战、堑壕战中有重要作用。由于汽油密度较小、发热量高、便宜,所以被广泛用作燃烧弹原料。加入能与汽油结合成胶状物的黏合剂,就制成了凝固汽油弹。为了攻击水中目标,有的还在凝固汽油弹里添加活泼碱金属和碱土金属(如钾、钙、钡),金属与水结合放出的氢气又发生燃烧,提高了燃烧威力。对于有装甲的坦克,燃烧弹自有对付的高招,由于铝粉和氧化铁能发生壮观的铝热反应:

$$2Al + Fe_2O_3 \longrightarrow Al_2O_3 + 2Fe + 热量$$

该反应放出的热量足以使钢铁熔化成液态,因此用铝剂制成的燃烧弹可熔化坦克厚实的装甲,使其望而生畏。另外,铝热剂燃烧弹在没有空气助燃的条件下也可照样燃烧,这大大扩展了它的应用范围。

炸药之父——诺贝尔

诺贝尔
(1833—1896)

1833 年 10 月 21 日,阿尔弗雷德·贝恩哈德·诺贝尔(Alfred Bernhard Nobel)出生于瑞典斯德哥尔摩一个工程师的家庭。1850 年,他先后到法国、德国、意大利和美国游历,随法国化学家皮劳斯学习两年之久。1859 年,诺贝尔随父亲回到瑞典。1862 年,诺贝尔开始研制炸药,并找到了安全制造和运输硝酸甘油的方法。1864 年,他又发明了一种被称为"硅藻土代拿迈特"的炸药。这种炸药由 75% 的硝酸甘油和 25% 的硅藻土组成,它不仅安全,而且廉价。1866 年,诺贝尔在斯德哥尔摩建立了世界上第一座生产代拿迈特炸药的工厂。当年美国开凿的第一条铁路大隧洞——胡萨克隧洞,就是用这种炸药爆破施工的。不久,诺贝尔又在瑞典、德国和法国等地办起了 12 家工厂,大量生产硝酸甘油和代拿迈特,远销欧洲、美洲、非洲和大洋洲。

1875 年,诺贝尔将火棉(纤维素六硝酸酯)与硝化甘油混合起来,得到胶状物质,称为炸胶,炸胶比代拿迈特炸药有更强的爆炸力,于 1876 年获得专利。1876 年,诺贝尔又发明了雷管。雷管的发明在人类进步史上有着重要的意义,它是自从发明黑火药后炸药界最伟大的发明。它使硝酸甘油、硝化棉等物质的爆炸力可以有控制地释放出来。如果没有雷管,这些炸药就不能用于开矿、采煤和筑路等建设。此后,诺贝尔又发明了明胶炸药、火棉炸药、无烟炸药、缓性炸药、特种炸药和兵工炸药等。

诺贝尔一生致力于炸药的研究,共获得技术发明专利 355 项,并在欧美等五大洲 20 个国家开设了约 100 家公司和工厂,积累了巨额财富。1895 年,诺贝尔在巴黎立下遗嘱,把他的 3150 万瑞士克朗遗产赠给瑞典皇家科学院等单位,作为诺贝尔奖奖金的不动基金,然后用它的年利息作为物理学、化学、生物学/医学、文学以及和平奖 5 个诺贝尔奖的奖金。前 4 个奖由瑞典科学院授予,而和平奖由瑞典的邻国挪威授予。

诺贝尔发明炸药,原希望在经济建设上造福人类,但是后来炸药却被大量用于战争,加重了战争的残酷性和灾难性。因此,他设立和平奖,以表达他倡导和平、反对战争的愿望。1896 年 12 月 10 日,诺贝尔在意大利逝世,遗体火化后骨灰运回瑞典,安葬于斯德哥尔摩。

10.1.3　现代武器装备中的化学

在 1991 年 1 月 17 日至 2 月 28 日的海湾战争中,美国的 F-117 隐身战机家喻户晓。海湾战争的第一枚炸弹是由一架 F-117 隐身战机在战争开始之夜突袭到巴格达市中心投下的。投弹 45 分钟后,巴格达才实行灯火管制。美国之后对巴格达的主要空袭任务也是由 F-117 隐身战机完成的,它在茫茫暗夜中把激光炸弹投入伊拉克防空司令部的烟囱中。最使人们惊讶的是,参加海湾战争的 44 架 F-117 隐身战机前后共执行 1600 架次空袭任务,无一机损失。这里起关键作用的是隐身技术。

隐身技术是一项高技术综合体,其目的是使敌方的雷达可探测性降低到零。它的核心技术包括三个方面,即飞机外形的设计、吸波材料和吸波涂层的使用,并使这三个方面相互结合。目前,隐身技术不仅适用于飞机,并且扩大到导弹、卫星、坦克、水面和水下舰艇,以及固定军事设备等方面。

F-117 隐身战机的外形很独特,像一个堆积起来的复杂多面体,大部分表面都向后倾,具有大后掠机翼和 V 字形垂尾(见图 10-1)。这种外形能使雷达波改变反射方向,产生散射,敌方雷达很难捕捉到这些微弱的信号。与此同时,它还采用了红外隐身技术,发动机使用扁而宽的二元喷口,喷管周围加隔热层,喷口有红外挡板,同时改变喷口方向、降低排气温度等,使飞机不易被敌方红外探测器发现。

图 10-1　在美国空军服役的 F-117 隐身战机

F-117 隐身战机在机身、机翼和垂尾的结构中,采用了各种雷达吸波材料。一般来说,高分子材料的吸波和透波能力大大优于金属材料,而纤维增强和多层结构的复合材料在强度、韧性、疲劳强度等方面又优于单一的材料。因此,在 F-117 隐身战机的结构中有多处采用了玻璃纤维、碳纤维、芳纶纤维混杂织物增强的热塑性树脂复合材料,在夹层结构中除常见的蜂窝夹芯外,还采用了各种低介电性吸波物质,如空心玻璃微球、陶瓷微球、碳粒和吸音颗粒等。飞机的蒙皮也使用复合材料和导电塑料来制造,避免使用钛合金和铝合金,以降低雷达波反射。

在制造机身、机翼和垂尾的承力主结构中,目前还没有材料能取代铝合金,但是在大面积部位都贴有由铁氧体和环氧树脂制成的吸波薄板,在小面积部位直接喷涂一层铁氧体吸波涂层。在飞机发动机附近工作的构件温度较高,在更先进的隐身战斗机上的构件考虑用陶瓷纤维增强的铝合金或碳-碳复合材料来制造。

隐身飞机上使用最多的吸波涂层是铁氧体,至今已使用了半个世纪。铁氧体是一种粉末材料,价廉易得,吸波性能良好,它主要依靠自身自由电子的重排消耗敌方雷达波的能量。另外一种新型吸波材料叫作视黄基席夫碱盐聚合物,它的物理性能与石墨相似,呈黑色,具有强极性,而密度只有铁氧体的1/10,目前的困难是还没有找到一种适宜的黏结剂。

在 F-117 隐身战机和 B-2 隐身战略轰炸机上,各种玻璃纤维、碳纤维复合材料、蜂窝和多层夹层结构、吸波薄板和吸波涂层的用量,接近全机结构重量的 25%,而在下一代的隐身战斗机上预计达到 45%~50%。由此可见隐身材料的重要性。

以洲际大型客机、超音速歼击机、隐形飞机及航天飞机为代表的航空航天技术越来越多地应用和依靠比强度高(强度与密度之比)、比模量高(模量与密度比)、耐高温的材料,包括塑料、纤维、合成橡胶、黏合剂及涂料等。在哥伦比亚航天飞机的机身上,31000块耐热陶瓷片下面就覆盖着一层耐 500℃ 高温的聚间苯二甲酰间苯二胺(HT-1)针状纤维毡的隔热层和室温能够固化的有机硅黏合剂。以质轻但强度比钢还高 5 倍的聚对苯二甲酰对苯二胺纤维缠绕的环氧树脂大型压力容器,可作为液氮和液氧的燃料箱。发射航天飞机要借助两个大型固体燃料助推火箭,使用的也是高分子材料。用于导弹和宇宙飞船的结构材料由外层空间重返大气层时,速度会越来越大,当达到每秒 7000 米时,摩擦产生的热量使表面温度高达 5000℃。耐热钢的熔点为 1500~2000℃,无法承受如此高温;而采用热固性高分子作为外层保护层,其不但不会熔化且不导热,虽然高温使外层起火燃烧,且慢慢地一层层燃烧下去并发生分解和碳化,但只要保护层足够厚,保护舱内温度并不高,结构材料的强度变化亦很小,导弹或宇宙飞船就可以安全地重返地面。

目前,不论是军用飞机还是民用飞机,都越来越多地采用复合材料,有的飞机其用量已达到 60%~80%。如美国研制的"旅游者号"的全复合材料飞机,90% 以上采用碳纤维复合材料,结构重量仅为 453 千克,而载油量却高达 3200 千克,创下了不加油不着陆连续环球飞行 9 天,共 40252 千米的世界纪录。航天飞机是天地间可重复往返百余次飞行的运输工具,它兼有运载火箭、载人飞船和普通飞机所具有的功能:在上升阶段,它的作用如同火箭;在轨道运行阶段,它的功能如同载人飞船;在返回大气层后,它具有普通飞机的作用。航天飞机是高科技的产物,哥伦比亚号航天飞机大量使用了高级复合材料,这架航天飞机用碳纤维环氧复合材料做出了主货舱门,用芳纶环氧复合材料制成了各种压力容器,用硼铝复合材料制造了主机身隔框和翼梁,用碳碳复合材料制造了发动机的喉衬和喷管,发动机组的传力架是用硼纤维增强钛复合材料制成的,被覆盖在整个机身上的防热瓦片是一种防热的陶瓷基复合材料。

现代战争越来越可能发生在艰苦的地区,如沙漠、丛林等。这就要求我们的战士能够独立作战,能自己携带武器、通信设备和补给。因此,化学家还需要不断地开发轻质强固的材料来取代目前使用的沉重装备,开发更好的电池作为便携能源,开发轻质而又具有防化和防生物武器能力的军服。

10.2　化学与反恐

2002 年 10 月 23—26 日,俄罗斯首都莫斯科发生人质危机——车臣恐怖分子在莫斯科轴承厂文化宫劫持了 800 多名人质,震惊了国际社会。经过 50 多个小时的对峙,俄罗斯特种部队于 26 日凌晨成功地解救了 700 多名人质。在行动中,俄罗斯特种部队使用了一种含有强力麻醉剂芬太尼(fentanyl)的"特殊气体",这种麻醉剂能使绑匪(当然含有人质)进入睡眠状态,但不会导致死亡。

芬太尼是一种强效镇痛药,通常在妇女生产时作麻醉剂用,一般情况下不会导致死亡。芬太尼的药理作用与吗啡相似,镇痛作用是吗啡的 100 倍。肌内注射 0.1 毫克芬太尼,止痛作用于 15 分钟后发生,维持 1～2 小时。它在临床上主要作为手术中的辅助麻醉,与全身麻醉药及局部麻醉药合用,可减少麻醉药用量。如剂量过大,可导致呼吸系统衰竭。

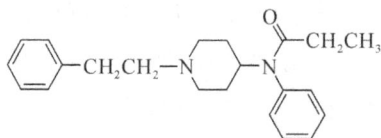

芬太尼

像芬太尼这样的防爆武器被称为非致命化学武器。非致命化学武器与化学武器有着本质性的区别,化学武器属于大规模杀伤性武器,而非致命化学武器不属于《禁止化学武器公约》禁用的化学物质。非致命化学武器可以在不导致人员死亡或大量死亡及设备严重毁坏、对环境破坏程度较小的情况下,实现特定军事或某些非军事目的。这类武器在高技术局部战争和一些特定的反恐怖或维和行动中具有广阔的应用前景,因而已发展成为一类重要的武器装备。非致命化学武器包括反人员武器(如臭味弹、催泪弹、麻醉弹、超级黏性泡沫、致痒剂等)和反装备武器(如碳纤维弹、阻燃弹、爆燃弹、腐蚀弹、超级润滑剂等)两大类。

(1)臭味弹。具有臭味的化学物质很多,硫化氢就成了美军臭味弹的首选装料。采用的原料通常是多硫化钠与醋酸,两者混合后,就会产生大量恶臭气体——硫化氢,这种气体能把敌人熏得四处躲避,无法集中精力战斗。除此以外,如今还可选择奇臭无比的乙硫醇(C_2H_5SH)与正丁硫醇($CH_3CH_2CH_2CH_2SH$)等。据报道,只要每升空气中含千亿分之一毫升正丁硫醇,其环境便臭得让人难耐。

(2)催泪弹。发生动乱时,为阻止人群骚乱,警方常会扔出催泪弹,这是目前使用非常普遍的武器。具有催泪作用的气体很多,如溴化苄、苯氯乙酮、辣椒素等。

（3）麻醉弹。麻醉弹是一种迅速使人进入睡眠状态的炸弹，这种炸弹以软质的材料为弹体，爆炸时一般不会伤人。炸弹内装有高效催眠剂（如芬太尼），一枚炸弹足以使几十人在极短的时间内进入睡眠状态。

（4）超级黏性泡沫。泡沫是一种由发射装置发射的化学黏稠剂，可形成非常稠密、透明和强力的泡沫胶，将人员包裹起来，使被包围的人员无法听见外界的声音，也无法行走，丧失作战能力。"太妃糖"枪是一种装有新型烟雾剂的喷射装置，当化学黏稠剂喷射到人体后，与外界空气充分接触，迅速凝固，形成十分黏稠的胶状物质，将人员牢牢地粘在一起，使其无法行动。20 世纪 90 年代初，当时美国在索马里的军事行动面临进退维谷的局面，索马里狙击手混在人群中向美军开枪，于是美军使用"太妃糖"枪向人群发射化学黏稠剂，使暴乱分子不能动弹。

（5）致痒剂。这是从一种野生植物的果实中提取的化学物质，被装有这种物质的子弹击中的人员不会死去，但会全身奇痒难受，从而丧失战斗力。

（6）碳纤维弹。这种武器以电厂、变电站、配电站等能源设施为目标，通过破坏其电力生产、各种输变电功能而达到破坏以电为能源的军事指挥、通信联络以及各种武器装备的目的。在以美国为首的北约对南联盟的轰炸和举世闻名的海湾战争中，美军大量使用了这种武器。该武器也被称为"石墨炸弹"，即"碳纤维弹"。使用后，大量碳纤维丝团，像蜘蛛网一样密密麻麻地纷纷飘向电厂、电站，造成停电，不少电器被烧毁。此种武器是非致命武器的典型代表。

（7）阻燃弹和爆燃弹。坦克、战车乃至自行火炮等武器开行时均靠发动机，发动机是车辆的心脏，一旦发动机失能，车辆便不能开动，车辆上的武器也无法正常发挥作用。破坏发动机的方法很多，向其发射阻燃弹药使发动机熄火就是其中之一。阻燃弹弹体内装有窒息性气体，或是能在空气中迅速膨胀成泡沫的化学物质。这种"武器"射中目标后，或是产生使发动机"窒息"的气体，或是在发动机附近生成大量泡沫，致使发动机熄火，而对人员的生命并不构成危险。爆燃弹是一种能使车辆发动机"心力衰竭"、不能做功的非致命弹药。乙炔弹是典型的爆燃弹，其弹体分为两部分：一部分装水，另一部分装碳化钙。弹体射向车辆后爆炸，水和碳化钙迅速作用产生大量乙炔并与空气混合，形成爆炸性混合物。这样的混合物被车辆发动机吸入气缸后，在高压点火下形成大规模爆燃，从而使发动机遭到破坏、熄火，导致车辆抛锚。据报道，一枚 0.5 千克左右的乙炔弹就能破坏一辆坦克，但又不会伤及坦克驾驶员及其乘组人员。

（8）腐蚀弹。反坦克非致命手榴弹内装有透镜腐蚀剂、雷达腐蚀剂和人员刺激剂，人们可用常规方法将手榴弹投向目标，当对付坦克目标时，其爆炸释放物将遮盖坦克透镜，使坦克成员不能观察目标，对付步行、乘车或隐蔽于掩体内的士兵时可使其眼睛暂时失明。胶黏剂反坦克弹可由火箭筒、导弹发射或运载至坦克周围或坦克上方后再爆炸，产生黏接性极强且不透光的胶黏剂云雾。这些云雾胶粒一部分进入坦克发动机，在高温条件下瞬间固化,使气缸活塞运动受阻,导致发动机"喘振",失去机动性能;另一部分胶粒直接涂在坦克的各个光学窗口上,遮断观察瞄准仪器的光路,干扰乘员的视线,使坦克丧失机动与战斗能力。

(9)超级润滑剂。超级润滑剂就是将路面的摩擦系数降到极小,使人员和车辆难以机动、飞机无法起飞,从而干扰破坏敌方的整个军事行动。超级润滑剂可通过炸弹和人工抛洒在道路上。

自从 2001 年美国纽约"9·11恐怖袭击事件"发生以来,爆炸成为来自恐怖分子的一个核心威胁。这件事情成为化学家调整其研究方向的一个动机,他们已开始研究和开发新型高效的检测手段,用于公共场所(如机场、火车站等)爆炸物品的检测。目前,我国和大多数国外机场安检处所用的设备中就有化学家的研究成果。图 10-2 是一种能够在 20米范围内检测爆炸物品的光谱仪,这种激光诱导分解光谱仪通过远距离测定氧、氮与碳原子的比例来确定被测物品是否为爆炸物。

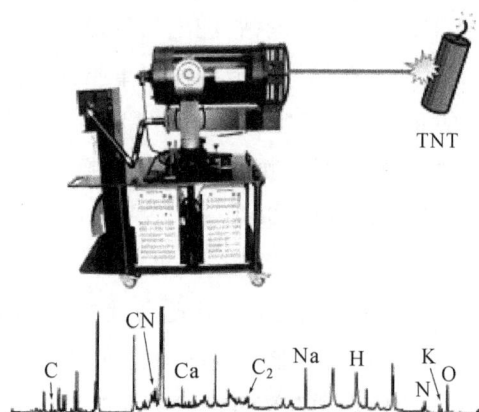

图 10-2 能够检测爆炸物的光谱仪

10.3 公安执法领域中的化学

在公安执法方面,特别是在法医学领域,化学正在发挥其与日俱增的作用。毒品、毒物和有害物质的鉴定、指纹鉴定、DNA 鉴定等,都离不开化学家所发明的分析技术和方法。

10.3.1 化学在缉毒方面的作用

毒品是指鸦片、吗啡、海洛因、大麻、可卡因、甲基苯丙胺(冰毒)以及国务院规定管制的其他能够使人形成瘾癖的麻醉药品和精神药品。鸦片,又称阿片(opium),包括生鸦片和精制鸦片。将未成熟的罂粟果割出一道道的刀口,果中浆汁渗出,并凝结成为一种棕色或黑褐色的黏稠物,这就是生鸦片。精制鸦片是经加工便于吸食的鸦片。另外,鸦片渣、鸦片叶、鸦片酊、鸦片粉等都是鸦片加工产品,均可供吸食之用。长期吸食鸦片可使人先天免疫力丧失,引起体质严重衰弱及精神颓废,寿命也会缩短,过量吸食可引起急性中毒,可因呼吸抑制而死亡。鸦片中含有多种生物碱,其中吗啡(morphine)含量最多,占 $9\% \sim 17\%$。从鸦片中提取出来的吗啡为白色有丝光的针状结晶或结晶性粉末,在临床上用作麻醉性镇痛药,但久用可产生严重的依赖性,因此不是理想的镇痛药。对吗啡的化学结构进行改造,得到的二乙酸酯衍生物称为海洛因(heroin)。海洛因比吗啡的水溶性更大,吸收亦更快,且其脂溶性也较大,易通过血脑屏障进入中枢发挥作用,故镇痛作用强于吗啡,服用后欣快感比吗啡更强,而且更易成瘾,具高度心理及生理依赖性,长期使用后停药会发生渴求药物、不安、流泪、流汗、流鼻水、易怒、发抖、寒战、打冷战、厌食、腹泻、身体蜷曲、抽筋等戒断症,一旦成瘾极难戒治。

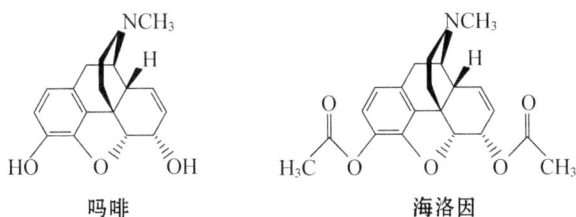

吗啡　　　　　　　　海洛因

"堕落天使"海洛因

菲利克斯·霍夫曼

　　1874 年,伦敦圣·玛丽医院一位英国化学家在吗啡中加入醋酸而得到了一种白色结晶粉末。当时在狗身上试验,立即出现了虚脱、恐惧和困乏等一些可怕的症状。

　　事隔十余年,德国拜耳公司的化学家菲利克斯·霍夫曼(Felix Hoffmann)宣布,此种化合物比吗啡的镇痛作用高 $4 \sim 8$ 倍,对支气管炎、哮喘、肺结核等颇有奇效。以后,人们发现它不仅止痛效果好,且迷幻极乐感更强,同时更兼有非凡的提神作用。1898 年,德国拜耳公司开始大批量生产,当时的目的是为了治疗吗啡成瘾者和用作强麻醉剂,正式定名为海洛因并用于临床。后来发现其成瘾性更强,对个人和社会所造成的危害后果已远远超过了它的医用价值。海洛因就此成为药物届的"堕落天使"。1912 年,在荷兰海牙召开的鸦片问题国际会议上,到会代表一致赞成管制鸦片、吗啡和海洛因的贩运。此后,世界各国亦明文禁止海洛因等毒品的生产与销售。

　　由于"包治百病"的阿司匹林与"堕落天使"海洛因都是由德国化学家菲利克斯·霍夫曼发明的,因此,他也被称为天使与恶魔存于一身的化学家。

冰毒的主要化学成分是甲基苯丙胺(methamphetamine)的盐酸盐,又称去氧麻黄素,因其原料外观为纯白结晶体,晶莹剔透,故被吸毒、贩毒者称为"冰"。由于它的毒性剧烈,人们便称之为"冰毒"。该药小剂量时有短暂的兴奋抗疲劳作用,故其丸剂又有"大力丸"之称。它具有典型的精神兴奋作用,如兴奋大脑、使精神焕发、情绪高涨、除倦怠、驱睡眠等。一种新的苯丙胺类毒品称为"摇头丸",它是甲基苯丙胺的一种衍生物——MDMA,为白色粉末,属于安非他命兴奋剂。服用摇头丸会使人亢奋不已,听到音乐后摇头不止,时间长达6～8小时,并出现幻觉和性冲动。1964年,卫生部颁发了《管理毒药、限制性剧药暂行规定》,将苯丙胺类列入管理范围,之后又将其列入一类精神药物进行管制。

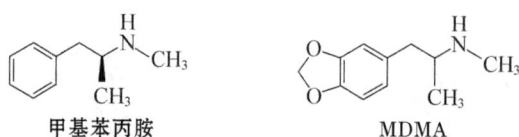

甲基苯丙胺　　　　　　MDMA

毒品之"毒"主要表现在它能使吸食它的人在不知不觉中上瘾,而上瘾后又极其难以戒断,形成对它的身体依赖和心理依赖。身体依赖可以通过药物和强制戒毒办法消除。最困难的是消除心理依赖。心理依赖表现为对毒品的强烈心理渴求,吸毒者为获得毒品,可以不惜一切代价,甚至铤而走险。毒品扭曲了人的灵魂,使上瘾者人格低下,丧失了人起码的尊严,甚至走上贩毒、抢劫、杀人等犯罪道路。因此,吸食毒品上瘾,不仅意味着个人前途的毁灭,而且也给家庭和社会治安带来极大的隐患。

化学家从两个途径帮助公安部门缉毒:一是发明新的、灵敏的分析方法来检测环境或物品中残留的毒品;另一途径是开发新的药物,用于阻断上瘾毒品的作用,从而帮助吸毒者解毒。例如,最近来自中国科学院合肥物质科学研究院的研究人员发明了一种人尿中毒品快速分离与检测的便携式工具箱(Han Z, et al, 2015)。如图10-3所示,这种便

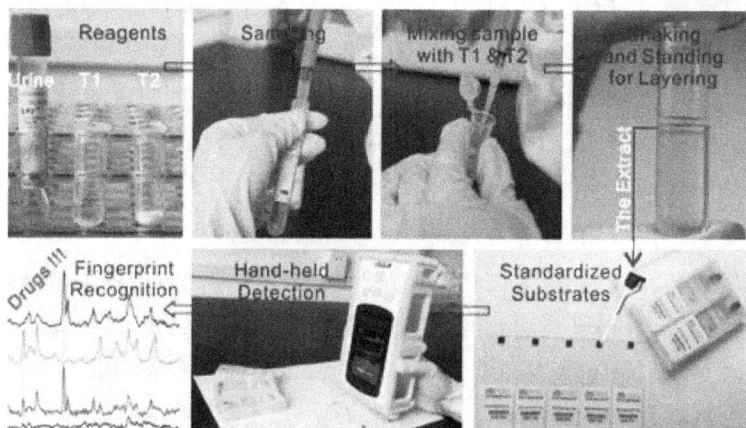

图10-3　人尿中毒品快速分离与检测的便携式工具箱

(引自：Han Z, et al, 2015)

携式工具箱以高重现性的表面增强拉曼散射技术(SERS)为基础,仅包括一管萃取溶剂、一管固体粉末、标准化制备的 SERS 基底包和一台手持式微型拉曼设备。检测时,将两管试剂与待测尿样混合震荡、静置分层后,取上层清液滴于标准基底上,利用手持式拉曼设备检测,即可实现尿样中冰毒、摇头丸和丧尸药三种常见毒品的快速检测。这种工具箱实现了毒品分子指纹特征的快速检测,而且可对人尿中多种毒品同时进行检测与识别。

10.3.2　化学在法医取证方面的作用

1. 指纹鉴定法中的化学

由于遗传与环境共同作用,人的指纹各不相同,而且终身不变。只要物体表面有足够的光滑度,人手接触物体后必然留下指纹。人类很早就认识到指纹"因人而异"的特性,并将它用于个人识别,如文书契约、断案等方面。我国民间又有"一斗穷,二斗富"之类的说法,可见指纹是分成不同类型的。用肉眼观察,指纹就可分 1000 多类。指纹的不同形状是由纹线(即乳突线)组成的,纹线分叉或中断的地方叫细节点(即特征点),有 100 个左右;细节大致又分 4 种:分叉、结合、起点、终点,它们都因人而异。仅仅机械地计算这一差异,就有 4^{100} 种,这是一个天文数字,加上点与点之间的不同关系,若说人各不同,显然毫无问题。指纹鉴定技术就是利用了人类指纹稳定性和独特性的生理特征,将指纹作为人类的一种"活的身份证"。

1900 年,伦敦警察在借助指纹鉴定术成功破获了数百件悬案之后,开始将该技术确定为破案的正式方法。1911 年,他们采用指纹鉴定方法抓获了达·芬奇一幅名画的偷窃者。随后,其他国家的警察刑侦机构也开始使用这一方法,直至今天。

然而,大多数人并不知道就是在这样一种技术中也少不了化学的参与。法医在进行指纹鉴定时,罪犯分子在作案现场留下来的指纹上含有盐分(人的汗液中有 NaCl),故用硝酸银溶液喷洒指纹,即可显示出足以辨认的指纹图像。这个原理可用如下化学方程式表达:

$$NaCl + AgNO_3 \xrightarrow{\quad\quad} AgCl(银白色固体) \downarrow + NaNO_3$$

2007 年,化学家发明了一种纳米技术,使得指纹鉴定更快、更可靠(Sametband M, et al, 2007)。鉴定时,首先在指纹处喷洒一种带有长链烃基的纳米金石油醚悬浮液,纳米金即通过疏水作用黏附在指纹的残留物上;然后用硝酸银溶液喷洒指纹,银离子通过化学反应可形成由黑色金属银组成的指纹图像(见图 10-4)。用这种纳米技术得到的指纹不仅质量好,而且速度快(仅需 3 分钟)。

2015 年,澳大利亚化学家发明了一种由金属有机骨架(MOF)晶体组成的超级指纹显色剂,只需要将一滴这样的显色剂涂在罪犯可能摸过的物体表面上,在 30 秒之内就可

图 10-4　采用纳米技术可获得
更清晰的指纹图像

以用紫外光照出明亮发光的指纹图案(Liang K，et al，2015)。MOF 晶体对蛋白质和多肽具有高度亲和性，能够与指纹里残留的蛋白质和多肽反应，在紫外光激发下，其强烈的发光效果就可以让指纹"现形"。这种方法产生的图像(见图 10-5)与目前其他方法相比，具有更显著的对比度以及更高的分辨率，还可以降低损坏指纹的风险，从而大大提高了警方采样的方便性和结果的可靠性，可用于常规方法无能为力的、更具挑战性的刑侦证据收集场景。

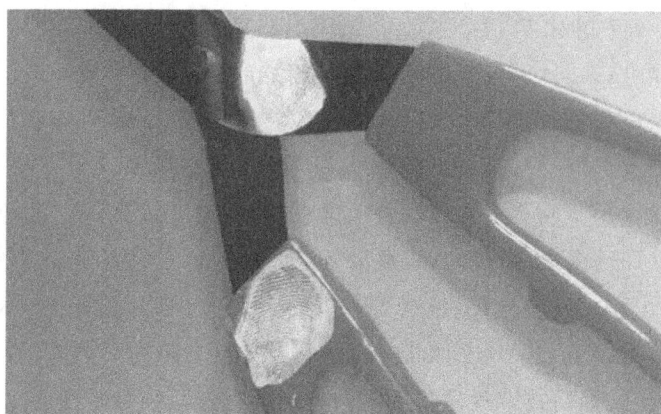

图 10-5　剪刀表面用 MOF 晶体显色的指纹图案

(引自：Liang K，et al，2015)

人的指纹中含有表皮细胞、汗液和从其他地方沾染的物质，如毒品、化妆品、润肤水等，经过仔细分析这些化学成分，可以鉴别某个人是否接触过毒品或炸药，而最新的方法还可以从指纹来判断一个人的生活习惯。指纹中含有大量皮脂，且每个人分泌的各种皮脂多少是不一样的，虽然这种差别不足以用来锁定某个人，但假如一个人分泌的某种皮脂明显多于犯罪现场的指纹，那么法医就可以断然排除其嫌疑。

最近，化学家又为指纹检测找到了新的应用——辨别指纹所有者的性别(Huynh C，et al，2015)。这一检测方法主要依据的是男性和女性指纹中汗迹里包含的氨基酸含量不同。通常情况下，女性的荷尔蒙水平较男性高，从而导致其指纹汗迹中有较高水平的氨基酸。女性汗水中的氨基酸水平大约是男性的 2 倍。这一方法的发明者采用了一种涉及 L-氨基酸氧化酶(L-AAO)和辣根过氧化物酶(HRP)的"双酶串联催化分析法"，这种方法能够快速、简便地检测从指纹中提取的氨基酸的含量，从而达到识别指纹所有者性别的目的。

图 10-6 是该检测方法的原理示意图。首先，在 L-氨基酸氧化酶(L-AAO)催化下，L-氨基酸能够消耗氧气，生成过氧化氢(H_2O_2)。然后，产生的过氧化氢可将一种被称为

邻联茴香胺(即 3,3′-二甲氧基联苯-4,4′-二胺)的氧化还原指示剂氧化,产生的氧化型邻联茴香胺能够吸收紫色的可见光(最大吸收波长为 436 纳米),吸光强度与氨基酸的浓度成正比,故可用比色计进行定量分析。

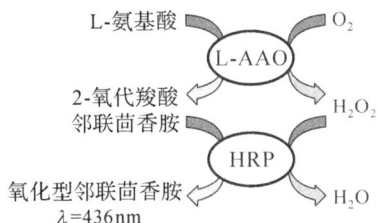

图 10-6　双酶串联催化分析法检测氨基酸含量的原理

百年以来,指纹鉴定作为一门侦查技术,在打击犯罪、保护人权方面起了巨大的作用。随着现代图像处理与模式识别方法的发展和指纹传感器技术的日臻成熟,指纹鉴定方法的可靠性大大提高,因而在公安、门禁、户籍管理、金融等领域都有着良好的应用前景。

2. DNA 鉴定法

自从指纹鉴定被发现以来,法医学领域一个最大的进步是 DNA 鉴定技术的发明。利用该技术,对凶杀、强奸、碎尸、交通肇事逃逸等重大刑事案件现场的毛发、指甲、血迹、唾液、精斑和其他人体组织等生物检材进行 DNA 分型或线粒体 DNA 测序,并通过与嫌疑人的 DNA 分型结果或线粒体 DNA 序列进行比对,能够直接认定或否定犯罪嫌疑人。

法医在进行 DNA 鉴定实验时,通常利用 PCR 基因扩增技术(详见第 5.8 节)将样品的 DNA 在特种酶催化剂的作用下复制成千上万次,从而使从犯罪现场获取的微量样品能够放大和鉴定;然后,用限制性内切酶将 DNA 在特定的位置上切割成多个片段;最后,利用凝胶电泳技术将这些片段分离开,并展示在一种尼龙薄膜上,经过显色处理,即获得一套与商品上的条形码类似的 DNA 图谱。由于每人都有自己特征的 DNA 图谱,几乎没有两个人的 DNA 图谱完全相同(相同的可能性只有十亿分之一),就像指纹鉴定法一样,可通过比对 DNA 图谱进行法医鉴定。在这个过程中,法医所用到的 PCR 基因扩增技术是 1993 年诺贝尔化学奖的获奖成果,而凝胶电泳技术的基础是 1948 年诺贝尔化学奖的获奖成果。

目前,DNA 鉴定技术不仅已被广泛用于命案、性侵犯案、交通肇事逃逸案等刑事案件的侦破中,而且还用于亲子鉴定、大型灾难遇难者身份鉴定等方面。

参 考 文 献

［1］ Sametband M，Shweky I，Banin U，et al. Application of nanoparticles for the enhancement of latent fingerprints［J］. *Chemical Communications*，2007，11 (11):1142-1144.

［2］ Liang K，Carbonell C，Styles M J，et al. Metal-organic frameworks: biomimetic replication of microscopic metal-organic framework patterns using printed protein patterns［J］. *Advanced Materials*，2015，27(45):7293-7298.

［3］ Huynh C，Brunelle E，Halámková L，et al. Forensic identification of gender from fingerprints［J］. *Analytical Chemistry*，2015，87(22):11531-11536.

［4］ Han Z，Liu H，Meng J，et al. Portable kit for identification and detection of drugs in human urine using surface-enhanced raman spectroscopy［J］. *Analytical Chemistry*，2015,87(18):9500-9506.

附表　历届诺贝尔化学奖获奖简况

获奖年份	获奖者	国籍	杰出贡献
1901	J. H. van't Hoff	荷兰	溶剂中化学动力学定律和渗透压定律
1902	H. E. Fischer	德国	糖类和嘌呤化合物的合成
1903	S. Arrhenius	瑞典	电离理论
1904	W. Ramsay	英国	惰性气体的发现及其在元素周期表中位置的确定
1905	A. von Baeyer	德国	有机染料和氢化芳香化合物的研究
1906	H. Moissan	法国	单质氟的制备,高温反射电炉的发明
1907	E. Buchner	德国	发酵的生物化学研究
1908	E. Rutherford	英国	元素嬗变和放射性物质的化学研究
1909	W. Ostwald	德国	催化、化学平衡和反应动力学研究
1910	O. Wallach	德国	脂环族化合物的开创性研究
1911	M. Curie	波兰	放射性元素钋和镭的发现
1912	V. Grignard P. Sabatier	法国 法国	格氏试剂的发现 有机化合物的催化加氢
1913	A. Werner	瑞士	金属络合物的配位理论
1914	T. Richards	美国	精密测定了许多元素的原子量
1915	R. Willstatter	德国	叶绿素和植物色素的研究
1916	未颁奖		
1917	未颁奖		
1918	F. Haber	德国	合成氨技术的发明
1919	未颁奖		
1920	W. Nernst	德国	热化学研究
1921	F. Soddy	英国	放射性化学物质的研究及同位素起源和性质的研究
1922	F. W. Aston	英国	质谱仪的发明,许多非放射性同位素及原子量的整数规则的发现
1923	F. Pregl	奥地利	有机微量分析方法的创立

续表

获奖年份	获奖者	国籍	杰出贡献
1924	未颁奖		
1925	R. Zsigmondy	德国	胶体化学研究
1926	T. Svedberg	瑞典	发明超速离心机并用于高分散胶体物质研究
1927	H. Wieland	德国	胆酸的发现及其结构的测定
1928	A. Windaus	德国	甾醇结构的测定,维生素 D_3 的合成
1929	A. Harden H. von Euler-Chelpin	英国 德国	糖的发酵以及酶在发酵中的作用的研究
1930	H. Fischer	德国	血红素、叶绿素的结构研究,高铁血红素的合成
1931	C. Bosch F. Bergius	德国 德国	化学高压法
1932	I. Langmuir	美国	表面化学研究
1933	未颁奖		
1934	H. C. Urey	美国	重水和重氢同位素的发现
1935	F. Joliot-Curie I. Joliot-Curie	法国 法国	新人工放射性元素的合成
1936	P. Debye	荷兰	提出了极性分子理论,确定了分子偶极矩的测定方法
1937	W. N. Haworth P. Karrer	英国 瑞士	糖类环状结构的发现,维生素 A、维生素 C、维生素 B_{12}、胡萝卜素及核黄素的合成
1938	R. Kuhn	德国	维生素和类胡萝卜素研究
1939	A. F. J. Butenandt L. Ruzicka	德国 瑞士	性激素研究 聚亚甲基多碳原子大环和多萜烯研究
1940	未颁奖		
1941	未颁奖		
1942	未颁奖		
1943	G. Hevesy	匈牙利	利用同位素示踪研究化学反应
1944	O. Hahn	德国	重核裂变的发现
1945	A. I. Virtanen	芬兰	发明了饲料贮存保鲜方法,对农业化学和营养化学做出贡献
1946	J. B. Sumner J. H. Northrop W. M. Stanley	美国 美国 美国	发现酶的类结晶法 分离得到纯的酶和病毒蛋白
1947	R. Robinson	英国	生物碱等生物活性植物成分研究

续表

获奖年份	获奖者	国籍	杰出贡献
1948	A. W. K. Tiselius	瑞典	电泳和吸附分析的研究,血清蛋白的发现
1949	W. F. Giauque	美国	化学热力学特别是超低温下物质性质的研究
1950	O. Diels K. Alder	德国 德国	发现了双烯合成反应,即 Diels-Alder 反应
1951	E. M. McMillan G. Seaborg	美国 美国	超铀元素的发现
1952	A. J. P. Martin R. L. M. Synge	英国 英国	分配色谱分析法
1953	H. Staudinger	德国	高分子化学方面的杰出贡献
1954	L. Pauling	美国	化学键本质和复杂物质结构的研究
1955	V. du Vigneaud	美国	生物化学中重要含硫化合物的研究,多肽激素的合成
1956	C. N. Hinshelwood N. N. Semenov	英国 苏联	化学反应机理和链式反应的研究
1957	A. Todd	英国	核苷酸及核苷酸辅酶的研究
1958	F. Sanger	英国	蛋白质结构特别是胰岛素结构的测定
1959	J. Heyrovsky	捷克	极谱分析法的发明
1960	W. F. Libby	美国	^{14}C 测定地质年代方法的发明
1961	M. Calvin	美国	光合作用研究
1962	M. F. Perutz J. C. Kendrew	英国 英国	蛋白质结构研究
1963	K. Ziegler G. Natta	德国 意大利	Ziegler-Natta 催化剂的发明,定向有规高聚物的合成
1964	D. C. Hodgkin	英国	重要生物大分子的结构测定
1965	R. B. Woodward	美国	天然有机化合物的合成
1966	R. S. Mulliken	美国	分子轨道理论
1967	M. Eigen R. G. W. Norrish G. Porter	德国 英国 英国	用弛豫法、闪光光解法研究快速化学反应
1968	L. Onsager	美国	不可逆过程热力学研究
1969	D. H. R. Barton O. Hassel	英国 挪威	发展了构象分析概念及其在化学中的应用
1970	L. F. Leloir	阿根廷	从糖的生物合成中发现了糖核苷酸的作用
1971	G. Herzberg	加拿大	分子光谱学和自由基电子结构

续表

获奖年份	获奖者	国籍	杰出贡献
1972	C.B. Anfinsen S. Moore W. H. Stein	美国 美国 美国	核糖核酸酶分子结构和催化反应活性中心的研究
1973	G. Wilkinson E. O. Fischer	英国 德国	二茂铁结构研究,发展了金属有机化学和配合物化学
1974	P. J. Flory	美国	高分子物理化学理论和实验研究
1975	J. W. Cornforth V. Prelog	英国 瑞士	酶催化反应的立体化学研究 有机分子和反应的立体化学研究
1976	W. N. Lipscomb	美国	有机硼化合物的结构研究,发展了分子结构学说和有机硼化学
1977	I. Prigogine	比利时	研究非平衡的不可逆过程热力学
1978	P. Mitchell	英国	用化学渗透理论研究生物能的转换
1979	H. C. Brown G. Wittig	美国 德国	发展了有机硼和有机磷试剂及其在有机合成中的应用
1980	P. Berg F. Sanger W. Gilbert	美国 英国 美国	DNA 分裂和重组研究,DNA 测序,开创了现代基因工程学
1981	K. Fukui R. Hoffmann	日本 美国	提出了前线轨道理论 提出了分子轨道对称守恒原理
1982	A. Klug	英国	发明了"象重组"技术,利用 X-射线衍射法测定了染色体的结构
1983	H. Taube	美国	金属配位化合物电子转移反应机理研究
1984	R. B. Merrifield	美国	固相多肽合成方法的发明
1985	H. A. Hauptman J. Karle	美国 美国	发明了 X-射线衍射确定晶体结构的直接计算方法
1986	Y. T. Lee(李远哲) D. R. Herschbach J. Polanyi	美国 美国 加拿大	发展了交叉分子束技术、红外线化学发光方法,对微观反应动力学研究做出重要贡献
1987	C. J. Pedersen D. J. Cram J-M. Lehn	美国 美国 法国	开创了主-客体化学、超分子化学、冠醚化学等新领域
1988	J. Deisenhofer H. Michel R. Huber	德国 德国 德国	生物体中光能和电子转移研究,光合成反应中心研究
1989	T. Cech S. Altman	美国 美国	Ribozyme 的发现
1990	E. J. Corey	美国	有机合成特别是发展了逆合成分析法

续表

获奖年份	获奖者	国籍	杰出贡献
1991	R. R. Ernst	瑞士	二维核磁共振
1992	R. A. Marcus	美国	电子转移反应理论
1993	M. Smith K. B. Mullis	加拿大 美国	发明了寡聚核苷酸定点诱变技术 发明了多聚酶链式反应(PCR)技术
1994	G. A. Olah	美国	碳正离子化学
1995	M. Molina F. Rowland P. Crutzen	墨西哥 美国 荷兰	研究大气环境化学,提出了臭氧形成和分解的机理
1996	R. F. Curl R. E. Smalley H. W. Kroto	美国 美国 英国	C_{60} 的发现
1997	J. Skou	丹麦	发现了维持细胞中钠离子和钾离子浓度平衡的酶,并阐明其作用机理
	P. Boyer J. Walker	美国 英国	发现了能量分子腺苷三磷酸(ATP)的形成过程
1998	W. Kohn J. A. Pople	美国	发展了电子密度泛函理论 发展了量子化学计算方法
1999	A. H. Zewail	美国	飞秒技术研究超快化学反应过程和过渡态
2000	A. J. Heeger A. G. MacDiarmid H. Shirakawa	美国 美国 日本	发现了导电聚合物
2001	R. Noyori W. S. Knowles	日本 美国	发明了不对称催化氢化反应 发现和制造手性催化剂
	K. B. Sharpless	美国	发明了不对称催化反应
2002	J. B. Fenn K. Tanaka	美国 日本	发明了生物大分子的软电离质谱分析法
	K. Wüthrich	瑞士	以核电磁共振光谱法确定了溶剂的生物高大子三维结构
2003	P. Agre R. MacKinnon	美国 美国	发现细胞膜水通道,以及对离子通道结构和机理研究做出的开创性贡献
2004	A. Ciechanover A. Hershko I. Rose	以色列 以色列 美国	发现了泛素调节的蛋白质降解
2005	Y. Chauvin R. H. Grubbs R. R. Schrock	法国 美国 美国	发明了烯烃复分解反应

续表

获奖年份	获奖者	国籍	杰出贡献
2006	R. D. Kornberg	美国	揭示了真核细胞转录的分子机制
2007	G. Ertl	德国	在表面化学方面的开创性研究
2008	M. Chalfie O. Shimomura R. Y. Tsien(钱永健)	美国 美国 美国	绿色荧光蛋白(GFP)的发现和发展
2009	V. Ramakrishnan T. Steitz A. Yonath	英国 美国 以色列	核糖体的结构与功能
2010	R. F. Heck E. Negishi A. Suzuki	美国 日本 日本	有机合成中的钯催化交叉偶联
2011	D. Shechtman	以色列	发现准晶体
2012	R. J. Lefkowitz B. K. Kobilka	美国 美国	G蛋白偶联受体上的成就
2013	M. Karplus M. Levitt A. Warshel	美国 美国 美国	为复杂化学系统创立了多尺度模型
2014	E. Betzig S. W. Hell W. E. Moerner	美国 德国 美国	研制出超分辨率荧光显微镜
2015	T. Lindahl P. Modrich A. Sancar	瑞典 美国 美国	DNA修复的细胞机制研究

图书在版编目（CIP）数据

化学与人类文明／王彦广，吕萍编著．—3 版．—
杭州：浙江大学出版社，2016.9（2023.7 重印）
ISBN 978-7-308-16124-4

Ⅰ.①化… Ⅱ.①王… ②吕… Ⅲ.①化学－关系－
社会生活－高等学校－教材 Ⅳ.①O6-05

中国版本图书馆 CIP 数据核字（2016）第 189160 号

HUAXUE YU RENLEI WENMING

化学与人类文明（第三版）

王彦广　吕　萍　编著

责任编辑	徐　霞（xuxia@zju.edu.cn）
责任校对	沈巧华
封面设计	续设计
出版发行	浙江大学出版社
	（杭州市天目山路 148 号　邮政编码 310007）
	（网址：http://www.zjupress.com）
排　　版	杭州青翊图文设计有限公司
印　　刷	广东虎彩云印刷有限公司绍兴分公司
开　　本	787mm×1092mm　1/16
印　　张	13.5
字　　数	272 千
版 印 次	2016 年 9 月第 3 版　2023 年 7 月第 4 次印刷
书　　号	ISBN 978-7-308-16124-4
定　　价	42.00 元